JN269043

監修　小出昭一郎・阿部龍蔵

量 子 力 学（I）

学習院大学名誉教授
理学博士

江 沢　洋 著

東 京 裳 華 房 発 行

QUANTUM MECHANICS (I)

by

HIROSHI EZAWA, DR. SC.

SHOKABO
TOKYO

はしがき

　この本は量子力学への入門書である．これを理解するのに予備知識というほどのものは要らない．力学ならニュートンの運動方程式とエネルギーの保存則，電磁気学なら点電荷の間のクーロン・ポテンシャル，そして数学は微積分の初歩，まあこのくらいを知っていてくれたら十分だと思う．

　量子力学は原子や分子など，ミクロの世界の力学としてはじまったが，いまやマクロの世界も含めて全物理学の基礎と考えられるようになった．しかし，この本は，ほぼミクロの世界に集中している．といっても，素粒子より小さい超ミクロの世界にも，相対論的な量子力学の世界にも触れていない．いわゆる量子力学の解釈の問題にも，標準的な考え方の紹介という以上には踏み込んでいない．これが，この本を入門書だという理由である．しかし，その限りでは，しっかり書いたつもりでいる．

　筆者は，学習院大学で永年，量子力学を講義してきた．この『量子力学（Ⅰ），（Ⅱ）』に書いたのは，その内容 $+\alpha$ である．$+\alpha$ というのは，講義ではカバーしきれないが，量子力学を学んだというためには自分で勉強しておけと学生たちに言っている部分だ．この大学では「原子物理学」に続いて，2年生の後期から3年生の後期までの3学期にわたり，毎週1コマ「量子力学1，2，3」を講義する．それに「物理学・数学演習」がついていて，かなりの部分が量子力学にあてられる．

　「やさしく，やさしく」と裳華房の編集者・真喜屋実孜さんがいうので，そして，筆者も「やさしく」書くのはよいことだと思うので，計算なども細かすぎるくらいに書き込んだところ本が厚くなって，2分冊にせざるを得なくなった．ご不便をおかけして申し訳ないが，その分，読みやすくなっているはずなので，お許しいただきたい．

　第一分冊の『量子力学（Ⅰ）』は，波動の表わし方からはじめて，光の波

動・粒子の二重性に進み，量子論への革命を準備する．次いで原子核の発見を説明し，そのまわりを回る電子が少ないという実験を紹介，これが太陽系型の原子模型に重大な困難を突きつけたことを見る．そこに登場したボーアの原子構造論は「定常状態」とその間の「遷移」という後の発展への鍵となる概念をもたらしたが，定常状態を選び出す「量子条件」ではド・ブロイに道をゆずらねばならなかった．そのド・ブロイの物質波動論を子供だましといったデバイに刺激されてシュレーディンガーが波動方程式を書き下したとき，量子力学への幕が開いた．この辺の展開は，断っておくがフィクション混じりである．われわれは，そこから量子力学の枠組の提示に進み，それを井戸型ポテンシャルの場における運動，調和振動子の運動に適用してみる．ここで第一分冊は終りである．古典物理学から量子力学への革命の過程を説明したのは，それなしでは量子力学の枠組が理解されないと思うからである．そのくらい量子力学の構造は奇妙だ．

第二分冊の『量子力学 (II)』は，角運動量の量子力学からはじめて原子の構造，近似法，散乱理論，輻射と物質の相互作用と進む．

こういうと，ありきたりの量子力学の教科書が，また一冊増えたと思われるかもしれない．著者は，いくらかの新機軸はだせたつもりでいるのだが．

量子力学には見慣れない概念や考え方が次々に現われる．それらに慣れるためにも，本を読むだけでなく，問題に挑戦して腕力を鍛えて欲しい．この本には姉妹篇の 基礎演習シリーズ『量子力学』もついている．学生たちには「必要なら，はじめは解答を見てもよい．しかし，本を伏せても解けるようになるまで練習をくりかえせ」と言っている．そうなれば，量子力学的な想像力は君のものだ．ぜひ，その想像力を楽しむところまで，この本を読み込んでください．

真喜屋さんにはいろいろわがままを聞いていただいた．記して感謝する．

2002 年 2 月

江 沢 洋

目次

1. 光の波動性と粒子性

§1.1 波動 ･･･････1
 (a) 1次元空間の正弦波 ･･･1
 (b) 波動方程式 ･･･････2
 (c) 3次元空間の平面正弦波 ･･4
 (d) 3次元の波動方程式 ････6
 (e) 球面波 ･･･････7
§1.2 干渉 ････････9
§1.3 エネルギー量子 ････13
 (a) 空洞輻射 ･･････13
 (b) 微弱光の干渉 ･････17
 (c) 光電効果 ･････18
§1.4 光子の運動量 ･･･････20
問題 ･････････23

2. 原子核と電子

§2.1 原子核の発見 ･････26
 (a) α粒子の軌道 ･･････27
 (b) 散乱の微分断面積 ････29
 (c) 原子核の大きさ ････31
§2.2 原子の安定性 ･････33
§2.3 原子のもつ電子の数 ･･･35
問題 ･････････38

3. 過渡期の原子構造論

§3.1 原子スペクトル ････39
§3.2 ボーアの原子構造論 ････41
 (a) 定常状態と遷移 ･････41
 (b) 対応原理 ･･･････42
 (c) ボーアの量子条件 ･･･44
§3.3 楕円軌道 ･･･････45
 (a) 運動方程式を解く ････45
 (b) 量子条件で軌道を選ぶ ･･47
§3.4 ド・ブロイの量子条件 ･･47
 (a) 楕円軌道の量子化 ････48
 (b) 水素原子の電子の定常状態 50
§3.5 アインシュタインの遷移確率
 ･･････････52
問題 ･････････54

4. 波動力学のはじまり

§4.1 シュレーディンガーの
　　　波動方程式 ‥‥‥56
(a) 自由粒子 ‥‥‥‥56
(b) 正弦波 ‥‥‥‥‥57
(c) シュレーディンガーの
　　波動方程式 ‥‥‥58
(d) 複素変数の指数関数 ‥‥59
§4.2 水素原子のエネルギー準位は
　　　でるだろうか？ ‥‥61
(a) 定常状態 ‥‥‥‥62
(b) 固有値方程式を解く ‥‥63
問　題 ‥‥‥‥‥‥‥‥68

5. 波動関数の物理的意味

§5.1 電子波の干渉 ‥‥‥69
(a) デヴィッソン‐ガーマーの
　　実験 ‥‥‥‥‥‥69
(b) 外村らの実験 ‥‥‥71
§5.2 電子を見出す確率 ‥‥72
(a) ウェーヴィクル ‥‥72
(b) 水素原子の例 ‥‥‥76
§5.3 確率密度と確率の流束 ‥78
(a) 存在確率の保存 ── 1次元 78
(b) 存在確率の保存 ── 3次元 81
§5.4 量子力学における因果律 ・83
(a) 波動関数の時間発展 ‥‥83
(b) 自由粒子の場合 ‥‥‥84
§5.5 ニュートン力学への回帰 ‥88
(a) 位置の平均値 ‥‥‥88
(b) 速度の平均値 ‥‥‥89
(c) 補助定理 ‥‥‥‥‥90
(d) 速度の平均値の公式 ‥‥91
(e) 加速度の平均値 ‥‥‥92
(f) エーレンフェストの定理 ・93
(g) J.J.トムソンの実験 ‥‥94
問　題 ‥‥‥‥‥‥‥‥‥97

6. 量子力学の成立

§6.1 物理量を表わす演算子 ‥99
(a) 位置座標と運動量 ‥‥99
(b) 演算子の積と交換関係 ‥102
(c) 物理量の時間微分 ‥‥103
(d) 3次元空間における運動 ・105
§6.2 状　態 ‥‥‥‥‥107
(a) 因果律と予測目録 ‥‥107
(b) 内積とノルム ‥‥‥108
§6.3 観　測 ‥‥‥‥‥112
(a) 演算子のエルミート性 ‥112

(b)	物理量とエルミート演算子 115	(e)	測定値と確率・・・・・・121
(c)	固有値問題・・・・・・・116	§6.4	不確定性関係・・・・・・122
(d)	固有値問題の解の性質・・117	問　題	・・・・・・・・・・・125

7. 井戸型ポテンシャル

§7.1	定常状態・・・・・・・・127	(a)	トンネル効果・・・・・・148
§7.2	井戸型ポテンシャルに束縛された状態・・・129	(b)	透過率と反射率・・・・・150
(a)	波動関数の接続・・・・・130	(c)	$E > V_0$ の場合：ラムザウアー－タウンゼント効果・・151
(b)	対称な解・・・・・・・・133	(d)	$V_0 < 0$ の場合・・・・・155
(c)	反対称な解・・・・・・・135	§7.6	連続スペクトルと離散スペクトル・・・156
§7.3	運動量の固有状態・・・・138	(a)	対称な状態・・・・・・・156
(a)	井戸の中の運動・・・・・138	(b)	反対称な状態・・・・・・157
(b)	運動量の固有状態・・・・139	(c)	規格化・・・・・・・・・158
(c)	運動量の測定・・・・・・144	(d)	固有関数系の完全性・・・161
§7.4	無限に深い井戸・・・・・146	問　題	・・・・・・・・・・・164
§7.5	ポテンシャル障壁・・・・147		

8. 調和振動子

§8.1	定常状態・・・・・・・・167	§8.2	振動する波束・・・・・・175
(a)	ハミルトニアン・・・・・167	§8.3	ハイゼンベルク描像・・・177
(b)	固有値問題の解・・・・・168	問　題	・・・・・・・・・・・180
(c)	波動関数・・・・・・・・174		

問題解答・・・・・・・・・・・・・・・・・・・・・・・・184
（Ⅰ）・（Ⅱ）巻総合索引・・・・・・・・・・・・・・・・・226

「(II)巻」主要目次

9. 角運動量
10. 原子の構造
11. 近似法
12. 散乱問題
13. 輻射と物質の相互作用

付録： 積分の計算法

問題解答

1 光の波動性と粒子性

　　　　　　　　　光の粒子性．その片鱗をプランクが空洞輻射のスペクトルに見つけたとき，量子力学への長い道程がはじまった．19 世紀も末の 1900 年のことである．

　それまで，光は波であるという証拠が蓄積されてきたのである．波動性と粒子性の対立が量子力学にいたる歴史の舞台回しの役をする．

　まず，波動から見ていこう．波動の表わし方を復習することから始める．

§1.1　波　動
（a）　1 次元空間の正弦波

　たとえば，ピンと張った（無限に）長い紐の一端を揺らすと，他端に向かって波が伝わって行く．紐にそって x 軸をとろう．その上の位置 x において時刻 t に観測される波の高さは

$$\varphi(x, t) = A \sin\left[2\pi\left(\frac{x}{\lambda} - \frac{t}{T}\right)\right] \tag{1.1}$$

という式で表わされる．これを正弦波（sine wave）という．A, λ, T は定数．A は，この波の**振幅**（amplitude）である．λ は $t=$（一定）で見た波の**波長**（wavelength），T は $x=$（一定）の位置で見た振動の**周期**（period）である．$\nu = 1/T$ が，同じく $x=$（一定）の位置で見た**振動数**（frequency）になる．物理では，単位長さの 2π 倍に入る波の数 $k = 2\pi/\lambda$

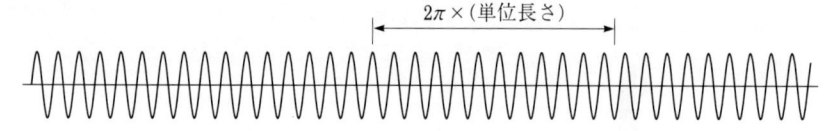

1-1図 波数．物理的には $2\pi\times$（単位長さ）の中に含まれる波の数，つまり $2\pi\times$（単位長さ）/（波長）を考えるが，実際には単なる数である 2π を波長で割った商をいう．したがって，波数は（長さ）$^{-1}$ の次元をもつ．

を**波数**（wave number）といい（1-1図），$\omega=2\pi\nu$ を**角振動数**（angular frequency）とよんで，しばしば用いる．こうすると (1.1) が簡単になるからである：

$$\varphi(x,t) = A\sin(kx - \omega t) \qquad (1.2)$$

この式の $\chi = kx - \omega t$ を波の**位相**（phase）という．位相が一定の点が伝わる速さは，$k\Delta x - \omega\Delta t = 0$ から

$$v_{\text{ph}} = \frac{\Delta x}{\Delta t} = \frac{\omega}{k} \qquad (1.3)$$

となる．これを波の**位相速度**（phase velocity）という．$v_{\text{ph}} = \lambda\nu$ とも書けるが，波は1振動の間に1波長だけの長さ進むのだから当然である．

[**問**] 次の表を完成せよ．本書では単位を '波長/μm = 0.38' とも書く．

色	紫	青	緑	黄	橙	赤
波長/μm	0.38	0.43	0.49	0.55	0.59	0.64	0.77
波数/$10^6\,\text{m}^{-1}$	16.5						8.2
角振動数/$10^{15}\,\text{s}^{-1}$	5.0						

波 (1.2) は x 軸上を正の向きに進む．これに対して負の向きに進む波は

$$\varphi_-(x,t) = A\sin(kx + \omega t) \qquad (1.4)$$

で表わされる．

(b) 波動方程式

波の式 (1.2) を x で偏微分すると

§1.1 波 動

$$\frac{\partial \varphi}{\partial x} = kA\cos(kx - \omega t), \qquad \frac{\partial^2 \varphi}{\partial x^2} = -k^2 A\sin(kx - \omega t)$$

となる．t で偏微分すると

$$\frac{\partial \varphi}{\partial t} = -\omega A\cos(kx - \omega t), \qquad \frac{\partial^2 \varphi}{\partial t^2} = -\omega^2 A\sin(kx - \omega t)$$

となる．各行の第2式を比べ，(1.3) の関係に注意すれば

$$\frac{1}{v_{\mathrm{ph}}^2}\frac{\partial^2}{\partial t^2}\varphi = \frac{\partial^2}{\partial x^2}\varphi \tag{1.5}$$

が得られる．この方程式は (1.4) もみたす．(1.2)，(1.4) の sin を cos におきかえた式もみたす．直線にそって伝わる多くの波がみたすので（章末問題を参照），これは（1次元の）**波動方程式**（wave equation）とよばれる．

いま，任意の関数をとって

$$\psi = f(kx - \omega t) \qquad (\omega = v_{\mathrm{ph}} k)$$

とおけば，x による偏微分は，いったん $\chi = kx - \omega t$ とおいて

$$\frac{\partial}{\partial x} f(kx - \omega t) = \frac{df(\chi)}{d\chi}\frac{\partial \chi}{\partial x}$$

のように計算される．

$$\frac{\partial \chi}{\partial x} = \frac{\partial}{\partial x}(kx - \omega t)$$
$$= k$$

であるから

$$\frac{\partial}{\partial x} f(kx - \omega t) = k f'(kx - \omega t) \tag{1.6}$$

が得られる．ただし，$df(\chi)/d\chi = f'(\chi)$ とおいた．同様にして

$$\frac{\partial^2}{\partial x^2} f(kx - \omega t) = k^2 f''(kx - \omega t) \tag{1.7}$$

を得る．ただし，$\dfrac{d^2 f(\chi)}{d\chi^2} = f''(\chi)$ とおいた．

t に関する微分も，同様に計算される：

$$\frac{\partial^2}{\partial t^2} f(kx - \omega t) = \omega^2 f''(kx - \omega t) \tag{1.8}$$

よって

$$\frac{1}{v_{\text{ph}}^2}\frac{\partial^2}{\partial t^2}f(kx-\omega t)=\frac{\partial^2}{\partial x^2}f(kx-\omega t) \tag{1.9}$$

が成り立つ．任意の関数 f からつくった $\psi(x,t)=f(kx-\omega t)$ は——$\omega=v_{\text{ph}}k$ の関係があれば——波動方程式 (1.5) をみたすのである．

任意の関数 g からつくった $\psi_-(x,t)=g(kx+\omega t)$ も波動方程式をみたす：

$$\frac{1}{v_{\text{ph}}^2}\frac{\partial^2}{\partial t^2}g(kx+\omega t)=\frac{\partial^2}{\partial x^2}g(kx+\omega t) \tag{1.10}$$

$f(kx-\omega t)$ は x 軸上を正の向きに進む．$g(kx+\omega t)$ は負の向きに進む．ここで

$$\frac{\partial^2}{\partial x^2}[f(kx-\omega t)+g(kx+\omega t)]=\frac{\partial^2}{\partial x^2}f(kx-\omega t)+\frac{\partial^2}{\partial x^2}g(kx+\omega t)$$

および t に関する偏微分に対する同様の関係に注意すれば

$$\Phi(x,t)=f(kx-\omega t)+g(kx+\omega t)$$

がまた波動方程式をみたすことがわかる．このように，2つの関数 f，g が，それぞれある方程式をみたすなら和 $f+g$ もみたすとき，解の**重ね合せ** (superposition) がきくという．波動方程式の解には重ね合せがきくのである．

　[問] $\varphi_\pm(x,t)=A\sin(kx\mp\omega t)$ を重ね合わせると伝播しない振動（定在波，standing wave）が得られることを確かめよ．これは波動方程式をみたすか？

（c） 3次元空間の平面正弦波

3次元空間の位置ベクトル $\boldsymbol{r}$ と時間 t との関数

$$\phi(\boldsymbol{r},t)=A\sin(\boldsymbol{k}\cdot\boldsymbol{r}-\omega t) \tag{1.11}$$

を考えよう．ただし，A と $\omega>0$ は定数．$\boldsymbol{k}$ は定ベクトル．

　この波の位相は $\chi=\boldsymbol{k}\cdot\boldsymbol{r}-\omega t$ である．位置 $\boldsymbol{r}$ を固定して ϕ を見れば，ω の意味は (1.2) の場合と同じ角振動数であることがわかる．

k の意味を見るには，まず r を k に平行な成分 $r_\parallel$ と垂直な成分 $r_\perp$ に分けよう（1-2図）：

$$r = r_\parallel + r_\perp$$

そうすると，$k \cdot r_\perp = 0$ だから $k \cdot r = k \cdot r_\parallel$ となり，したがって

$$\chi = k \cdot r_\parallel - \omega t \quad (1.12)$$

となる．χ の値は $r_\perp$ によらない．いいかえれば，k に垂直な平面の上では一定である．一般に，

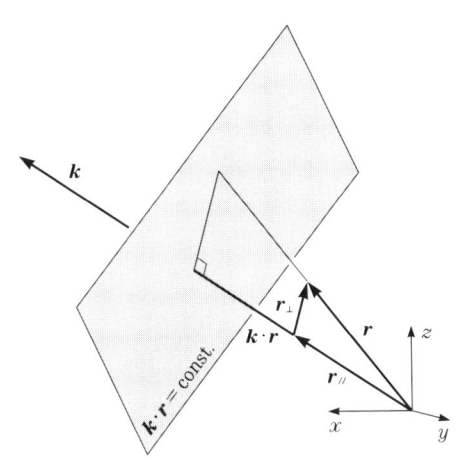

1-2図　平面波．波数ベクトルと波面

"（位相）＝一定"の面を**波面**（wave front）という．(1.11) の波では，k に垂直な任意の平面が波面である．波面が平面だから (1.11) は平面正弦波，あるいは単に**平面波**（plane wave）とよばれる．

ここで k の向きに x 軸をとろう．y, z 軸は 3 軸が右手直交系をなす限り，どうとってもよい．そうすると $k \cdot r_\parallel = kx$ となるから ϕ の式 (1.11) は

$$\phi(x, y, z, t) = A \sin(kx - \omega t) \quad (1.13)$$

となる．右辺は前に調べた (1.2) と全く同じ形であり，x 軸の正の向き（すなわち，k の向き）に伝播する波数 k の"1次元"正弦波になっている．こうして，(1.11) のベクトル k は

　　波動 (1.11) の伝播の方向・向きを指し，大きさが波数を表わす

$$(1.14)$$

ことがわかった．この k を**波数ベクトル**（wave number vector）という．波の伝播の位相速度を v_ph とすれば，(1.3) からわかるとおり

$$\omega = v_\mathrm{ph}|k| \quad (1.15)$$

が成り立つ．

(d) 3次元の波動方程式

ここでは,座標軸を1-2図の向きにもどす.ベクトル $\boldsymbol{k}$ の座標成分を (k_x, k_y, k_z) とする.(1.15) は

$$\omega = v_{\mathrm{ph}}\sqrt{k_x{}^2 + k_y{}^2 + k_z{}^2} \tag{1.16}$$

となる.$\boldsymbol{r} = (x, y, z)$ とすれば,(1.11) の位相は

$$\chi = \boldsymbol{k}\cdot\boldsymbol{r} - \omega t = k_x x + k_y y + k_z z - \omega t \tag{1.17}$$

である.

(1.11) を x で偏微分しよう.いっそ,$\phi = \sin\chi$ より一般の $\varphi(\chi)$ を微分してみよう.

$$\frac{\partial}{\partial x}\varphi(\chi) = \frac{d\varphi(\chi)}{d\chi}\frac{\partial\chi}{\partial x}$$

において

$$\frac{\partial\chi}{\partial x} = \frac{\partial}{\partial x}(k_x x + k_y y + k_z z - \omega t) = k_x$$

であるから

$$\frac{\partial}{\partial x}\varphi(\chi) = k_x \varphi'(\chi) \tag{1.18}$$

が得られる.ただし,$d\varphi(\chi)/d\chi = \varphi'(\chi)$ とおいた.2階の常微分を φ'' のように表わせば

$$\frac{\partial^2}{\partial x^2}\varphi(\chi) = k_x{}^2 \varphi''(\chi) \tag{1.19}$$

も得られる.同様にして

$$\frac{\partial^2}{\partial y^2}\varphi(\chi) = k_y{}^2\varphi''(\chi), \qquad \frac{\partial^2}{\partial z^2}\varphi(\chi) = k_z{}^2\varphi''(\chi)$$

も得られるから,(1.16) を思い出し

$$\left(\frac{\partial^2}{\partial x^2} + \frac{\partial^2}{\partial y^2} + \frac{\partial^2}{\partial z^2}\right)\varphi(\boldsymbol{k}\cdot\boldsymbol{r} - \omega t) = (k_x{}^2 + k_y{}^2 + k_z{}^2)\varphi''(\chi)$$

$$= \frac{\omega^2}{v_{\mathrm{ph}}{}^2}\varphi''(\chi) \tag{1.20}$$

容易に

$$\frac{\partial^2}{\partial t^2}\varphi(\boldsymbol{k}\cdot\boldsymbol{r}-\omega t)=\omega^2\varphi''(\chi) \tag{1.21}$$

も得られるから，$\varphi=\varphi(\boldsymbol{k}\cdot\boldsymbol{r}-\omega t)$ に対して

$$\frac{1}{v_{\mathrm{ph}}{}^2}\frac{\partial^2}{\partial t^2}\varphi=\left(\frac{\partial^2}{\partial x^2}+\frac{\partial^2}{\partial y^2}+\frac{\partial^2}{\partial z^2}\right)\varphi \tag{1.22}$$

の成り立つことがわかる．これを（3次元の）**波動方程式**（wave equation）とよぶ．この方程式は音波から電磁波まで種々の波がみたす．1次元の世界の (1.2) なども，この方程式をみたす．なお，ここに現れた

$$\Delta=\frac{\partial^2}{\partial x^2}+\frac{\partial^2}{\partial y^2}+\frac{\partial^2}{\partial z^2} \tag{1.23}$$

をラプラス演算子，あるいは**ラプラシアン**（Laplacian）とよび，Δ と書く．**演算子**（operator）とは，(1.22) に見るとおり何かの関数に作用する (operate)，あるいは演算するという機能を表わす名前である．Δ の機能は微分であるから**微分演算子**（differential operator）であるという．

(e) 球面波

任意に関数 $f(\chi)$ をとり，空間座標 $\boldsymbol{r}$ の点における時刻 t の波を

$$\psi(r,t)=\frac{f(kr-\omega t)}{r}$$
$$(r=\sqrt{x^2+y^2+z^2}) \tag{1.24}$$

とする．ただし，$\omega=v_{\mathrm{ph}}k$．この $\psi(r,t)$ は，空間座標 $\boldsymbol{r}$ に関して大きさ r のみにより方向によらないので，**等方性**（isotropic）**球面波**（spherical wave）とよばれる．その波面は球面である（1-3図）．

(1.24) が波動方程式をみたす

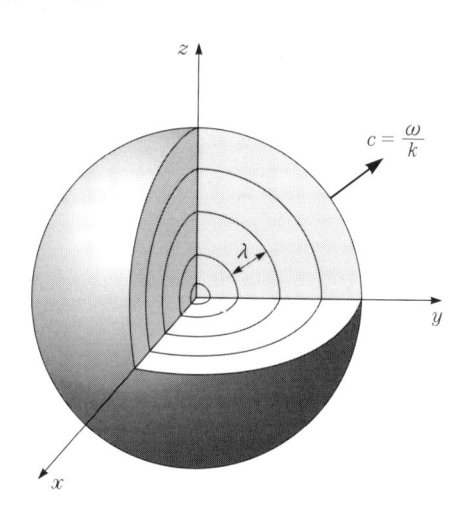

1-3図　等方球面波の波面．速さ $v_{\mathrm{ph}}=\omega/k$ で広がっていく．

ことを示そう．ψ を x で偏微分するには，ψ は $r = (x^2 + y^2 + z^2)^{1/2}$ を通してのみ x に依存していることに注目し

$$\frac{\partial}{\partial x}\psi = \frac{\partial \psi}{\partial r}\frac{\partial r}{\partial x}$$

のように計算する．もう一度，微分すると

$$\frac{\partial^2}{\partial x^2}\psi(r,t) = \frac{\partial^2 \psi}{\partial r^2}\left(\frac{\partial r}{\partial x}\right)^2 + \frac{\partial \psi}{\partial r}\frac{\partial^2 r}{\partial x^2} \tag{1.25}$$

ところが

$$\frac{\partial r}{\partial x} = \frac{\partial}{\partial x}(x^2 + y^2 + z^2)^{1/2} = \frac{x}{r}$$

であり，これを再び微分して

$$\frac{\partial^2 r}{\partial x^2} = \frac{1}{r} - \frac{x^2}{r^3}$$

を得る．これを (1.25) に代入すれば

$$\frac{\partial^2}{\partial x^2}\psi(r,t) = \frac{\partial^2 \psi}{\partial r^2}\frac{x^2}{r^2} + \frac{\partial \psi}{\partial r}\left(\frac{1}{r} - \frac{x^2}{r^3}\right)$$

y, z についても同様にして

$$\frac{\partial^2}{\partial y^2}\psi(r,t) = \frac{\partial^2 \psi}{\partial r^2}\frac{y^2}{r^2} + \frac{\partial \psi}{\partial r}\left(\frac{1}{r} - \frac{y^2}{r^3}\right)$$

$$\frac{\partial^2}{\partial z^2}\psi(r,t) = \frac{\partial^2 \psi}{\partial r^2}\frac{z^2}{r^2} + \frac{\partial \psi}{\partial r}\left(\frac{1}{r} - \frac{z^2}{r^3}\right)$$

これらを加え合わせれば，$x^2 + y^2 + z^2 = r^2$ だから

$$\left(\frac{\partial^2}{\partial x^2} + \frac{\partial^2}{\partial y^2} + \frac{\partial^2}{\partial z^2}\right)\psi(r,t) = \frac{\partial^2 \psi}{\partial r^2} + \frac{2}{r}\frac{\partial \psi}{\partial r} \tag{1.26}$$

が得られる．これは r の関数にラプラシアン (1.23) を作用させるとき常に使える重要な公式である．

$$\Delta \psi(r,t) = \left(\frac{\partial^2}{\partial r^2} + \frac{2}{r}\frac{\partial}{\partial r}\right)\psi(r,t) \tag{1.27}$$

と書いてもよい．

[問] 平面上の直角座標を (x, y) とし，$\rho = \sqrt{x^2 + y^2}$ とするとき

$$\left(\frac{\partial^2}{\partial x^2}+\frac{\partial^2}{\partial y^2}\right)\phi(\rho,t)=\left(\frac{\partial^2}{\partial \rho^2}+\frac{1}{\rho}\frac{\partial}{\partial \rho}\right)\phi(\rho,t) \tag{1.28}$$

が成り立つことを示せ．

さて，われわれの課題は (1.24) が波動方程式 (1.22) をみたすことの証明であった．(1.24) に対して，公式 (1.27) の各項は

$$\begin{array}{c|l}
\dfrac{2}{r}\times & \dfrac{\partial}{\partial r}\dfrac{f}{r}=\qquad\qquad\dfrac{1}{r}\dfrac{\partial f}{\partial r}-\dfrac{1}{r^2}f \\[2mm]
1\times & \dfrac{\partial^2}{\partial r^2}\dfrac{f}{r}=\dfrac{1}{r}\dfrac{\partial^2 f}{\partial r^2}-\dfrac{2}{r^2}\dfrac{\partial f}{\partial r}+\dfrac{2}{r^3}f
\end{array}$$

となるから，加え合わせて

$$\left(\frac{\partial^2}{\partial r^2}+\frac{2}{r}\frac{\partial}{\partial r}\right)\frac{f(kr-\omega t)}{r}=k^2\frac{f''(\chi)}{r} \tag{1.29}$$

他方，

$$\frac{\partial^2}{\partial t^2}\frac{f(kr-\omega t)}{r}=\omega^2\frac{f''(\chi)}{r}$$

であるから，$\omega=v_{\mathrm{ph}}k$ により，$\psi=\dfrac{f(kr-\omega t)}{r}$ に対して

$$\frac{1}{v_{\mathrm{ph}}{}^2}\frac{\partial^2}{\partial t^2}\psi=\left(\frac{\partial^2}{\partial r^2}+\frac{2}{r}\frac{\partial}{\partial r}\right)\psi$$

が成り立つ．こうして，(1.24) の ψ は波動方程式をみたすことがわかった．

§1.2 干 渉

直角座標系 O-xyz の $z=0$ の平面，つまり (x,y) 面に衝立をおき，$(a,0,0)$ と $(-a,0,0)$ とに小孔をあける（1-4図）．これに $z<0$ の側から光を当てると，小孔を通った光はそれぞれ球面波となって広がっていく．小孔の間隔 $2a$ に比べて大きな距離 $L\gg 2a$ の位置 $z=L$ に，z 軸に垂直にスクリーンをおき，2つの球面波が重なってつくる強度分布を見る．

これはヤング（T. Young）が 1801 年に歴史上はじめて光の干渉を実験したときの設定である．彼は，衝立に2つの針孔をあけ，これに別の衝立の1

10   1. 光の波動性と粒子性

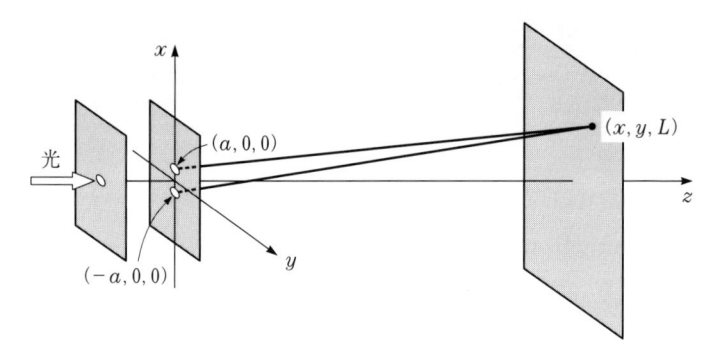

1-4図　ヤングの干渉実験

つの針孔 A を通った太陽光を当てた．1つの針孔 A を通したのは，2つの針孔 B_+，B_- の位置における光の位相を同じにするための工夫である．光の波長は短いから位相を同じにするのは難しい．位相差を一定に保つのだ．

2つの針孔を通った波は

$$\varPhi(x, y, z, t) = \frac{\sin(kr_+ - \omega t)}{r_+} + \frac{\sin(kr_- - \omega t)}{r_-} \quad (1.30)$$

となって $z>0$ の側に広がっていく．ここに $r_\pm$ は小孔（$\pm a, 0, 0$）から点 (x, y, z) までの距離で

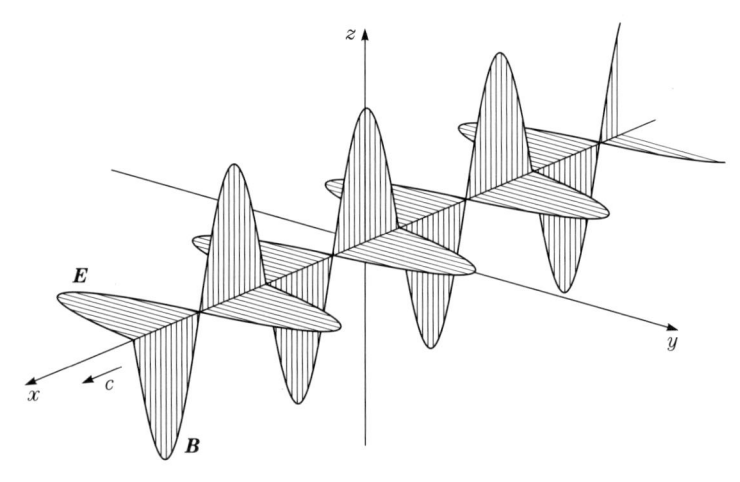

1-5図　直線偏光した光．（電場ベクトル）×（磁束密度ベクトル）の向きに光は進む．

$$r_\pm = \sqrt{(x \mp a)^2 + y^2 + z^2}$$

である．これは，2つの小孔（$\pm a, 0, 0$）にそれぞれ発した等方球面波 (1.24) を重ね合わせたのである．だから，波動方程式をみたす．

でも，これを光の波というには弁解が必要だ．光の波はいわゆる**電磁波** (electromagnetic wave) で，電場と磁場の波である（1-5図）．電場も磁場もベクトルで，光の場合いずれも進行方向に垂直である．これを (1.30) のようなスカラー関数で表わしきることはできない．

いまは，電磁波の電場 (1.30) が近似的に y 方向を向いているとし，ϕ がその電場の y 成分を表わすものとしよう．電磁波の電場は進行方向に垂直であって，球面波のように広がっていく波では電場の方向は一定ではない．しかし，広がりが小さければ，ほぼ一定とみなすことも許されるだろう．近似的に y 方向を向いているといったのは，その意味である．

衝立から距離 $L \gg a$ の位置 $z = L$ に，z 軸に垂直にスクリーンを立てる．その上の各点 (x, y, L) で見た波の強さは，(電場の強さ)^2，すなわち

$$I(x, y, L; t) = \left\{ \frac{\sin(kr_+ - \omega t)}{r_+} + \frac{\sin(kr_- - \omega t)}{r_-} \right\}^2 \quad (1.31)$$

に比例する．ここに

$$r_\pm = \sqrt{L^2 + (x \mp a)^2 + y^2} \quad (1.32)$$

である．

$a \ll L$ としたが，さらに $|x|, |y| \ll L$ の (x, y) に限れば

$$r_\pm = L\left(1 + \frac{x^2 + y^2 + a^2 \mp 2ax}{L^2}\right)^{1/2} \sim L + \frac{x^2 + y^2 + a^2 \mp 2ax}{2L} \quad (1.33)$$

としてよい．さらに，(1.31) において

$$\frac{1}{r_\pm} = \frac{1}{L} - \frac{x^2 + y^2 + a^2 \mp 2ax}{2L^3}$$

では右辺，第1項だけとればよい．そうすれば

$$I(x, y, L; t) = \frac{4}{L^2} \sin^2\left[\frac{k(r_+ + r_-)}{2} - \omega t\right] \cdot \cos^2\left[\frac{k(r_+ - r_-)}{2}\right]$$

となる．第1因子
$$\sin^2\left(\frac{k(r_+ + r_-)}{2} - \omega t\right) = \frac{1}{2} - \frac{1}{2}\cos\left(k(r_+ + r_-) - 2\omega t\right)$$
は $1/2$ を中心に，光が可視光なら毎秒 10^{15} 回も振動する（p.2 の表参照）．この速い振動を捉える検出器はない．検出器は強度の時間平均，すなわち
$$\langle I(x,\,y,\,L)\rangle_{\mathrm{av}} = \lim_{T\to\infty}\frac{1}{T}\int_0^T I(x,\,y,\,L;t)\,dt = \frac{2}{L^2}\cos^2\frac{k(r_+ - r_-)}{2} \tag{1.34}$$
を捉えるのみである．$\displaystyle\lim_{T\to\infty}$ は大げさだが
$$\frac{1}{T}\int_0^T \cos(\alpha - 2\omega t)\,dt = \frac{1}{2\omega T}[\sin\alpha - \sin(\alpha - 2\omega T)]$$
だから，$\omega T \gg 1$ なら $T\to\infty$ と実質は同じなのである．

というわけで，スクリーン上にみる光の強さは (1.34) で与えられる．(1.33) を用いれば
$$\langle I(x,\,y,\,L)\rangle_{\mathrm{av}} = \frac{2}{L^2}\cos^2\frac{k(r_+ - r_-)}{2} = \frac{2}{L^2}\cos^2\left[\frac{ka}{L}x\right] \tag{1.35}$$
となる．スクリーン上に 1-6 図のような強度 I の縞模様（**干渉縞**，interference fringe）が生ずるのである．

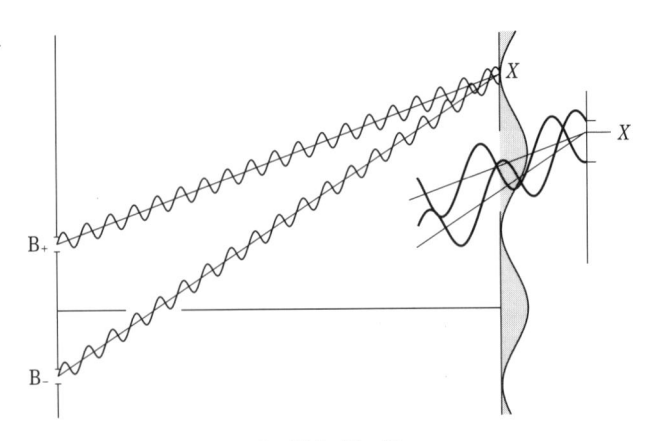

1-6 図　干渉

$$\cos^2\left[\frac{ka}{L}x\right] = \frac{1}{2} + \frac{1}{2}\cos\frac{2\pi x}{\lambda'}, \qquad \lambda' = \frac{L}{2a}\frac{2\pi}{k}$$

であるから，縞模様の波長は $\lambda' = (L/2a)\lambda$ で，光の波長 λ の $L/2a$ 倍になっている．2つの小孔とスクリーンという干渉実験の装置は波長拡大器なのである．

光が干渉縞をつくることは多くの実験で確かめられている．光は，また回折によっても波動性をあらわす．針孔をとおった光が球面波として広がるのも回折である．

§1.3　エネルギー量子
（a）空洞輻射

鉄などを熱していくと，初めは鈍い赤色を呈し，やがて白熱して輝く．熱せられた物体の輻射を研究するなかでキルヒホフ（G. R. Kirchhoff）が**黒体**（black body）の概念を導入した．これは表面に当たる輻射をすべて吸収する理想物体である．その表面の単位面積から単位時間に輻射されるエネルギーはその波長と温度のみの関数であることを，キルヒホフは証明した（1859年）．以後，黒体は**熱輻射**（thermal radiation）の研究の基本的な対象となった．

黒体は，完全吸収体であるから常温では黒く見えるはずだが，高温では同じ温度にある通常の物体より輻射密度が高いので，より輝いて見える．

黒体は実際には存在せず，考えの上だけの物体であったが，1895年にウィーン（W. Wien）とルンマー（O. R. Lummer）は，容器を熱して，壁に小さな孔をあけて洩れ出てくる輻射をみれば，それが黒体輻射とみなせることを指摘した．小さな孔から容器に入った光は，なかなか外に出られず，容器の内壁で反射をくりかえすうちに吸収されてしまうのである．黒体が手に入ったので，熱輻射の研究は大いに進んだ．空洞に満ちた輻射を**空洞輻射**（cavity radiation）という．

温度 T の空洞に満ちた輻射のうち，波長が $(\lambda, \lambda + d\lambda)$ の範囲にはい

る分のエネルギーは，空洞の単位体積当りにすれば $u_T(\lambda)d\lambda$ と書ける．$u_T(\lambda)$ を空洞輻射の**波長に分けたエネルギー密度**（spectral energy densiy）という．これは容器の形にも材質にもよらず温度だけで定まり

$$u_T(\lambda) = \frac{16\pi^2\hbar c}{\lambda^5}\frac{1}{e^{2\pi\hbar c/\lambda k_B T} - 1} \tag{1.36}$$

で与えられる．これを発見者の名に因んで**プランク**（M. Planck）**の輻射公式**とよぶ（1-7図）．ここに

$$\hbar = 1.0546 \times 10^{-34}\,\text{J·s}$$

である．$\hbar$ は未だに"プランク定数 $h = 6.626 \times 10^{-34}$ J·sの $1/2\pi$"とよばれている．

温度 T の黒体が表面の単位面積から単位時間に放出する輻射エネルギーは，すなわち空洞にあけた小孔から単位時間に洩れ出す輻射エネルギーを小孔の面積で割った値に等しい．これをスペクトルに分けて $s_T(\lambda)d\lambda$ とすれば

$$s_T(\lambda) = \frac{c}{4}u_T(\lambda) \tag{1.37}$$

となる．なぜなら，小孔に垂直，外向きに z 軸を立て極座標で (θ, ϕ) の方向の微小立体角 $\sin\theta\,d\theta d\phi$ 内に単位時間に出てくる，スペクトルに分けた輻射エネルギーは（1-8図）

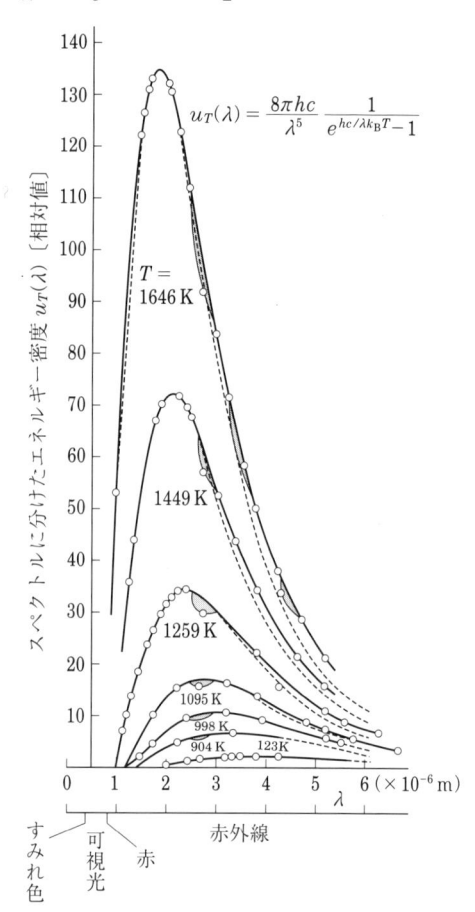

1-7図 空洞輻射のエネルギーのスペクトル密度

§1.3 エネルギー量子　　　　　　　　　　　　　　　15

$$u_T(\lambda)\,d\lambda \cdot cdA\,\frac{1}{4\pi}\cos\theta\cdot\sin\theta\,d\theta d\phi$$

であるから，これを積分して

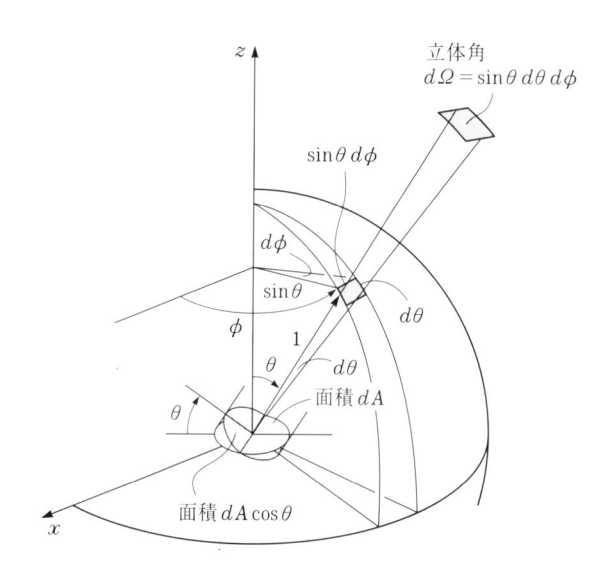

1-8図　黒体表面からのエネルギー放射

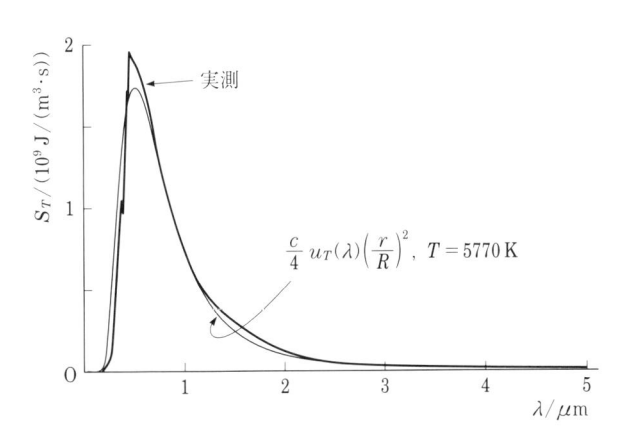

1-9図　太陽の輻射．地球大気のすぐ外における単位波長幅のエネルギー流束 $S_T(\lambda)$ ［単位：$10^9\,\mathrm{J/(m^3\cdot s)}$］で示す．太陽面の単位面積から毎秒放出される単位波長幅(m)あたりのエネルギー $s_T(\lambda)$ に直すには $(R/r)^2$ を掛ける．$r = 6.96\times 10^8\,\mathrm{m}$ は太陽半径．$R = 1.496\times 10^{11}\,\mathrm{m}$ は太陽から地球までの距離．

$$u_T(\lambda)\,d\lambda \cdot cdA\,\frac{1}{4\pi}\int_0^{\pi/2}\cos\theta\sin\theta\,d\theta\int_0^{2\pi}d\phi = \frac{c}{4}\,u_T(\lambda)\,d\lambda dA \tag{1.38}$$

となるからである．

太陽の表面からの輻射も黒体の $s_T(\lambda)$ でよく表わされる．太陽表面の単位面積からの単位時間あたりの全輻射エネルギー $6.317\times 10^7\,\mathrm{J/(m^2\cdot s)}$ を**シュテファン‐ボルツマンの法則**（Stefan‐Boltzmann law）σT^4（章末問題7）によって温度に直すと約 $5\,772\,\mathrm{K}$ となる（1‐9図）．

[**問**] $u_T(\lambda)$ を最大にする λ を $\lambda_{\max}$ と書けば

$$\lambda_{\max} T = 2.90\times 10^{-3}\,\mathrm{m\cdot K} \tag{1.39}$$

が成り立つ（ウィーンの**変位則**（displacement law））．これを確かめよ．温度を太陽表面の $T=5\,772\,\mathrm{K}$ とすると $\lambda_{\max}$ はいくらになるか？　その光は何色か？

ウィーンの変移則は，ある温度範囲では 1888 年に実験から得られていたが，1893 年にウィーンが熱力学により黒体輻射に対してあらゆる温度で成り立つことを証明した．実験もこれを支持した．

プランクは，輻射公式 (1.36) の由来を求めて原子が角振動数 ω の輻射ならエネルギー $\hbar\omega$ の塊として放出・吸収するという結論に達した．[*]

アインシュタインは輻射自身がエネルギーの塊からなると考えて実験事実を見直してみることを提案し，この塊を光量子（light quantum）とよんだ．今日では**光子**（photon）という．

輻射の粒子状構造は，輻射公式を角振動数に分けたエネルギー密度の式に直すと見やすくなる．すなわち，空洞に満ちた輻射のうち，角振動数が $(\omega+d\omega,\omega)$ の範囲に入る分のエネルギーを空洞の単位体積あたりにして $\tilde{u}_T(\omega)\,d\omega$ と書く．そこで

$$d\omega = -\frac{2\pi c}{\lambda^2}\,d\lambda$$

---

[*] 江沢 洋：『現代物理学』（朝倉書店，1996）pp. 243‐250 を参照．

に注意して (1.36) を書き直せば

$$\tilde{u}_T(\omega) = \frac{\hbar\omega^3}{\pi^2 c^3} \frac{1}{e^{\hbar\omega/k_\mathrm{B}T} - 1} \qquad (1.40)$$

が得られる．この式の特徴的な因子

$$\frac{1}{e^{\hbar\omega/k_\mathrm{B}T} - 1}$$

は $\beta = 1/k_\mathrm{B}T$ と置いて

$$1 + e^{-\hbar\omega/k_\mathrm{B}T} + e^{-2\hbar\omega/k_\mathrm{B}T} + \cdots = \frac{1}{1 - e^{-\beta\hbar\omega}}$$

$$\hbar\omega e^{-\hbar\omega/k_\mathrm{B}T} + 2\hbar\omega e^{-2\hbar\omega/k_\mathrm{B}T} + \cdots = -\frac{\partial}{\partial\beta}\frac{1}{1 - e^{-\beta\hbar\omega}} = \frac{\hbar\omega e^{-\beta\hbar\omega}}{(1 - e^{-\beta\hbar\omega})^2}$$

に注意すれば

$$\frac{\hbar\omega e^{-\hbar\omega/k_\mathrm{B}T} + 2\hbar\omega e^{-2\hbar\omega/k_\mathrm{B}T} + \cdots}{1 + e^{-\hbar\omega/k_\mathrm{B}T} + e^{-2\hbar\omega/k_\mathrm{B}T} + \cdots} = \frac{\hbar\omega}{e^{\hbar\omega/k_\mathrm{B}T} - 1} \qquad (1.41)$$

となる．$e^{-n\hbar\omega/k_\mathrm{B}T}$ は，温度 T の熱平衡状態で，角振動数 ω の光子が n 個ある状態の相対確率，すなわちボルツマン因子である．(1.41) は，これをウェイトとした $n\hbar\omega$ の平均という形をしている．光子が —— ときに 1 個，ときに 2 個と数において揺らぎながら —— 空洞の中を飛び回っているさまを思わせるような形である．これを (1.40) と比較したときの残りの因子

$$\frac{\omega^2}{\pi^2 c^3} \qquad (1.42)$$

は状態密度といわれる量であるが，その意味は，いずれ明らかになると期待しよう．(後の (13.60) を空洞の体積 V で割り，全立体角にわたって積分し，光の偏りを考えて 2 倍した値である．)

アインシュタインが，彼の提案に基づいて見出した光量子の実験的な証拠については，すぐ後に述べる．

(b) 微弱光の干渉

光は，干渉や回折をするから，粒子とは言いきれない．アインシュタインは，干渉縞が現れるには光の振動の何周期にもわたる長時間の平均 (1.34)

が必要なことを指摘し,干渉を統計的な現象であろうと考えた.

テイラー (G.I. Taylor)* は,1909年,細い針孔に微弱な光を当てて 5×10^{-13} J/s という弱さでも長時間待てば,写真乾板上に強い光と同じに回折縞をつくることを実証した.必要な露光時間は 2 ヵ月におよんだので,そのあいだ彼はヨット航海に出てしまったという.光の波長を仮に 500 nm とすれば**,光子のエネルギーは $\hbar \cdot 2\pi c/\lambda$ だから,光の強さを毎秒やってくる光子の数に直せば

$$\frac{5 \times 10^{-13} \text{ J/s}}{2\pi c\hbar/\lambda}$$

となる.したがって,相次いで来る光子の平均間隔は,これで c を割って

$$\frac{2\pi c^2 \hbar}{(5 \times 10^{-13} \text{ J/s}) \cdot \lambda} = 200 \text{ m}$$

となる.回折縞が光子の相互作用の結果でないことは明瞭である.

(c) 光電効果

光子の個別的な振舞が現れている現象として,アインシュタインは 1905 年に光電効果 (photoelectric effect) を指摘した.これは,金属板に光を当てると電子が飛び出す現象で,Li など,周期律表の第 1 族の金属(アルカリ金属)で著しい.光を波動としたのでは理解できない次の特徴をもつ:

(1) 光の角振動数が小さいと起こらない.角振動数は,金属ごとに定まっている仕事関数 W の $e/\hbar$ 倍より大きい必要がある.e は電子の電荷の絶対値である.

シキイ値 $\omega_c = eW/\hbar$ よりわずかでも小さい角振動数の光では,それをどんなに強くしても電子は飛び出さない.わずかでも大きい角振動数の光なら,どんなに弱くても,いくらかの電子は飛び出す.

---

* ケンブリッジ大学の学生であった.J.J.トムソンの示唆によって実験した.彼らは,まだアインシュタインの光量子を知らなかったという.しかし,光電効果の実験から光のエネルギーが振動数に比例する大きさの塊になっていることは知っていた.

** 1 nm = 10^{-9} m

§1.3 エネルギー量子

1-1表 仕事関数

元素 表面	Cs 多結晶	Cu			Ag			W		
		(100)	(110)	(111)	(100)	(110)	(111)	(100)	(110)	(111)
W/eV	2.14	4.59	4.48	4.98	4.64	4.52	4.74	4.63	5.25	4.47

なお，**仕事関数**（work function）とは金属（や半導体）の表面から電子をとりだすのに必要なエネルギーの最小値をいう．通常，電子ボルト単位で表わす．2つの金属の仕事関数の差は接触電位差としても測定される．

（2） 電子は，金属板に光を当てはじめると即座に飛び出しはじめる．遅れがあるとしても 10^{-8} s より短い．

光が電磁場の波動であれば，電子に当たると揺り動かし，エネルギーを与えるだろう．角振動数がいくら小さくても，時間をかければ，電子に飛び出しに十分なエネルギーを与えそうなものである．しかし，(1)は，そうはならないという．

その時間は，光が弱ければ長くなりそうなものだ．弱い光でも ── 角振動数がシキイ値を超えていれば ── 即座に出てくる電子があるという(2)の事

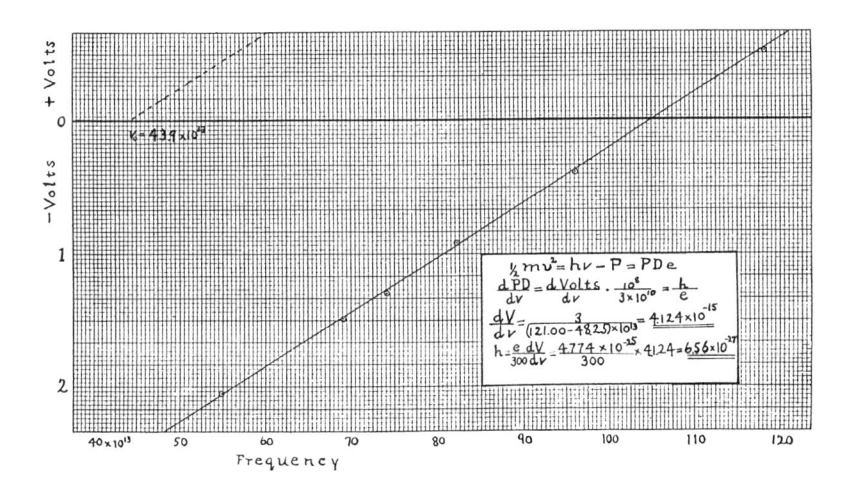

1-10図 光の振動数と飛び出す電子の最高エネルギー．ナトリウムからの光電子についてのミリカンの測定．縦軸には，飛び出した電子を静止させるに必要な電圧がとってある．それが正負にまたがっているのは，用いた銅線，銅のファラデー箱とナトリウムの接触電位差による．(R. A. Millikan: Phys. Rev. **7** (1916) 355)

実も不可解である．

アインシュタインは，光電効果は1個の光子が電子に衝突して吸収され，その運動エネルギーに変わる現象だと考えた．そうすれば，(1)，(2)は直ちに理解されるばかりでなく，飛び出してくる電子の運動エネルギーの最大値は

$$K_{max} = \hbar\omega - eW \tag{1.43}$$

で与えられることになる．ミリカンはこれを確かめ，$\hbar$ の値を精密に決定することができた（1–10図）．

[問] Li に当てて光電効果を起こす光の角振動数は最低いくらか？ その光は何色か？ あるいは何とよばれる光か？ Li の仕事関数は 2.2 eV である．

§1.4 光子の運動量

光子がエネルギーの量子であるばかりか，運動量の量子も担うことがコンプトン（A. H. Compton）の実験から知られた（1924年）．

彼は，炭素など原子量の比較的小さい元素の薄い板に波長 λ のきまった X 線を通した．X 線は，さまざまの方向に散乱されたが，同時に波長が延び，延びは最大 2×10^{-3} nm に達した．

[問] 次の表を完成せよ．

	γ 線	X 線	真空紫外線	紫外線
波長/nm 角振動数/s^{-1} $\hbar\omega$/eV	0.01	数十	200	380

入射線の波長を λ とする．散乱後の波長 λ' は板の物質によらず散乱角 θ のみで定まるのだった（1–11，1–12図）．

初めコンプトンはこれをドップラー効果と考えた．電子は光の圧力で入射線の方向に動きだし，速さ v のとき X 線の振動数を $\omega_1 = (1 - v/c)\omega$ と感じ，振動して同じ振動数 ω_1 の輻射を出す．これは走る電子の輻射だから

§1.4　光子の運動量

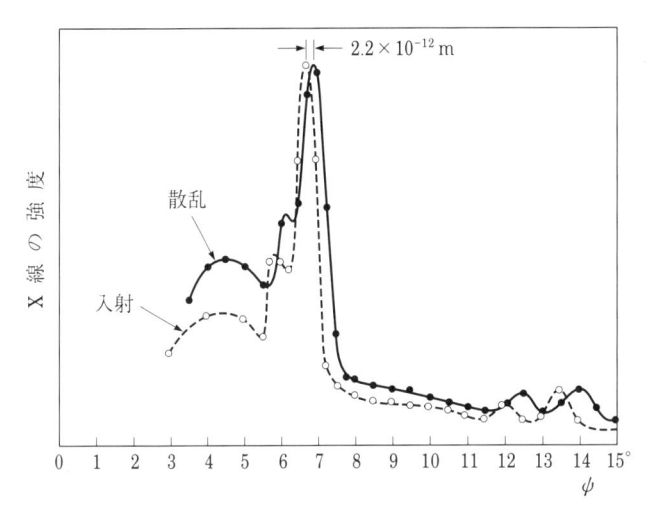

1-11図　散乱による X 線の波長のずれ．散乱（散乱角 $\theta = 90°$）の前後のスペクトルを比較して示す．コンプトンの実験．モリブデンの X 線のグラファイトによる散乱．ψ は波長計による散乱角で，X 線の波長に対応する．（A. H. Compton: Phys. Rev. **21** (1923) 483)

実験室では $\left(1 + \dfrac{v}{c}\cos\theta\right)\omega_1$ の振動数を受けとることになる．実験室で測る波長にすれば

$$\lambda' = \frac{2\pi c}{\left(1 - \dfrac{v}{c}\right)\left(1 + \dfrac{v}{c}\cos\theta\right)\omega} \tag{1.44}$$

$v \ll c$ ならば

$$\lambda' - \lambda = \frac{v}{c}\lambda(1 - \cos\theta)$$

となり，波長の延びは $1 - \cos\theta$ に比例する．この点は実験（1-12図）に合う．しかし，この式の比例定数は v に依存し，定数

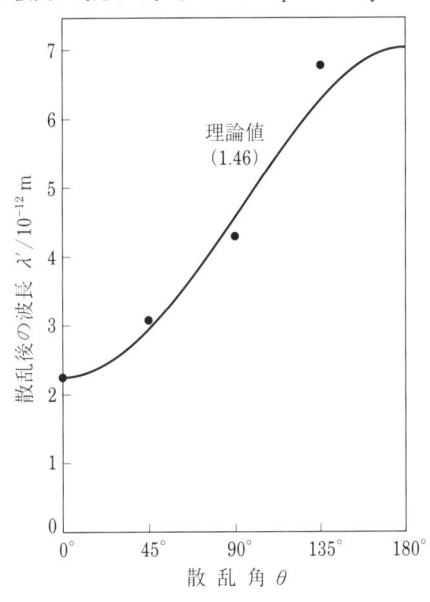

1-12図　コンプトン効果．$^{214}_{83}\mathrm{Bi}$ からの γ 線（$\lambda = 2.2 \times 10^{-12}$ m）が鉄，アルミニウム，パラフィンで散乱された後の波長 λ' の平均を示す．

ではない．電子は光に押され続けるはずだから，v はむしろ徐々に増加するだろう．これでは実験 $\lambda' - \lambda = 2.2 \times 10^{-12}$ m・$(1 - \cos \theta)$ に合わない．

いま，アインシュタインが光電効果についてしたように，電子は静止の状態から光の運動量 p を一気に吸って運動量 $m_\mathrm{e}v = p$ をもつようになると仮定すれば，(1.44)の右辺の v/c を $p/m_\mathrm{e}c$ と書き，コンプトンの実験で $\lambda' - \lambda$ は最大 4.4×10^{-12} m に達したという結果を使えば

$$\frac{p}{m_\mathrm{e}c}\lambda = 2.2 \times 10^{-12}\,\mathrm{m}$$

から，光子の運動量として

$$p = \frac{m_\mathrm{e}c}{\lambda} \times (2.2 \times 10^{-12}\,\mathrm{m}) = \frac{6.0 \times 10^{-34}\,\mathrm{J\cdot s}}{\lambda}$$

が得られる．分子に現れた 6.0×10^{-34} J・s はプランク定数 h を思わせる．そうだとすれば，光子の運動量は $p = h/\lambda = \hbar\omega/c$ になる．

コンプトンは1924年に，光子は

$$\text{エネルギーの量子}\ :\quad \varepsilon = \hbar\omega$$

であると同時に   (1.45)

$$\text{運動量の量子}\ :\quad \boldsymbol{q} = \frac{2\pi\hbar}{\lambda}\boldsymbol{n}$$

でもあるとして（$\boldsymbol{n}$ は光の進行方向の単位ベクトル）光子と電子の衝突を扱い

$$\lambda'(\theta) - \lambda = \frac{2\pi\hbar}{m_\mathrm{e}c}(1 - \cos \theta) \tag{1.46}$$

を導いた．これは X 線のみならず γ 線を用いた実験ともよく一致した．

彼は，速度 $\boldsymbol{v}$ の電子のエネルギー，運動量に対して相対論的な表式

$$E = \frac{m_\mathrm{e}c^2}{\sqrt{1 - \dfrac{v^2}{c^2}}}, \qquad \boldsymbol{p} = \frac{m_\mathrm{e}\boldsymbol{v}}{\sqrt{1 - \dfrac{v^2}{c^2}}} \tag{1.47}$$

を用いた．これらは

$$E^2 - c^2p^2 = (m_\mathrm{e}c^2)^2 \tag{1.48}$$

の関係にある．

(1.46) を導こう．電子は衝突前には静止していたとしよう．衝突後のエネルギーを E'，運動量を $\boldsymbol{p}'$ とする．光子の角振動数と進行方向の単位ベクトルを，散乱の前後で，$\omega, \boldsymbol{n}, \omega', \boldsymbol{n}'$ とすれば，エネルギーと運動量の保存の式は，それぞれ

エネルギー ： $\quad E' + \hbar\omega' = m_\mathrm{e}c^2 + \hbar\omega$

運動量 ： $\quad \boldsymbol{p}' + \dfrac{\hbar\omega'}{c}\boldsymbol{n}' = \dfrac{\hbar\omega}{c}\boldsymbol{n}$

となる．

これらの式から光の振動数の変化を導き出すには ($E', \boldsymbol{p}'$) を消去すればよい．そのために，$E', \boldsymbol{p}'$ に対する (1.48) が利用できる：

$$\left(\omega - \omega' + \frac{m_\mathrm{e}c^2}{\hbar}\right)^2 - (\omega\boldsymbol{n} - \omega'\boldsymbol{n}')^2 = \left(\frac{m_\mathrm{e}c^2}{\hbar}\right)^2$$

整理すれば

$$\omega - \omega' = \frac{\hbar}{m_\mathrm{e}c^2}\omega\omega'(1 - \boldsymbol{n}\cdot\boldsymbol{n}')$$

が得られる．両辺を $\omega\omega'$ で割り，$\boldsymbol{n}\cdot\boldsymbol{n}' = \cos\theta$ に注意すれば，波長と角振動数の関係 $\lambda = 2\pi c/\omega$ を用いて (1.46) を得る．

こうして，光子はエネルギー $\hbar\omega$ と運動量 $2\pi\hbar/\lambda$ をもつ量子となった．

問　　題

1. $\varphi(x, t) = A\sin(kx - \omega t)$ が解になるという要求だけなら，波動方程式は

$$\frac{\partial\varphi}{\partial x} = -\frac{1}{v_\mathrm{ph}}\frac{\partial\varphi}{\partial t} \quad (\omega = v_\mathrm{ph}k)$$

でもよかったはずである．これでは何がいけないのだろうか？

2. 圧力 p_0，密度 ρ_0 の気体を伝わる音に対する波動方程式をもとめよ．ただし，音波の伝播のとき，一定質量の気体の体積 V と圧力 p の間には断熱圧縮に対する $pV^\gamma =$ 一定 の関係が成り立つものとする．γ は 定圧比熱/定積比熱 であ

3. 直角座標系 O‐xyz において，電場 $(E(z, t), 0, 0)$，磁束密度の場 $(0, B(z, t), 0)$ に対してマクスウェルの方程式を書け．ただし，電荷密度，電流密度はいたるところ 0 とする．この電場と磁束密度の場は，それぞれ波動方程式をみたすことを示せ．位相速度はいくらか？

4. x 軸上の波動 $\varphi(x, t)$ で，初期条件
$$t = 0 \text{ に}: \quad \varphi(x, 0) = \psi_0(x), \quad \frac{\partial \varphi}{\partial t}(x, 0) = \chi_0(x)$$
をみたすものをもとめよ．

5. $\varphi(x, t)$ を 1 次元の波動方程式の解で，$\lim_{x \to \pm\infty} \varphi(x, t) = 0$ となるものとする．
$$E(t) = \frac{1}{2} \int_{-\infty}^{\infty} \left\{ \frac{1}{v^2} \left(\frac{\partial \varphi}{\partial t} \right)^2 + \left(\frac{\partial \varphi}{\partial x} \right)^2 \right\} dx$$
とすると，$E(t) = $ const. となることを証明せよ．ただし，$v_{\rm ph}$ を v と略記した．

6. 温度 $T = 3000, 6000\,{\rm K}$ に対して (1.37) の $s_T(\lambda)$ のグラフの概形を描け．横軸の可視光の波長範囲に印をつけよ．

7. 温度 T の黒体の表面の単位面積から単位時間に輻射される全エネルギーは T^4 に比例することを示せ（シュテファン‐ボルツマンの法則）．比例定数はいくらか？

8. 1V の電位差で加速したときの電子のエネルギーの増加を 1eV という．それは何 J か？　また
$$\hbar \omega = k_{\rm B} T = \frac{1}{2} m_{\rm e} v^2 = 1\,{\rm eV}$$
とおくと，ω, T, v は，それぞれいくらか？　$m_{\rm e}$ は電子の質量である．

9. 石炭 1kg は燃えると 3×10^7 J くらいの熱をだす．このエネルギーは炭素原子 1 個当りどれだけか？　そのエネルギーが，そのまま光子 1 個として放出されたら波長はいくらになるか？　その光は赤外線，可視光線，紫外線のどれか？

10. コンプトン散乱で，光子が真後ろに散乱される場合を非相対論的に扱って波長のズレの式を導け．

11. 自由電子は，1 つの光子のエネルギーと運動量とをすっかり吸収してしまう

ことはできない．このことを証明せよ．

12. ミリカンはナトリウムの表面Sに垂直に光を当て，飛び出してくる電子をSに向き合うファラデー箱Fに集めた．ファラデー箱にはSとの間に電子を追い返す電圧 V をかけ，30秒間の露光でFに集まる電気量を V の関数として測り，表のような結果を得た．D はファラデー箱につないだ電気計のフレであり，λ は当てた光の波長である（1-10 図に示した論文）．これからプランク定数の値をもとめよ．

$\lambda = 546.1\,\mathrm{nm}$		$\lambda = 312.6\,\mathrm{nm}$	
V/volt	D/mm	V/volt	D/mm
-2.257	28	0.5812	52
-2.205	14	0.5288	29
-2.152	7	0.4765	12
-2.100	3	0.4242	5

2 原子核 と 電子

1911年に原子核が発見されると，原子核のまわりを電子が公転しているという原子の太陽系モデルが提案された．これは1904年に提案されていた長岡半太郎の土星モデルに近かったが，原子のもつ電子の数が決定的に少ないことが実験から知られた．そうなると，公転する電子は，その加速度のために輻射をだしエネルギーを失って核に墜落してしまう．さて，太陽系モデルの寿命は？

§2.1 原子核の発見

原子核の質量数を A，原子番号を Z とする．元素の名前を X として，このことを ^A_ZX と書く．原子核は不動として，その位置に原点 O のある平面極座標（2-1図）をとり，質量 m，電荷 ze の粒子が $\phi = \pi$ の遠方から衝突径数 b，速度 v_0 で飛来するものとしよう．**衝突径数**（impact parameter）とは，遠方での粒子の直線軌道の延長と原子核との距離のことである．

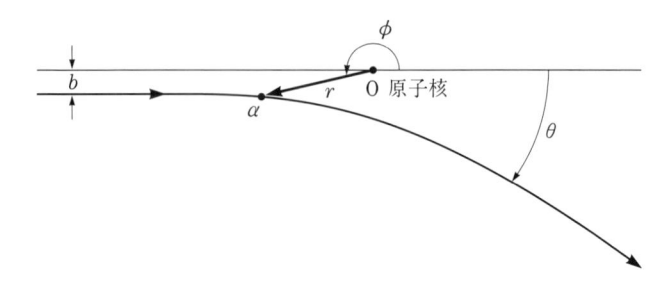

2-1図　極座標．α 粒子の位置を (r, ϕ) で表わす．

§2.1 原子核の発見

時刻 t における粒子の極座標を $(r(t), \phi(t))$ とする．

（a） α 粒子の軌道

粒子が原子核に触れるまで近づく場合を除けば原子核 ${}^A_zX$ からの力は点電荷によるクーロン力である．それは中心力だから角運動量は保存される：

$$L = mr^2 \frac{d\phi}{dt} = 一定 = mv_0 b \tag{2.1}$$

エネルギーの保存則は

$$\frac{m}{2}\left\{\left(\frac{dr}{dt}\right)^2 + r^2\left(\frac{d\phi}{dt}\right)^2\right\} + \frac{zZe^2}{4\pi\epsilon_0}\frac{1}{r} = 一定 = E = \frac{1}{2}mv_0^2 \tag{2.2}$$

を与える．原子核を半径 R の球形とすれば，$r > R$ でこの式は成り立つ．

原子核に最も近接するのは (2.2) で $dr/dt = 0$ のときだから，そのときの核からの距離を $r_c(b)$ とすれば

$$\frac{L^2}{2mr_c(b)^2} + \frac{zZe^2}{4\pi\epsilon_0}\frac{1}{r_c(b)} = E$$

が成り立つ．$r_c(b)$ が最も小さくなるのは $b = 0$, $L = 0$ の場合である．$r_c = r_c(0)$ を**最短近接距離** (distance of closest approach) という：

$$r_c = \frac{1}{E}\frac{zZe^2}{4\pi\epsilon_0} \tag{2.3}$$

[問] ガイガーとマースデンの実験では ${}^{214}_{83}\text{Bi}$ からの α 粒子が用いられた．その運動エネルギーは 8.82×10^{-13} J である．金の原子核 ${}^{197}_{79}\text{Au}$ への最短近接距離をもとめよ． $(4.13 \times 10^{-14}\,\text{m})$

以下 $r_c > R$ を仮定する．$(2.1)/m$ を辺々 2 乗して $(2.2)/(m/2)$ を割ると

$$\frac{1}{r^4}\left(\frac{dr}{d\phi}\right)^2 + \frac{1}{r^2} + \frac{2mE}{L^2}\frac{r_c}{r} = \frac{2mE}{L^2} \tag{2.4}$$

が得られる．ここで $(dr/dt)/(d\phi/dt) = dr/d\phi$ を用いた．

$$\frac{2mE}{L^2} = \frac{1}{b^2}$$

に注意しよう．

$$u = \frac{1}{r} \quad \text{とおけば} \quad \frac{du}{d\phi} = -\frac{1}{r^2}\frac{dr}{d\phi} \tag{2.5}$$

となるから，(2.4) は

$$\left(\frac{du}{d\phi}\right)^2 + u^2 + \frac{r_c}{b^2}u = \frac{1}{b^2} \tag{2.6}$$

さらに $w = u + \dfrac{r_c}{2b^2}$ とおけば

$$\left(\frac{dw}{d\phi}\right)^2 + w^2 = \frac{1}{b^2} + \left(\frac{r_c}{2b^2}\right)^2 \tag{2.7}$$

に到達する．これは調和振動子に対するエネルギー保存の式と同じ形だから

$$w(\phi) = A\cos(\phi - \alpha), \quad A = \sqrt{\frac{1}{b^2} + \left(\frac{r_c}{2b^2}\right)^2}$$

が解になる．α は定数で，後に初期条件から定める．よって

$$\frac{1}{r} = A\cos(\phi - \alpha) - \frac{r_c}{2b^2}$$

となるが

$$\varepsilon = \frac{2b^2}{r_c}A = \sqrt{1 + \left(\frac{2b}{r_c}\right)^2} \tag{2.8}$$

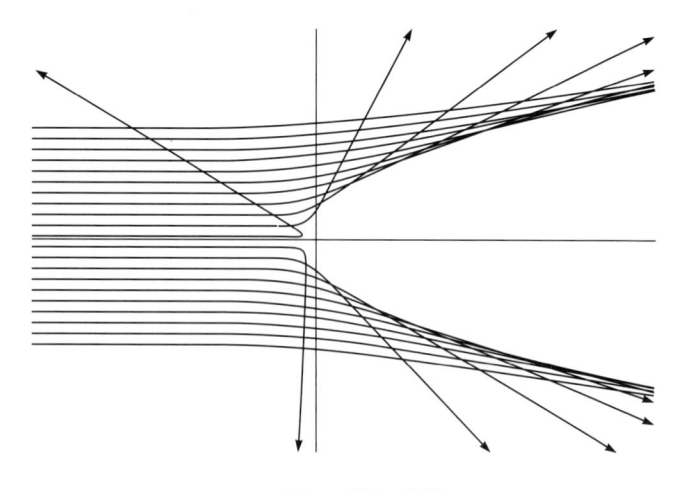

2-2図 α 粒子の軌道

とおけば

$$r = \frac{2b^2}{r_c} \frac{1}{\varepsilon \cos(\phi - \alpha) - 1} \quad (2.9)$$

が得られる．これが α 粒子の軌道の式で，(2.8) により $\varepsilon > 1$ だから双曲線を表わす（2-2 図）．$r \to \infty$ となるのは $\cos(\phi - \alpha) = 1/\varepsilon$ となる ϕ である．0 をはさむ解を $\phi - \alpha = \pm \phi_0$ とすれば

$$\cos \phi_0 = \frac{1}{\varepsilon} \quad (2.10)$$

そして，双曲線の1つの枝に対応する ϕ の変域は

$$-\phi_0 < \phi - \alpha < \phi_0 \quad (2.11)$$

となる（2-3 図）．いま $L = mv_0 b > 0$ としているから $d\phi/dt > 0$ で，$\phi - \alpha$ は $-\phi_0$ から ϕ_0 まで増加する．

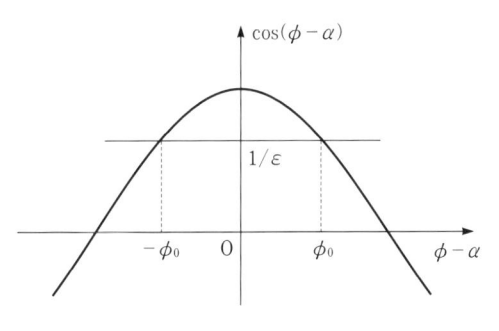

2-3 図　ϕ の変域

したがって，$\phi = \pi$（初期条件）のとき $\phi - \alpha = -\phi_0$ となり，$\alpha = \pi + \phi_0$ である．(2.10) の ϕ_0 は

$$\tan \phi_0 = \sqrt{\varepsilon^2 - 1} = \frac{2b}{r_c} \quad (2.12)$$

からきまるといってもよい．

(b)　散乱の微分断面積

2-1 図の ϕ は π から $\pi + 2\phi_0$ まで変わる．したがって，粒子の散乱角は $\theta = \pi - 2\phi_0$ と知れる．よって

$$\tan \phi_0 = \tan\left(\frac{\pi}{2} - \frac{\theta}{2}\right) = \cot \frac{\theta}{2}$$

となり，(2.12) から

$$\cot \frac{\theta}{2} = \frac{2b}{r_c} \quad (2.13)$$

2-1表 散乱角 θ と衝突径数 b

θ	5°	10°	30°	60°	90°	120°	150°	170°
b/r_c	22.9	11.43	3.73	1.73	1.000	0.577	0.268	0.0875

これが，衝突径数 b から散乱角 θ をきめる式である．衝突径数が大きくなると θ は小さくなり，$b \to \infty$ で $\theta \to 0$ となる．すなわち，的を大きくはずれた粒子は散乱されない．反対に $b \to 0$ とすれば $\theta \to \pi$ となる．正面衝突 ($b=0$) への極限で，粒子は原子核に最短近接距離まで近づき，もと来た道に押しもどされるのである．いずれも当然の結論である．

では，散乱角が $(\theta, \theta+d\theta)$ の範囲に入る衝突径数の範囲はどうか？ それがわかると，入射 α 粒子の軌道に垂直に立てた平面 P の上に"的"がきまり，その的に当たった α 粒子は $(\theta, \theta+d\theta)$ に散乱されることになる．そうすれば，原子核に降り注ぐ α 粒子のうち，どれだけがその角度範囲に散乱されるかが知れるだろう．考慮すべき衝突径数は原子の大きさより小さく，そのような微細な距離の調節は人の能力を超えているから，平面 P に α 粒子は一様に入射すると見られるからである（2-4図）．平面 P は，原子核から遠く離して，α 粒子がまだ等速直線運動しているあたりに立てる

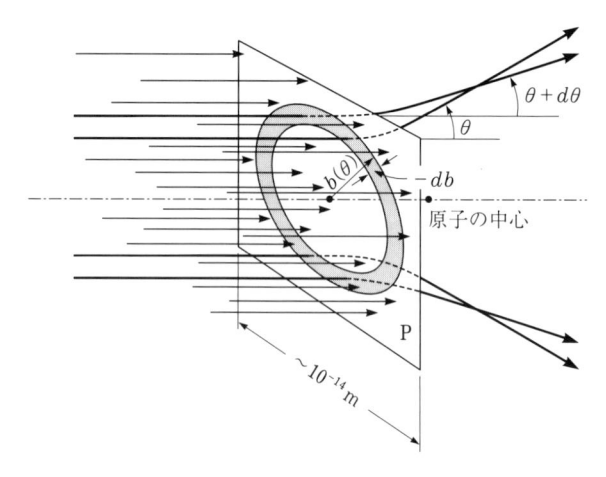

2-4図 平面 P に降り注ぐ α 粒子と，$(\theta, \theta+d\theta)$ の範囲への散乱をおこす"的"（灰色の部分）

§2.1　原子核の発見

ことにする．

(2.13) から

$$-\frac{1}{\sin^2(\theta/2)}\frac{1}{2}\frac{d\theta}{db}=\frac{2}{r_\mathrm{c}}$$

となるから

$$db=-\frac{r_\mathrm{c}}{4}\frac{1}{\sin^2(\theta/2)}\,d\theta$$

よって，$(\theta,\ \theta+d\theta)$ に散乱される粒子は衝突径数が $(b+db,\ b)$ の範囲にあるものだといえる（$db<0$ に注意）．その範囲は平面Ｐの上の半径 $b(\theta)$，幅 $|db|$ の円輪であって，これが的である．その面積 $d\sigma$ は

$$d\sigma=2\pi b(\theta)|db|=\pi\frac{r_\mathrm{c}^2}{4}\cot\frac{\theta}{2}\frac{1}{\sin^2(\theta/2)}\,d\theta$$

である．平面Ｐの単位面積に，単位時間に入射する粒子の数が j であれば，$(\theta,\ \theta+d\theta)$ の範囲に散乱される数は $j\,d\sigma$ となる．

的の面積 $d\sigma$ を，散乱された粒子が飛び込む立体角 $d\Omega=2\pi\sin\theta\,d\theta$ で割って

$$\frac{d\sigma}{d\Omega}=\frac{r_\mathrm{c}^2}{16}\frac{1}{\sin^4\dfrac{\theta}{2}} \tag{2.14}$$

を散乱の**微分断面積**（differential cross section）という．実験データは，この量に着目して整理する．r_c を代入すれば

$$\frac{r_\mathrm{c}^2}{16}=\left(\frac{zZe^2}{4\pi\epsilon_0}\frac{1}{2mv_0^2}\right)^2 \tag{2.15}$$

となる．入射速度 v_0 の 4 乗に反比例するのが特徴である．(2.14) を**ラザフォードの散乱公式**（Rutherford's scattering formula）という．

（ｃ）原子核の大きさ

1911 年には原子の構造はまだ知られていなかった．原子に核があることすらわからず，ただ長岡半太郎の憶測（1904 年）があっただけだった．J. J. トムソンは原子の大きさに広がった正電荷の球の中に電子がいるとした．長

岡は，原子の大きさに近い核を考えたのだった．

ガイガーとマースデンが金や銀の薄い箔に α 粒子を当てた実験の結果（2-5図）を見ると，実験データのある散乱角 $\theta \lesssim 150°$ の範囲で，よくラザフォードの公式に合っている．いや，よく見ると，$\theta = 50°$ を過ぎるあたりから多少とも実験値がグラフを系統的に下まわっている．いま，$\theta = 50°$ として，この散乱角をもたらす衝突径数を出してみると

$$b(50°) = \frac{r_c}{2} \frac{1}{\tan 25°} = \frac{4.13 \times 10^{-14} \mathrm{m}/2}{0.466} = 4.43 \times 10^{-14} \mathrm{m}$$

となる．これよりも原子核から離れたところを通った α 粒子はラザフォードの公式にしたがって散乱されており，そこではクーロン力の法則が成り立っていることがわかる．したがって，原子核の半径は $b(50°)$ よりは小さいことがわかった．これが原子核の発見である（1911年）．

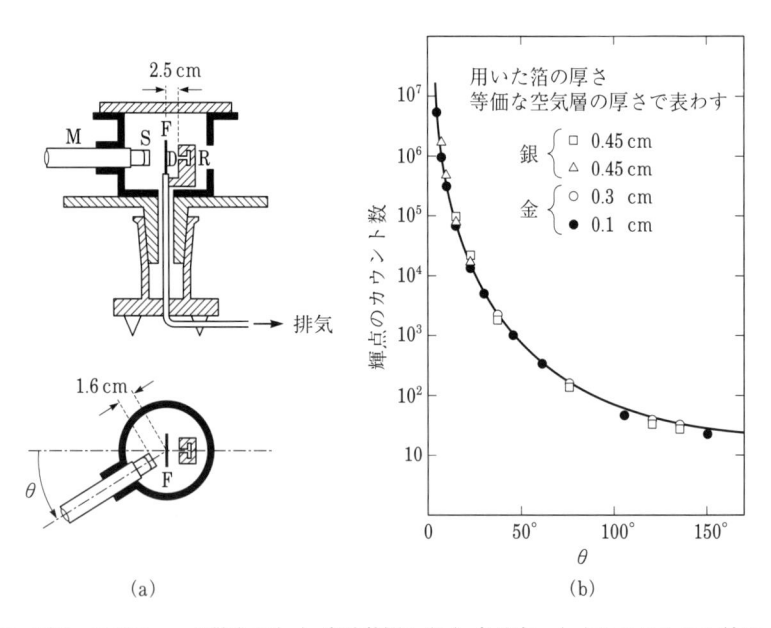

2-5図 ラザフォード散乱の(a)実験装置と(b)角分布．(a)のRに入れた線源からの α 粒子を薄い箔Fに垂直に当て，蛍光板つきの顕微鏡を回して，いろいろの角度 θ に散乱されてくる粒子を数えた．(b)のタテ軸は一定時間のそのカウント数．ただし，金箔と銀箔で行なった4つの実験の結果を $\theta = 30°$ で規格化した．

散乱の微分断面積を散乱の実際の頻度と比べて，原子核のもつ電荷 Ze がわかった．Z はおよそ原子量の半分くらいだった．

散乱の角分布が，原子核を不動とする理論で実験によく合うことは，金（原子量 196.97）の原子核が，α 粒子に比べて，大きな質量をもつことを示している．もっとも，この点は電子の質量の小ささから推測されないではなかったが，この時点では原子のもつ電子の数も知られていなかったから定かなことは言えなかったのである．長岡は，原子核のまわりを千個もの電子が回っていると考えた．

ラザフォードはこう結論した： 原子は，その中心に集中した正電荷 Ze （Z はおよそ原子量の半分）と，そのまわりに分布して全体を中性にする Z 個の電子たちからなる．中心の正電荷は原子の質量の大部分をになうが，4×10^{-14} m 以上の距離から見るかぎり点のように見える．これがラザフォードの原子模型である．

原子の大きさは，およそ 10^{-10} m くらいと知れていたから*原子核はその 1 万分の 1 くらいの大きさしかない．原子の大きさは，したがって原子核のまわりを回る電子たちの軌道の大きさとなる．太陽の半径 6.960×10^8 m は冥王星の軌道の長半径 5.915×10^{12} m のおよそ 1 万分の 1 である．そこで，ラザフォードの原子模型は太陽系模型ともいわれる．

今日では，原子核の大きさは，質量を A とすれば $(1.2 \times 10^{-15}) A^{1/3}$ m でよく表わされることがわかっている．金の原子核の半径は 7×10^{-15} m である．

§2.2 原子の安定性

ラザフォードの原子模型は強い批判にさらされた．電子が原子核のまわりを回ると加速度をもつ．加速度 a をもつ電荷 $-e$ は，単位時間あたり

$$P = \frac{1}{6\pi} \frac{(ea)^2}{\epsilon_0 c^3} \tag{2.16}$$

---

* 江沢 洋：『だれが原子をみたか』（岩波書店，1976）p. 236 を参照．

の輻射をだすことがマクスウェルの電磁場の理論から結論される（ラーモア（J. Larmor）の公式）．電子が輻射をだせばそれだけエネルギーを失い，軌道半径が小さくなって，いずれ原子核に墜落してしまう．

電子が原子核に墜落すれば原子はつぶれてしまう．では，原子の寿命はどれだけか？ 電子が $Z=1$ の原子核のまわりに半径 r の等速円運動をするときの加速度 a は

$$ma = \frac{1}{4\pi\epsilon_0}\frac{e^2}{r^2} \tag{2.17}$$

から得られる．このとき，単位時間当りのエネルギーの輻射は

$$P = \frac{1}{6\pi}\frac{1}{\epsilon_0 c^3}\left(\frac{1}{4\pi\epsilon_0}\frac{e^3}{mr^2}\right)^2 \tag{2.18}$$

となる．他方で，電子の円運動の運動方程式を $m\dfrac{v^2}{r} = \dfrac{1}{4\pi\epsilon_0}\dfrac{e^2}{r^2}$ と書いてみると，電子の

$$\text{運動エネルギー} \quad : \quad K = \frac{1}{2}mv^2$$

$$\text{位置のエネルギー} \quad : \quad V = -\frac{1}{4\pi\epsilon_0}\frac{e^2}{r}$$

の間に

$$2K = -V \tag{2.19}$$

という関係のあることがわかる．したがって，電子の全エネルギーは

$$E = K + V = \frac{V}{2} = -\frac{1}{8\pi\epsilon_0}\frac{e^2}{r} \tag{2.20}$$

となる．これを P で割れば，原子の寿命 T の大体のところは知れるだろう．本当は，電子がエネルギーを失えば，(2.20) により軌道半径 r が減り，(2.17) によって加速度 a が増すから輻射率 P が増える．しかも，T は電子が原子核に落ち込むまでの時間だから，電子のエネルギーが (2.20) から $-\infty$ になるまでの時間である．だから単純な割算 $|E|/P$ ではすまない．でも，次元解析的には正しい答が得られるだろう．だから大体のところはわかるとしてよかろう（くわしくは，章末演習問題 7）．計算してみると

$$T \sim \frac{|E|}{P} = \frac{6}{8}\left(\frac{mc^2}{\frac{1}{4\pi\epsilon_0}\frac{e^2}{r}}\right)^2 \frac{r}{c} \tag{2.21}$$

となる．巻末の定数表によれば $mc^2 = 0.5\,\text{MeV}$ であり，r に $10^{-10}\,\text{m}$ を入れれば $\frac{1}{4\pi\epsilon_0}\frac{e^2}{r} = 14.4\,\text{eV}$ となるから，数係数 6/8 など無視して

$$T \sim \left(\frac{0.5\,\text{MeV}}{14.4\,\text{eV}}\right)^2 \frac{1\times 10^{-10}\,\text{m}}{3\times 10^8\,\text{m/s}} = 4\times 10^{-10}\,\text{s}$$

としよう．これは何とも短い寿命である．もっと丁寧に計算すれば (2.21) の 1/4 の値が得られる．いずれにしても，こんなに短命ではラザフォードの原子模型は成り立たない．これは手痛い批判であった．

この問題は，実は長岡も注意していた．彼の原子は多数の電子が核のまわりを回るので輻射崩壊をまぬがれるというのだった．多数の電子が一斉に回れば直流電流が流れているようなもので，輻射はでない．いいかえれば，多数の電子からの輻射が互いに干渉してゼロになる．

では，原子はどれだけの電子をもっているのだろうか？　その一つの見当は，ラザフォードが核の電荷は電気素量を単位に原子量の半分くらいだということを見出したとき，ついていた．

§2.3　原子のもつ電子の数

ボーアはラザフォードの研究室に滞在して，軽い原子のもつ電子の数を決定する実験をした．その元素の（分子の）気体を α 線が走るときのエネルギー損失を測ったのである．

α 線のエネルギー損失の原因としては，原子核との衝突と電子との衝突が考えられるが，原子核は小さいから衝突の機会も少ない．したがって，電子との衝突だけ考えればよい．

α 粒子が速度 $-\boldsymbol{v}$ で走ってきて静止した電子に衝突するとしよう．電子は軽いから，α 粒子は衝突してもほとんど影響を受けず直進を続けるだろう．そこで α 粒子とともに走る座標系でいえば，電子（質量 m，電荷 $-e$）

(a) α粒子の静止系　　　(b) 実験室系

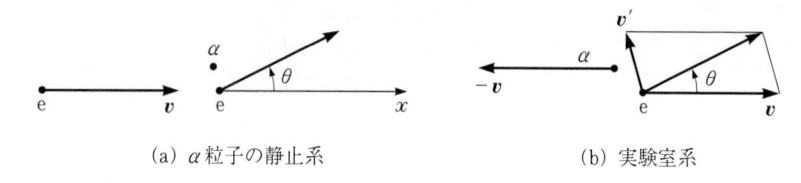

2-6図　α粒子による電子の散乱

が速度 v で走ってきて，その衝突径数が b だったら (2.3), (2.13) により

$$\cot\frac{\theta}{2} = \frac{2b}{D} \quad \left(D = \frac{2e^2}{4\pi\epsilon_0}\frac{2}{mv^2}\right) \tag{2.22}$$

からきまる角度 θ だけ散乱される．そこで，実験室系 (2-6図) にもどれば，初め静止していた電子の衝突後の速度は

$$v_x' = v\cos\theta - v, \qquad v_y' = v\sin\theta$$

となるから，エネルギーは

$$W = \frac{m}{2}(v_x'^2 + v_y'^2) = 2mv^2\sin^2\frac{\theta}{2}$$

となる．α粒子は1回の衝突でこれだけのエネルギーを失うのである．(2.22) を用いて衝突径数の関数にすれば

$$W(b) = \frac{2mv^2}{1 + (2b/D)^2} \tag{2.23}$$

α粒子の衝突の相手は1個ではない．$1\,\mathrm{m}^3$ の気体のなかには

$$n = \begin{pmatrix}\text{アボガドロ数}\\ 6.02\times 10^{23}\,\text{個/mol}\end{pmatrix} \times \frac{(\text{気体の密度　g/m}^3)}{(\text{原子量 g/mol})} \times \begin{pmatrix}1\text{原子あたりの}\\ \text{電子数？個}\end{pmatrix}$$

だけの電子がある．

［問］　1気圧，20°C の空気は $1\,\mathrm{m}^3$ で $1.2\,\mathrm{kg}$ というくらい密度が小さい．n はおよそいくらか？　1原子あたりの電子数は仮に1とする．　　　(5×10^{25} 個)

α粒子が距離 dx を走る間に電子と衝突径数が b と $b + db$ との間にある衝突をする回数は $n\cdot 2\pi b\, db\, dx$ であるから (2-7図)，これによるエネルギー損失は $2\pi n\, dx\cdot W(b)\, b\, db$ となる．よって，α粒子が距離 dx を走る間

§2.3 原子のもつ電子の数

にエネルギー E は

$$dE = -4\pi m v^2 n \, dx \times \int_0^{b_{\max}} \frac{b \, db}{1 + (2b/D)^2} \quad (2.24)$$

だけ変る．

　積分の上限を，ボーアは次のようにして定めた．電子は原子内にあって公転運動をしている．だから，電子は α 粒子に向かって走ることも α 粒子から逃げる向きに走ることもある．α 粒子が電子におよぼす力のする仕事は前者なら正，後者なら負である．両者の衝突時間は，およそ b/v の程度と考えられるが，これが電子の公転周期 T よりも長いと正と負の仕事が打ち消し合って0になる．だから，$b_{\max}$ は $b_{\max}/v = T$ からきめればよかろう．

　ボーアは，原子内での電子の公転周期 T は，原子に光を当てたとき起こる共鳴の振動数 ν から推定できると考えた．$T = 1/\nu$ である．こうして

$$b_{\max} = \frac{v}{\nu} \quad (2.25)$$

ととるべきことになり，(2.24) から

$$\frac{dE}{dx} = -\left(\frac{e^2}{4\pi\epsilon_0}\right)^2 \frac{8\pi n}{mv^2} \log\left[1 + \left(\frac{4\pi\epsilon_0}{e^2} \cdot \frac{mv^3}{2\nu}\right)^2\right] \quad (2.26)$$

が得られる．

　ボーアは，この式を実験と比べ，電子を水素原子は1個，ヘリウム原子は2個もつと結論した．これは正しい結論であった．

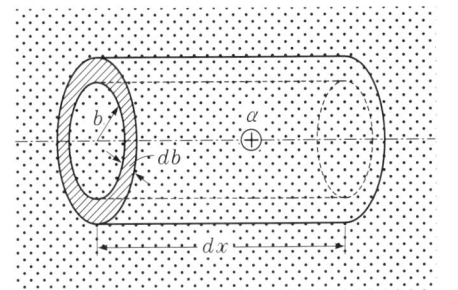

2-7図　α 粒子と衝突径数 $(b, b+db)$ の衝突をする電子たち：斜線をつけた竹輪の中にいるものたちである．

2. 原子核と電子

問題

1. α 粒子は，金の原子核に正面衝突したら，もっていた運動エネルギーの何％を相手に与えるか？

2. ラザフォードの散乱公式によれば，散乱角が小さいとき $d\sigma/d\Omega \propto 1/\Theta^4$ となる．もし，原子核が α 粒子におよぼす力が，核からの距離の2乗に反比例するのでなく，3乗に反比例して減少するのだったら，どうなるか？

   散乱角が小さいということは衝突径数が大きいということで，核の電荷は原子の電子によって多少とも遮蔽されると考えられるから，核からの力は距離の2乗より速く減少するはずである．

3. ガイガー－マースデンの実験では α 粒子の運動エネルギーは 8.99×10^{-13} J であった．これが金の原子核 $^{197}_{75}\text{Au}$ により散乱角 $\pi/200 = 0.9°$ だけ散乱されるのは衝突径数がいくらのときか？

4. ラーモア（J. Larmor）の公式（2.16）を次元解析で導き出せ．もちろん，数係数 $1/6\pi$ までは導けない．

5. $10\,\text{kV/cm}$ の電場で加速されている電子の単位時間あたりの輻射エネルギーをもとめよ．

6. 水素原子の電子が核のまわりに半径 a の等速円運動をしているとする．ラーモアの公式が成り立つとして，1周の間に輻射するエネルギーは，そのときもっているエネルギーの何パーセントか？ a は 10^{-10} m の程度とする．

7. 水素原子の電子が軌道を1周する間に輻射するエネルギーは，前問によれば，自身のエネルギーのごく小部分にすぎないから，ラーモアの輻射公式に等速円運動（半径 r）の加速度を代入することが許される．それを電子のエネルギーの減少に等しいとおき，すなわち

$$\frac{d}{dt}\left(-\frac{e^2}{4\pi\epsilon_0}\frac{1}{2r}\right) = -P$$

として軌道半径に対する微分方程式を導け．その方程式を解いて，軌道半径が 10^{-10} m から 0 になるまでの時間を計算せよ．

3 過渡期の原子構造論

　　　　　　　　　　　　太陽系モデルの原子は，マクスウェルの電磁気学とニュートンの力学によれば 10^{-10} 秒ほどで崩壊してしまう．

　ボーアの考えでは，電子の運動には定常状態というものがあって，そこではニュートン力学のうち運動方程式は成り立つが，初期条件に応じて多様な運動が起こるという側面は否定される．代って量子条件が運動方程式の解のなかから定常状態を選び出すというのだ．そして，その定常状態ではマクスウェルの電磁気学も成り立たず，電子は加速度をもっても輻射しないという．

　量子条件によって選び出された定常状態のエネルギーはトビトビで，エネルギー準位とよばれ，プランクのエネルギー量子と結んで原子の線スペクトルを説明した．

　しかし，ボーアの量子条件の物理的な意味は不明だった．そこに，光が見せた粒子と波動の二重性を電子にまでおよぼそうというド・ブロイの空想的アイデアが登場する．

§3.1　原子スペクトル

1913年にボーアが原子構造論を試みたとき手がかりにしたのは，原子の線スペクトルだった．

　ブンゼン（R. W. Bunsen）とキルヒホッフ（G. Kirchhoff）が，1859年に，線スペクトルは対応する金属が光源に存在する確実な印であることを知って，分光分析をはじめてから**分光学**（spectroscopy）が盛んになり，ガイスラー管（3-1図）の開発など技術的な進歩もなされた．これを用いて，

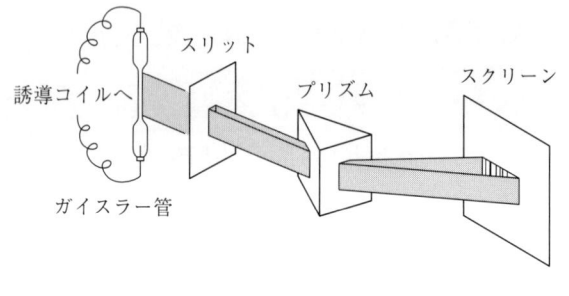

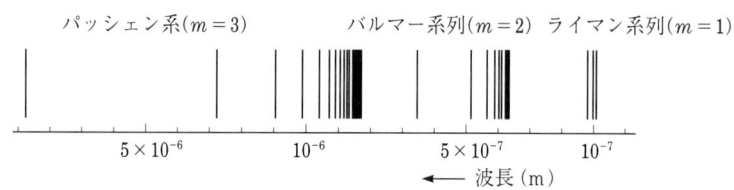

3-1図　ガイスラー管と水素原子の線スペクトル．スペクトルをとるには，プリズムのほか回折格子も使われる．ガイスラー管は真空度を数百〜数千 Pa にして使う．

プリュッカー（J. Plücker）は水素などの気体から出る光は帯状のスペクトルと線スペクトルからなることを示し，ヴュルナー（A. Wüllner）は温度を上げると帯スペクトルが消えることを見出した．ロッキヤー（J. N. Lockyer）は，これを温度が上がると分子が原子に解離するためであるとした．分子は帯スペクトルを出し，原子は線スペクトルを出すというのである．

1884年，バルマー（J. J. Balmer）はオングストローム（A. J. Ångström）の測った水素原子の4本のスペクトル線の波長が極めて簡単な規則

$$\lambda = \frac{n^2}{n^2 - 4} B \qquad (n = 3, 4, 5, 6) \tag{3.1}$$

にしたがうことを発見した．これをバルマーの公式という．$B = 3.6456 \times 10^{-7}$ m である．これは後に星のスペクトルから得られた紫外部の線にもよく合うことがわかった．

［問］　バルマーの4本の線の波長を求めよ．それらはそれぞれ何色か？

(赤，青，紫)

ルンゲ (C. Runge) は水素以外の元素のスペクトル線にも規則性があることを示し, リュードベリはそれを

$$\frac{1}{\lambda_{nm}} = \frac{1}{\lambda_{\infty m}} - \frac{R}{n^2} \qquad (n = m+1,\ m+2,\ \cdots) \qquad (3.2)$$

の形に言い表わした．m は整数でスペクトル線の系列（3‑1図を参照）を表わす．R は元素ごとに定まる定数である．(3.1) は確かにこの形に書ける．水素の R はリュードベリ定数（Rydberg constant）とよばれ

$$R = \frac{2^2}{B} = 1.0972 \times 10^7 \mathrm{m}^{-1} \qquad （水素原子） \qquad (3.3)$$

線スペクトルの規則性が，波長で書いた (3.1) よりも，波長の逆数で書いた (3.2) の方が明快になることは，ここで角振動数 $\omega = 2\pi c/\lambda$ が本質的であることを暗示しているようだ．

リッツ (W. Ritz) はさらに広範囲の元素を調べ，スペクトル線の角振動数でいって

$$\omega_{nm} = A(m) - A(n) \qquad (3.4)$$

という規則を見出した．ここに $A(n)$ は $1/n^2$ というほど単純ではないが，とにかく $1/\lambda_{nm}$ は整数 m と n の関数の差の形に書けるという．これをリッツの**結合原理**（combination principle）という．

§3.2 ボーアの原子構造論

ボーアは，1913年に，ラザフォードの原子模型に立脚しつつも，古典物理学の適用限界を強く意識して，原子構造論のあるべき姿を提案した．

(a) 定常状態と遷移

ボーアは，ラザフォードの原子模型における電子について**定常状態**（stationary state）とよぶ一連の運動状態のみが許され，この状態ではニュートンの運動方程式は成り立つが，加速度運動にもかかわらず，連続的に輻射を

することはないという意味では，マクスウェルの電磁場理論は成り立たないとした．定常状態では，ニュートンの運動方程式は成り立つものの，初期条件に応じてさまざまの運動が実現するというニュートン力学の特徴は否定されている．これが正しかったら，物理学は大きく変わることになる．

定常状態における電子のエネルギーを低い方から E_1, E_2, $\cdots$, E_n, $\cdots$ としよう．これらを**エネルギー準位** (energy level) という．

電子は，ときに高いエネルギー E_n の定常状態から低いエネルギー E_m の定常状態に飛び移ることがあり（**遷移** (transition) という），それにともなって光子を1個だけ放出する，とボーアは考えた．光子の角振動数を ω_{nm} とすれば，エネルギーの保存から

$$\hbar\omega_{nm} = E_n - E_m \tag{3.5}$$

が成り立つ．これはボーアの定常状態の考えがリッツの (3.4) に根差し，光量子の仮説をもう一つの足掛かりにしていることを示す．

ボーアの次の課題は，ニュートンの運動方程式をみたすさまざまの運動から特権的な定常状態をいかにして選び出すかの規則を見出すことである．

水素原子の場合を考えよう．(3.5) を (3.2) と比べると

$$E_n = -\frac{I}{n^2} \quad (n = 1, 2, \cdots) \tag{3.6}$$

となる．量子化に伴って現われる整数を**量子数** (quantum number) という．ここに

$$I = 2\pi\hbar cR = 2.1795 \times 10^{-18}\,\text{J} = 13.6034\,\text{eV} \tag{3.7}$$

(b) 対応原理

ボーア以前の物理学――**古典物理学** (classical physics) ――では，電子の出す輻射の振動数は電子の軌道運動の（周期）$^{-1}$ に等しいか，その整数倍であるという関係があった．ボーアの式 (3.5) ではそれがない．振動数は2つの状態に関わっている．

水素原子において電子が原子核のまわりに等速円運動をする場合を考える

§3.2 ボーアの原子構造論

と,電子のエネルギーは第2章の (2.20) で与えられるから,それと (3.6) を比べて

$$E_n = -\frac{1}{4\pi\epsilon_0}\frac{e^2}{2a_n} = -\frac{I}{n^2} \tag{3.8}$$

が得られる.ここで,エネルギー E_n をもつ円軌道の半径を $r=a_n$ と書いた.エネルギーの最も低い軌道(**基底状態**,ground state)の番号は $n=1$ だが,これは

$$I = \frac{1}{4\pi\epsilon_0}\frac{e^2}{2a_1}, \quad a_1 = \frac{1}{4\pi\epsilon_0}\frac{e^2}{2\times 13.6\,\mathrm{eV}} = 0.53\times 10^{-10}\,\mathrm{m} \tag{3.9}$$

を教える.そして

$$a_n = n^2 a_1 \quad (n=1,\,2,\,\cdots) \tag{3.10}$$

で,軌道の半径は n^2 に比例してどんどん大きくなり,やがて古典物理の世界に入るだろう.半径 a_n の軌道における速さを v_n とすれば,運動方程式

$$m\frac{v_n^2}{a_n} = \frac{1}{4\pi\epsilon_0}\frac{e^2}{a_n^2}$$

から

$$v_n = \frac{1}{n}\left(\frac{1}{4\pi\epsilon_0}\frac{e^2}{ma_1}\right)^{1/2} \tag{3.11}$$

これから公転周期 $T_n = 2\pi a_n/v_n$ をだし,仮に古典物理にしたがって角振動数 $\omega_n' = 2\pi/T_n$ に直せば

$$\omega_n' = \frac{v_n}{a_n} = \left(\frac{1}{4\pi\epsilon_0}\frac{e^2}{ma_1^3}\right)^{1/2}\frac{1}{n^3} \tag{3.12}$$

となる.

他方,ボーアのいう輻射の角振動数 (3.5) は,いま $m=n+\tau$ とおき,τ は有限として n を大きくしていくと,(3.6) を用いて

$$\omega_{n,n+\tau} = \frac{E_{n+\tau}-E_n}{\hbar} \sim \frac{2I}{\hbar}\frac{1}{n^3}\tau \tag{3.13}$$

となり,(3.12) と同じく $1/n^3$ に比例する.n の増大とともに古典物理への回帰がおこっている?比例係数を等しいとおけば,(3.9) を思い出して

$$\frac{1}{4\pi\epsilon_0}\frac{e^2}{\hbar a_1} = \sqrt{\frac{e^2}{4\pi\epsilon_0}\frac{1}{ma_1^3}}$$

から

$$a_1 = 4\pi\epsilon_0 \frac{\hbar^2}{me^2} \tag{3.14}$$

が得られる．これを用いて（3.9）を計算すると

$$I = \frac{1}{4\pi\epsilon_0}\frac{e^2}{2a_1} = \left(\frac{1}{4\pi\epsilon_0}\right)^2 \frac{me^4}{2\hbar^2} \tag{3.15}$$

となり，その値は

$$I = \frac{1}{(4\pi\cdot 8.854\times 10^{-12}\,\mathrm{C^2/(N\cdot m)^2})^2} \frac{(9.109\times 10^{-31}\,\mathrm{kg})(1.602\,2\times 10^{-19}\,\mathrm{C})^4}{(1.054\,6\times 10^{-34}\,\mathrm{J\cdot s})^2}$$
$$= 2.179\,5\times 10^{-18}\,\mathrm{J} = 13.606\,\mathrm{eV} \tag{3.16}$$

となって，(3.7)に一致する．I は，ちょうど古典論への回帰，すなわち

$$n\to\infty \quad \text{で} \quad \omega_{n,n+\tau} = \tau\omega_n' \tag{3.17}$$

がおこるような値だった．一般に，量子数が大きい極限で古典物理学が回復すべきだということを原子世界における新法則探究の指針として，ボーアは**対応原理**（correspondence principle）とよんだ．

（c）ボーアの量子条件

前節で得た基底状態の軌道半径（3.14）を**ボーア半径**（Bohr radius）といい，a_B で表わす：

$$a_\mathrm{B} = 4\pi\epsilon_0 \frac{\hbar^2}{me^2} = 0.529\times 10^{-10}\,\mathrm{m} \tag{3.18}$$

第 n 励起状態の軌道半径は $a_n = n^2 a_\mathrm{B}$ である．

この半径の等速円運動における速さは，前節の（3.11）から

$$v_n = \frac{\hbar}{ma_1}\frac{1}{n} \tag{3.19}$$

である．これを見ると

$$a_n p_n = n\hbar \tag{3.20}$$

に気づく．$a_n p_n = a_n\cdot mv_n$ は円運動している電子のもつ**角運動量**（angular momentum）であり，角運動量は中心力の場における運動では常に保存される重要な量だ．それが定数 $\hbar$ の整数倍であるというのは意味ありげな関係である．

ボーアは，水素原子において，原子核を回る電子の等速円運動のなかから (3.20) を条件に選び出した運動は，ちょうどエネルギー (3.6)，(3.7) をもつことを示した．そこで (3.20) を**ボーアの量子条件**（Bohr's quantum condition）という．量子条件によって，古典的な軌道の中から許される軌道を選び出すことを軌道の**量子化**（quantization）という．

［問］水素原子において，ボーアの量子条件が，電子の等速円運動のなかからエネルギー E_n をもつ運動を選び出すことを確かめよ．

§3.3 楕円軌道

原点からの距離の逆二乗に比例する引力を受ける運動は，等速円運動に限らない．楕円軌道を描く運動も可能である．その場合にも，ボーアの量子条件は (3.6) のエネルギー E_n をもつ運動を選び出すだろうか？ まず，運動方程式を解いて，楕円軌道が現れることを確かめよう．

（a） 運動方程式を解く

中心力を受ける質量 m の質点の運動では，角運動量

$$\boldsymbol{L} = \boldsymbol{r} \times \boldsymbol{p} \tag{3.21}$$

が保存される．ただし，$\boldsymbol{r}$ は力の中心を原点とする質点 m の位置ベクトル，$\boldsymbol{p}$ は運動量ベクトルである．$\boldsymbol{r}$ は常に $\boldsymbol{L}$ に垂直であるから，質点 m の運動は一平面内に限られる．以下，原子核のクーロン場を運動する電子を考えよう．核は質量が大きいから不動とする．

電子の運動量ベクトルを，$\boldsymbol{r}$ に垂直な成分 $p_\perp$ と平行な成分 p_r に分けると

$$rp_\perp = L, \quad \text{ゆえに} \quad p_\perp = \frac{L}{r} \tag{3.22}$$

であるから，電子の運動エネルギーは

$$\frac{1}{2m}(p_r^2 + p_\perp^2) = \frac{1}{2m}p_r^2 + \frac{L^2}{2mr^2} \tag{3.23}$$

と書ける．いまクーロン場における運動を考えているから，エネルギー保存則は

$$\frac{1}{2m}p_r^2 + \frac{L^2}{2mr^2} - \frac{1}{4\pi\epsilon_0}\frac{e^2}{r} = E \quad (一定) \tag{3.24}$$

となる．ここで，力の中心を原点とする極座標 (r, ϕ) で

$$p_r = m\frac{dr}{dt}, \qquad L = mr^2\frac{d\phi}{dt} \tag{3.25}$$

と書けることに注意しよう．p_r に $1 = \dfrac{L}{mr^2}\dfrac{1}{d\phi/dt}$ を掛けて

$$p_r = m\frac{dr}{dt} = m\frac{dr}{dt}\cdot\frac{\dfrac{L}{mr^2}}{\dfrac{d\phi}{dt}} = \frac{L}{r^2}\frac{dr}{d\phi}$$

と変形することができる．さらに $u = 1/r$ とおけば，$\dfrac{du}{d\phi} = -\dfrac{1}{r^2}\dfrac{dr}{d\phi}$ となるから

$$p_r = -L\frac{du}{d\phi} \tag{3.26}$$

となる．これを用いれば，エネルギー保存の式 (3.24) は

$$\left(\frac{du}{d\phi}\right)^2 + \left(u - \frac{1}{4\pi\epsilon_0}\frac{me^2}{L^2}\right)^2 = \left(\frac{1}{4\pi\epsilon_0}\frac{me^2}{L^2}\right)^2\left\{1 + \left(\frac{4\pi\epsilon_0}{e^2}\right)^2\frac{2L^2E}{m}\right\} \tag{3.27}$$

と変形される．

$$\frac{1}{\kappa} = \frac{1}{4\pi\epsilon_0}\frac{me^2}{L^2}, \qquad \varepsilon = \sqrt{1 + \left(\frac{4\pi\epsilon_0}{e^2}\right)^2\frac{2L^2E}{m}} \tag{3.28}$$

とおけば (3.27) は

$$\left(\frac{du}{d\phi}\right)^2 + \left(u - \frac{1}{\kappa}\right)^2 = \frac{\varepsilon^2}{\kappa^2} \tag{3.29}$$

となる．これは調和振動子のエネルギー保存と同じ形なので

$$u = \frac{1}{\kappa}(1 + \varepsilon \cos \phi) \tag{3.30}$$

が解である．$\cos \phi$ の代りに任意定数 a をとって $\cos(\phi + a)$ としてもよいが，これは座標軸の回転にすぎない．いまは $a = 0$ としよう．$u = 1/r$ だったから

$$r = \frac{\kappa}{1 + \varepsilon \cos \phi} \tag{3.31}$$

に到達する．原子核を回る電子のエネルギーは負なので (3.28) の ε は $0 \leqq \varepsilon < 1$ で，電子の軌道 (3.31) は楕円である．

（b） 量子条件で軌道を選ぶ

ボーアの量子条件は L の値を $\hbar$ の整数倍 $n\hbar$ に限る．こうすると (3.28) により κ の値は限定されるが，E はなお任意である．よって，ボーアの量子条件は正しいエネルギー準位の運動を選び出すことができない．円軌道 ($\varepsilon = 0$) の場合にかぎって E は L に結びつくのだった．

量子条件の拡張は，いろいろ試みられたが，本書ではド・ブロイの量子化を述べる．

§3.4　ド・ブロイの量子条件

ド・ブロイ (L. de Broglie) は 1924 年，光が

$$\lambda = \frac{2\pi \hbar}{p}, \qquad \omega = \frac{E}{\hbar} \tag{3.32}$$

で表わされる粒子・波動の二重性をもつなら，電子のような，これまで粒子と思われていたものも (3.32) の波動性をもつのではないかと夢想した．

ボーアの円軌道でこの考えを試してみよう．ボーアの量子条件は $a_n p_n = n\hbar$ であったが

$$\frac{2\pi a_n}{2\pi \hbar / p_n} = n$$

とも書ける．これは，ド・ブロイの (3.32) が電子に対しても成り立つなら

$$\frac{2\pi a_n}{\lambda_n} = n \tag{3.33}$$

となり,簡単明瞭な物理的描像を獲得する! すなわち,軌道の上に電子の波が整数個——過不足なく——並ぶという条件である.軌道上に定在波ができる条件といってもよい.これを**ド・ブロイの量子条件** (de Broglie's quantum condition) とよぼう.$\lambda = 2\pi\hbar/p$ をド・ブロイ波長という.

(a) 楕円軌道の量子化

ド・ブロイの考えを楕円軌道に適用してみよう.楕円軌道の上では刻々に運動量が変わるからド・ブロイ波長も変わる.そこで,ド・ブロイの条件を

$$\oint \frac{ds}{\lambda} = n \quad \text{すなわち} \quad \oint p\,ds = (2\pi\hbar)n \tag{3.34}$$

と読むことにしよう.$\oint f(s)\,ds$ は,軌道にそって,$f(s)$ に軌道の素片 ds を掛けながら1周の積分をするという意味である.

条件 (3.34) は,軌道上にド・ブロイの波が——波長は場所の関数として変わるが——ちょうど n 個のることをいっている(3-2図).

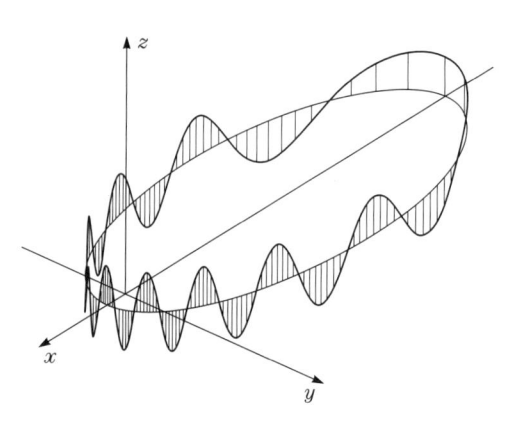

3-2図 ド・ブロイの定常波

3-3図の軌道素片 ds は

$$ds = \frac{1}{\sin\theta}\,r\,d\phi$$

と書けて,その位置で電子の角運動量は

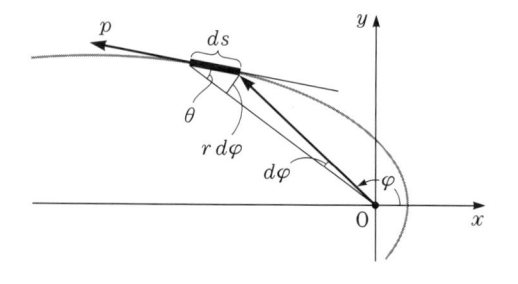

3-3図 $p\,ds$ の計算

§3.4 ド・ブロイの量子条件

$$L = pr\sin\theta$$

だから

$$p\,ds = \frac{1}{\sin\theta}\,pr\,d\phi$$
$$= \frac{1}{L}(pr)^2 d\phi \tag{3.35}$$

を積分すればよい．そのために pr を ϕ の関数として表わしたい．

それには，エネルギーの保存の式

$$\frac{1}{2m}p^2 - \frac{1}{4\pi\epsilon_0}\frac{e^2}{r} = E \tag{3.36}$$

を使う．これから

$$p^2 = 2m\Big(E + \frac{e^2}{4\pi\epsilon_0}\frac{1}{r}\Big)$$

をだして (3.35) に入れる：

$$\oint p\,ds = \frac{2m}{L}\Big[E\int_0^{2\pi} r^2 d\phi + \frac{e^2}{4\pi\epsilon_0}\int_0^{2\pi} r\,d\phi\Big] \tag{3.37}$$

軌道方程式 (3.31) により

$$\int_0^{2\pi} r\,d\phi = \kappa\int_0^{2\pi}\frac{d\phi}{1+\varepsilon\cos\phi} \tag{3.38}$$

$$\int_0^{2\pi} r^2 d\phi = \kappa^2\int_0^{2\pi}\frac{d\phi}{(1+\varepsilon\cos\phi)^2} \tag{3.39}$$

第1の積分をするには

$$\frac{1-b\,e^{i\phi}}{1+b\,e^{i\phi}} = 1 + 2\sum_{k=1}^{\infty}(-b)^k e^{ik\phi} \qquad (|b|<1)$$

に注意する．左辺の分子・分母に $1+be^{-i\phi}$ を掛けると

$$\frac{(1-b^2)-b(e^{i\phi}-e^{-i\phi})}{(1+b^2)+2b\cos\phi} = 1 + 2\sum_{k=1}^{\infty}(-b)^k e^{ik\phi}$$

となるから，両辺の実数部分をとって

$$\frac{1}{1+\varepsilon\cos\phi} = \frac{1+b^2}{1-b^2}\Big(1 + 2\sum_{k=1}^{\infty}(-b)^k\cos k\phi\Big)$$

として，積分する．ここに

$$\varepsilon = \frac{2b}{1+b^2}, \quad \text{ゆえに} \quad b = \frac{1}{\varepsilon}(1-\sqrt{1-\varepsilon^2})$$

積分して

$$\int_0^{2\pi} \frac{d\phi}{1+\varepsilon\cos\phi} = \frac{2\pi}{\sqrt{1-\varepsilon^2}} \tag{3.40}$$

第2の積分をするには，(3.40) を

$$\int_0^{2\pi} \frac{d\phi}{\alpha+\cos\phi} = \frac{2\pi}{\sqrt{\alpha^2-1}}$$

と変形して，両辺を α で微分する．そうすると

$$\int_0^{2\pi} \frac{d\phi}{(\alpha+\cos\phi)^2} = \frac{2\pi\alpha}{(\alpha^2-1)^{3/2}}$$

となる．ε にもどせば

$$\int_0^{2\pi} \frac{d\phi}{(1+\varepsilon\cos\phi)^2} = \frac{2\pi}{(1-\varepsilon^2)^{3/2}} \tag{3.41}$$

(3.40) と (3.41) を (3.37) に入れて，ド・ブロイの量子条件は

$$\frac{2m}{L}\left\{-(-E)\frac{\kappa^2}{(1-\varepsilon^2)^{3/2}} + \frac{e^2}{4\pi\epsilon_0}\frac{\kappa}{(1-\varepsilon^2)^{1/2}}\right\} = n\hbar \tag{3.42}$$

となる．(3.28) を代入して整理すると

$$\frac{1}{4\pi\epsilon_0}\frac{\sqrt{2m}\,e^2}{\sqrt{-E}}\left(-\frac{1}{2}+1\right) = n\hbar$$

となり，

$$E_n = -\frac{1}{(4\pi\epsilon_0)^2}\frac{me^4}{2\hbar^2}\frac{1}{n^2} \quad (n=1,2,\cdots) \tag{3.43}$$

を与える．ただし，E に添字 n をつけた．水素原子のエネルギー準位 (3.6)，(3.15) が正しく出てきた！ ド・ブロイの量子条件は良い条件であった．

（b） 水素原子の電子の定常状態

水素原子の電子のエネルギーはトビトビの値 (3.43) に量子化された．角運動量はどうなのだろうか？ 円軌道では離心率 ε は 0 だから，(3.28) か

§3.4 ド・ブロイの量子条件

ら

$$L^2 = \left(\frac{e^2}{4\pi\epsilon_0}\right)^2 \frac{m}{-2E_n} = (n\hbar)^2 \tag{3.44}$$

となり，エネルギーの量子化から角運動量の量子化が出てくる．

楕円軌道の場合にも角運動量は

$$L = l\hbar \qquad (l = 1, 2, \cdots) \tag{3.45}$$

に量子化されるとしよう．$l=0$ では電子が原子核に衝突してしまう．とすれば，$l=1, 2, \cdots$ であろうか．楕円軌道のパラメター (3.28) は，ボーア半径 (3.18) を用いて

$$\kappa = l^2 a_{\mathrm{B}}, \qquad \varepsilon^2 = 1 - \left(\frac{l}{n}\right)^2 \tag{3.46}$$

となる．$\varepsilon^2 > 0$ だから

$$l \leqq n \tag{3.47}$$

でなければならない．したがって，n と l の組は次の表のようになる．

3-1表 水素原子の電子の定常状態

n	l
1	1
2	2, 1
3	3, 2, 1
⋮	⋮

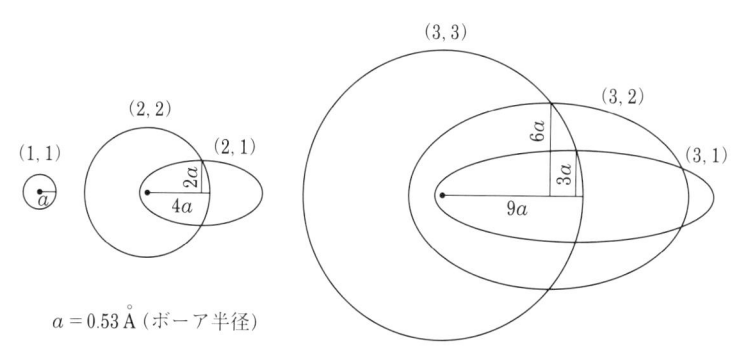

3-4図 水素原子の定常軌道．軌道に添えたのは (n, l) の値．

$a = 0.53\,\text{Å}$ (ボーア半径)

楕円軌道の長半径は，(3.46) から

$$a = \frac{1}{2}\left(\frac{\kappa}{1+\varepsilon} + \frac{\kappa}{1-\varepsilon}\right) = \frac{\kappa}{1-\varepsilon^2}$$
$$= n^2 a_B \tag{3.48}$$

となる．こうして定まった電子の定常軌道のいくつかを 3-4 図に示す．

§3.5 アインシュタインの遷移確率

ボーアの原子は，いつ輻射するのだろう？ アインシュタインは，1919 年，励起状態にある原子からの光の放出を，放射性原子核が放射線を出す過程と同様に*確率的であるとした．

すなわち，励起準位 $E_n (n>1)$ に N_n 個の原子があれば，短い時間 Δt の間に

$$A_{n \to m} N_n \Delta t \text{ 個} \tag{3.49}$$

の原子が下の準位 $E_m < E_n$ に跳び移るとした．このとき，

$$E_n - E_m = \hbar\omega \text{ できまる角振動数の光が出る．}$$

定常状態の間の跳び移りを**遷移**（transition）という．$A_{n \to m}$ は $n \to m$ の遷移が起こる確率速度とでもいおうか，単位時間あたりの確率であって，時間によらない定数とする．もちろん，状態 n, m にはよるだろう．

アインシュタインは，この考えでプランクの輻射式を導いてみせた．一定数の原子が空洞の中で輻射と相互作用しているとしよう．励起準位 E_n にある原子は，輻射の作用によって下の準位 E_m に遷移することもあろう．時間 Δt の間に遷移する原子の個数は，空洞内の角振動数 ω の光のエネルギー密度 $\rho(\omega)$ に比例するだろう．もちろん，準位 E_n にある原子数にも比例するから

$$B_{n \to m} N_n \rho(\omega) \Delta t \text{ 個} \tag{3.50}$$

と書ける．$B_{n \to m}$ は準位 E_n, E_m で定まる定数である．

---

* 原子核の放射性崩壊が確率的であるという認識にいたった歴史については，江沢 洋：『現代物理学』（朝倉書店，1996）を参照．

§3.5 アインシュタインの遷移確率

原子は，輻射の作用を受けて下の準位 E_n から上の準位に遷移することもあろう．時間 Δt の間に遷移する原子の数は

$$B_{m \to n} N_m \rho(\omega) \Delta t \text{ 個} \tag{3.51}$$

と書けるだろう．$B_{m \to n}$ も準位 E_n，E_m で定まる定数である．

さて，熱平衡状態では，準位 E_n にある原子数も，準位 E_m にある原子数も，ある時間の平均において変わらないから

$$[A_{n \to m} + B_{n \to m} \rho(\omega)] N_n = B_{m \to n} \rho(\omega) N_m \tag{3.52}$$

が成り立つ．

ところが，温度 T の熱平衡状態では，一般に，準位 E_k にある原子数は $g_k \exp\left[-\dfrac{E_k}{k_B T}\right]$ に比例する．ここに g_k は準位 E_k の統計的重率といわれる定数である．このことは，やがてくわしく説明する．いま，これを承認していただけたら，

$$\frac{N_m}{N_n} = \frac{g_m\, e^{-E_m/k_B T}}{g_n\, e^{-E_n/k_B T}} = \frac{g_m}{g_n} e^{(E_n - E_m)/k_B T} \tag{3.53}$$

が成り立つことになる．すると，(3.52) は

$$A_{n \to m}\, g_n = [B_{m \to n}\, g_m\, e^{(E_n - E_m)/k_B T} - B_{n \to m}\, g_n]\rho(\omega) \tag{3.54}$$

となる．

ここで，温度 $T \to \infty$ としてみると，空洞は強烈な輻射でみたされ $\rho(\omega) \to \infty$ となるに違いない．このとき $e^{(E_n - E_m)/k_B T} \to 1$ だから，(3.54) は

$$g_m B_{m \to n} = g_n B_{n \to m} \tag{3.55}$$

を与える．いま $B_{n \to m}$ も $B_{m \to n}$ も計算できないが，これらを計算する理論ができたときには，この式が成り立っているはずである．

そこで，これを仮定すれば，(3.54) は

$$\rho(\omega) = \frac{A_{n \to m}/B_{n \to m}}{e^{\hbar \omega / k_B T} - 1} \tag{3.56}$$

と書き直される．こうしてプランクの輻射公式の主要部 $1/(e^{\hbar \omega/k_B T} - 1)$ は得られた．第1章の (1.40) によれば

$$\frac{A_{n\to m}}{B_{n\to m}} = \frac{\hbar\omega^3}{\pi^2 c^3} \tag{3.57}$$

となるべきである．いま，左辺を計算する理論はないが，これが c, ω, $\hbar$ できまることを仮定すれば（他にどんな量が入るというのか？），右辺は数係数を別にして次元解析でも得られる．

［問］ (3.56) がシュテファン-ボルツマンの法則を与えることを要求すれば (3.57) は ω^3 に比例しなければならない．このことを示せ．

上の理論では，励起状態にある原子が —— 外から何の作用も受けなくても —— 確率的に光を出して低い準位に落ちることが重要である．係数 $A_{n\to m}$ で表されるこの過程を原子の**自発放射**（spontaneous emission）という．定常状態でも時に自発的に輻射をするというのである．

問 題

1. 水素原子のスペクトルを

$$\omega_{nm} = \frac{E_n - E_m}{\hbar} = \frac{I}{\hbar}\left(\frac{1}{m^2} - \frac{1}{n^2}\right)$$

と書いたとき，各 m ではじまる系列 $n = m+1, m+2, \cdots$ に次の名前がついている．

$m = 1$ ： ライマン（Lyman）系列
$m = 2$ ： バルマー（Balmer）系列
$m = 3$ ： パッシェン（Paschen）系列
$m = 4$ ： ブラケット（Blackett）系列
$m = 5$ ： プント（Pfund）系列

(a) これらの系列は波長で書いたとき重なりをもつだろうか？
(b) 赤外線，紫外線などの呼び名でいうと，各系列はおよそどれになるか．

2. (a) 水素原子の電子が描くボーア‐ド・ブロイの軌道の長半径，短半径を，

電子のエネルギー E と角運動量 L で表わせ．

   （b）その軌道を電子が公転する周期をもとめよ．

   （c）電子が $n \to n-1$ の遷移によって発する光の振動周期と，エネルギー E_n をもつ軌道の公転周期とは $n \to \infty$ で漸近的に一致することを示せ．

3. x 軸上を，$x=0$，$x=L$ に立つ固い壁の間を質量 m の粒子が往復運動する．この運動をド・ブロイの条件で量子化せよ．

4. ポテンシャルの場 ($F > 0$)

$$V(x) = \begin{cases} Fx & (x \geq 0) \\ \infty & (x < 0) \end{cases}$$

を運動する質量 m の粒子の運動をド・ブロイの条件によって量子化せよ．

  この問題は，半導体の表面に垂直に電場をかけて電子を表面に押しつけ，運動を2次元的にする MOS 素子に応用がある．電場を変えることによって表面の電子密度が制御できる．電子密度は物性の重要なパラメーターである．

  半導体の温度が T のとき，x 方向の運動エネルギー準位の間隔が $k_\mathrm{B}T$ より大きければ，電子は実質上，最低のエネルギー準位に閉じ込められ，x 方向の運動が凍結する．その結果として電子の運動は y, z 平面内の2次元的なものとなる．

5. 原点 O に，O からの距離に比例した力で引きつけられる質量 m の質点（調和振動子）の等速円運動をボーアの量子条件によって量子化せよ．

6. 平面上の運動を量子化するのに，ゾンマーフェルト（A. Sommerfeld）は

$$\oint p_x \, dx = 2\pi n_x \hbar, \qquad \oint p_y \, dy = 2\pi n_y \hbar \qquad (n_x, n_y = 0, 1, 2, \cdots)$$

という条件を提案した．この条件を，前問の運動に適用してみよ．ボーアの条件で選ばれたすべての運動が得られるか？

7. 平面上の調和振動子の運動をド・ブロイの条件によって量子化し，ボーアの条件，ゾンマーフェルトの条件による量子化の結果と比較せよ．

  ド・ブロイの条件に角運動量の量子化を加えたら，どうか？

4 波動力学のはじまり

　　　　　　　　　　　ド・ブロイの考えを子供じみていると言い，波動をあつかうなら波動方程式によるべきだとデバイは言った．確かに，ド・ブロイの波動には波長と振動数はあっても振幅がなかった．デバイに促されてシュレーディンガーが書き下した方程式には，しかし虚数単位 $i=\sqrt{-1}$ が入っていた．物理学の基本方程式に虚数が入っていてよいのか？　複素数値をとるこの波動の物理的な意味は何か？
　ド・ブロイの波動は電子の軌道の上にあって糸のように細かったが，シュレーディンガーの波動は全空間を埋め尽くす．波動は無限の遠方ではゼロになるという境界条件を加えて定めたその定在波がボーアの定常状態に対応するという．波動の物理的な意味はさておき，とにかく方程式を解いてみよう．水素原子の電子のエネルギー準位は，はたして正しくでてくるか？

§4.1　シュレーディンガーの波動方程式

　ド・ブロイの波動が，波長と角振動数のみもって，振幅をもたないのは不満である．それに，波動が電子の軌道の上だけにある糸みたいなものであってよいだろうか？　波ならばもっと広がっているのではないか？
　振幅を論じ波の広がりを考えるには，波動方程式がなければならない．

(a)　自由粒子

　最も簡単な場合として自由粒子をとり，ド・ブロイの関係式

§4.1 シュレーディンガーの波動方程式

$$p = \frac{2\pi\hbar}{\lambda}, \qquad E = \hbar\omega \tag{4.1}$$

を波動方程式によって言い表わすことを考えてみよう．

（b）正弦波

波長 λ，角振動数 ω の波動は，たとえば

$$\psi(x,\ t) = \sin\left(\frac{2\pi}{\lambda}x - \omega t\right)$$

で与えられる．(4.1) の運動量とエネルギーで書けば

$$\psi(x,\ t) = \sin\frac{1}{\hbar}(px - Et)$$

という美しい形になる．この波動に対して，よく知られた波動方程式

$$\left(\frac{1}{v_{\mathrm{ph}}{}^2}\frac{\partial^2}{\partial t^2} - \frac{\partial^2}{\partial x^2}\right)\psi(x,\ t) = 0 \tag{4.2}$$

が成り立つとすると

$$\frac{\partial^2}{\partial t^2}\sin\frac{1}{\hbar}(px - Et) = -\frac{E^2}{\hbar^2}\sin\frac{1}{\hbar}(px - Et)$$

$$\frac{\partial^2}{\partial x^2}\sin\frac{1}{\hbar}(px - Et) = -\frac{p^2}{\hbar^2}\sin\frac{1}{\hbar}(px - Et)$$

から

$$\frac{1}{v_{\mathrm{ph}}{}^2}E^2 = p^2 \tag{4.3}$$

が成り立つことになる．しかし，これは自由粒子に対する

$$E = \frac{1}{2m}p^2 \qquad (m \text{ は粒子の質量}) \tag{4.4}$$

とは違っている．これではド・ブロイの趣旨に合わない．

ド・ブロイ波に対する波動方程式は，(4.3) とちがって p について2次，E については1次の関係式を与えるようなものでなければならない．これは，波動方程式が $\partial/\partial x$ については2次，$\partial/\partial t$ については1次であることを要求する．それは

$$\left(a\frac{\partial}{\partial t} - \frac{\partial^2}{\partial x^2}\right)\psi(x, t) = 0 \tag{4.5}$$

のようなものだろう．ここに，a は何かの定数である．

しかし，正弦波はこのような方程式はみたさない．$\sin[(px - Et)/\hbar]$ を t で1回微分すれば cos に変るのに，x で2回微分すれば sin にもどり，これらは整合しないからである．

(c) シュレーディンガーの波動方程式

そこで，ψ を正弦波に限ることはやめねばならない．とはいえ，λ は波長，ω は角振動数という意味を負わされているから，試すとすれば cos と sin を混ぜた

$$\psi(x, t) = \cos\frac{1}{\hbar}(px - Et) + A\sin\frac{1}{\hbar}(px - Et) \tag{4.6}$$

くらいである．$(px - Et)/\hbar = \chi$ とおいて，微分すると

$$\frac{\partial}{\partial t}\psi(x, t) = \frac{E}{\hbar}(\sin\chi - A\cos\chi)$$

$$\frac{\partial^2}{\partial x^2}\psi(x, t) = \frac{p^2}{\hbar^2}(-\cos\chi - A\sin\chi)$$

となる．(4.4) とともに (4.5) が成り立つとすれば

$$a\frac{\hbar}{2m}(\sin\chi - A\cos\chi) = -\cos\chi - A\sin\chi$$

が任意の χ に対して成り立つべきだから，sin と cos の係数を比べて

$$\frac{\hbar}{2m}a = -A, \qquad \frac{\hbar}{2m}aA = 1$$

が必要である．したがって

$$-\frac{\hbar^2}{(2m)^2}a^2 = -1$$

でなければならない．ゆえに

$$a = \pm i\frac{2m}{\hbar}, \qquad A = \mp i \qquad \text{(複号同順)}$$

となる．ここでは，シュレーディンガーにならって下の符号をとろう（特に

§4.1 シュレーディンガーの波動方程式

理由はない．どちらをとっても，一貫して使いさえすれば問題ないからである．ちなみに，ド・ブロイは上の符号を選んだ）．このとき，波動方程式 (4.5) は

$$i\hbar \frac{\partial}{\partial t}\psi = -\frac{\hbar^2}{2m}\frac{\partial^2}{\partial x^2}\psi \tag{4.7}$$

となる．これがシュレーディンガーの得た波動方程式である．彼の波動 (4.6) は

$$\psi(x, t) = \cos\chi + i\sin\chi \quad \left(\chi = \frac{1}{\hbar}(px - Et)\right) \tag{4.8}$$

となる．おや，この波は複素数だ．物理量に複素数が現れた，波動方程式にも虚数が入っている，というので大騒ぎになった．この波動がどんな物理的な意味をもつか，まだわからない．シュレーディンガーもこれには**波動関数** (wave function) という名前しかつけられなかった．

(d) 複素変数の指数関数

(4.8) に現れた $\cos\chi + i\sin\chi$ は種々の著しい性質をもっている．まず

$$(\cos\chi + i\sin\chi)(\cos\phi + i\sin\phi)$$
$$= (\cos\chi\cos\phi - \sin\chi\sin\phi) + i(\sin\chi\cos\phi + \cos\chi\sin\phi)$$

となるから

$$(\cos\chi + i\sin\chi)(\cos\phi + i\sin\phi) = \cos(\chi + \phi) + i\sin(\chi + \phi) \tag{4.9}$$

が成り立つ．特に，$\phi = -\chi$ にとれば

$$\cos[-\chi] + i\sin[-\chi] = \cos\chi - i\sin\chi = (\cos\chi + i\sin\chi)^*$$

によって複素共役（＊で表わす）に移行するだけでなく，(4.9) によれば

$$(\cos\chi + i\sin\chi)(\cos[-\chi] + i\sin[-\chi]) = 1 \tag{4.10}$$

になる．これらの事実は

$$\cos\chi + i\sin\chi = e^{i\chi} \tag{4.11}$$

と書けばよく表わされる．実際：

(4.9) は　　$e^{i\chi}e^{i\phi} = e^{i(\chi+\phi)}$

次の式　は　　$(e^{i\chi})^* = e^{-i\chi}$

(4.10) は　　$|e^{i\chi}| = 1$

となる．また，cos も sin も 2π を周期とする周期関数だから

$$e^{i(\chi+2n\pi)} = e^{i\chi}$$

$$(n = 0, \pm 1, \pm 2, \cdots)$$

これらの性質は (4.11) をガウス平面にのせれば一目瞭然となる(4-1図)．

導関数は

$$\frac{d}{d\chi}(\cos\chi + i\sin\chi)$$

$$= -\sin\chi + i\cos\chi$$

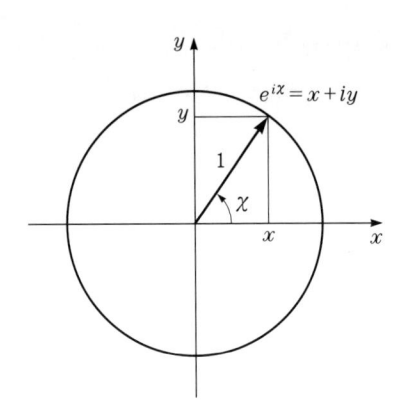

から

4-1図　$e^{i\chi}$ のガウス平面表示．ガウス平面には直角座標が入っていて，複素数 $x + iy$（x, y は実数）を点 (x, y) として表わす．

$$\frac{d}{d\chi}e^{i\chi} = i\,e^{i\chi} \tag{4.12}$$

となる．これも指数関数にふさわしい．

複素数 $z = x + iy$（x, y：ともに実数）の指数関数 e^z は

$$e^{x+iy} = e^x e^{iy} = e^x(\cos y + i\sin y) \tag{4.13}$$

によって定義する．そうすると，

$$\lim_{\Delta z \to 0}\frac{e^{z+\Delta z} - e^z}{\Delta z} = e^z \tag{4.14}$$

となる．Δz をガウス平面上どの方向から $\to 0$ としても常に同じ極限 e^z になるのだ．このことを

$$\frac{d}{dz}e^z = e^z \tag{4.15}$$

と書き表わす．その結果として，テイラー展開

$$e^z = 1 + z + \frac{z^2}{2!} + \cdots + \frac{z^n}{n!} + \cdots \tag{4.16}$$

が成り立つ．

　運動量 p，エネルギー $E = p^2/2m$ をもつ自由粒子の波動関数（4.8）は
$$\psi(x, t) = e^{i(px-Et)/\hbar} \tag{4.17}$$
と書くことができる．これは，いつでもどこでも $|\psi(x,t)| = 1$ で，慣性の法則にしたがって，どこまでも一様に運動していく自由粒子にふさわしい．そして
$$i\hbar \frac{\partial}{\partial t} e^{i(px-Et)/\hbar} = E\, e^{i(px-Et)/\hbar}$$
$$-\frac{\hbar^2}{2m} \frac{\partial^2}{\partial x^2} e^{i(px-Et)/\hbar} = \frac{1}{2m} p^2 e^{i(px-Et)/\hbar}$$
となる．シュレーディンガーの方程式（4.7）の $-\dfrac{\hbar^2}{2m}\dfrac{\partial^2}{\partial x^2}$ の項は，粒子の運動エネルギー $p^2/2m$ に対応している，といってよさそうだ．それなら，ポテンシャル $V(x)$ の場を運動する粒子に対しては，波動方程式を
$$i\hbar \frac{\partial}{\partial t} \psi(x, t) = \left[-\frac{\hbar^2}{2m}\frac{\partial^2}{\partial x^2} + V(x)\right]\psi(x, t) \tag{4.18}$$
としてよいのではないか？　この ψ も，また複素数値をとるほかない．

§4.2　水素原子のエネルギー準位はでるだろうか？

　波動方程式の見当をつけたら，それが本当に正しい方程式かどうかが問題になる．何か実際の問題に適用して正しい答が出るかどうか試さねばならない．シュレーディンガーは水素原子の電子に適用した．果して電子のエネルギー準位
$$E_n = -\frac{13.6\,\mathrm{eV}}{n^2} \qquad (n = 1, 2, \cdots) \tag{4.19}$$
は正しく出てくるだろうか？　ボーアの理論により，これは
$$E_n = -\left(\frac{1}{4\pi\epsilon_0}\right)^2 \frac{me^4}{2\hbar^2} \frac{1}{n^2} \qquad (n = 1, 2, \cdots) \tag{4.20}$$
でよく表わせることがわかっている．m は電子の質量である．

　水素原子の電子は3次元空間を飛び回っているのだから，それに合わせて

方程式 (4.18) を拡張しておかなければならない。それには

$$i\hbar \frac{\partial}{\partial t}\psi = \left\{-\frac{\hbar^2}{2m}\left(\frac{\partial^2}{\partial x^2}+\frac{\partial^2}{\partial y^2}+\frac{\partial^2}{\partial z^2}\right)+V(x,y,z)\right\}\psi \quad (4.21)$$

とするのが自然だ。

電子は水素の原子核，つまり陽子のクーロン・ポテンシャルの場を運動するのだから，V は原子核から電子までの距離

$$r = \sqrt{x^2+y^2+z^2} \quad (4.22)$$

のみの関数で

$$V(r) = -\frac{e^2}{4\pi\epsilon_0}\frac{1}{r} \quad (4.23)$$

(a) 定常状態

シュレーディンガーの方程式は偏微分方程式だから，さまざまの解をもつ。電子のエネルギー準位をだすには，そのなかからボーアの言った定常状態にあたる波動を選び出さなければならない。

アインシュタインのいう自発放射はさしあたり無視することにすれば，定常状態は，他のエネルギー準位への遷移がなく，したがってエネルギーの定まった状態だから，同じく定まったエネルギーの (4.17) も参照して

$$\psi(x,y,z,t) = u(x,y,z)e^{-iEt/\hbar} \quad \text{(定常状態)} \quad (4.24)$$

の形だと仮定してみよう。古典物理の振動問題でいえば，この形の波動は固有振動とよばれる。たとえば，太鼓の膜の固有振動は膜のすべての点が足並そろえて振動する。弦楽器の弦でも同じである。足並がそろっているので，波動関数の時間変化はどの位置にも共通で，(4.24) の $e^{-iEt/\hbar}$ のようにくくりだすことができる。固有振動は，特定の固有振動数で振動する。定常状態を固有振動に対応させるのは，それで特定の角振動数，したがって特定のエネルギー値が得られると期待されるからでもある。

ψ を (4.24) の形に仮定すると，

$$i\hbar\frac{\partial}{\partial t}u(x,y,z)e^{-iEt/\hbar} = Eu(x,y,z)e^{-iEt/\hbar} \quad (4.25)$$

§4.2 水素原子のエネルギー準位はでるだろうか?

となるから,シュレーディンガーの方程式 (4.21) は次式を与える:

$$\left\{-\frac{\hbar^2}{2m}\left(\frac{\partial^2}{\partial x^2}+\frac{\partial^2}{\partial y^2}+\frac{\partial^2}{\partial z^2}\right)-\frac{e^2}{4\pi\epsilon_0}\frac{1}{r}\right\}u=Eu \quad (4.26)$$

ところで,微分方程式を解くには,たとえばニュートンの運動方程式の解を初期条件できめたように,何か付加的な条件が必要である.シュレーディンガーは,

$$\text{境界条件}:\quad \text{遠方}\,(r\to\infty)\,\text{で}\,u\to 0 \quad (4.27)$$

をおいた.これは自然な考えだ.水素原子の電子でもわれわれに近い —— 実験室で扱える —— 存在として研究するのだから,それを表わす波動が遠方で大きな値をもつことはないだろう.波動 (4.24) が電子の存在をどのような意味で表わすのか,まだわからないのだけれども ……

(4.26) は,左辺で関数 u に $\{\cdots\}$ の演算をすると,別の関数になるのではなくて,u そのものが —— ただし定数 E 倍になって —— 復活するという特別の形をしている.この形の方程式を数学では**固有値方程式** (eigenvalue equation) とよぶ.線形代数で

$$\begin{pmatrix} 2 & i\sqrt{2} \\ -i\sqrt{2} & 3 \end{pmatrix}\begin{pmatrix} u_1 \\ u_2 \end{pmatrix}=\lambda\begin{pmatrix} u_1 \\ u_2 \end{pmatrix}$$

のような方程式を固有値方程式とよんだのと同じである.

(b) 固有値方程式を解く

球対称な解,その場合の方程式

(4.26) は $u=u(r)$ という形の,$r=\sqrt{x^2+y^2+z^2}$ にのみ依存する解をもつのではないだろうか? クーロン・ポテンシャルが r だけに依存する球対称な関数だからである.

$u=u(r)$ を (4.26) に代入してみよう.(1.26) を思い出して

$$\left\{-\frac{\hbar^2}{2m}\left(\frac{d^2}{dr^2}+\frac{2}{r}\frac{d}{dr}\right)-\frac{e^2}{4\pi\epsilon_0}\frac{1}{r}\right\}u(r)=Eu(r) \quad (4.28)$$

を得る.r だけを含む球対称な方程式になった.

メノコで見つかる解

この方程式を見ると $1/r$ が2個所で目につく。$u(r) = e^{-\alpha r}$ が解になりそうだ。定数 α をうまく定めてやれば——。$e^{-\alpha r}$ として $e^{+\alpha r}$ としなかったのは，境界条件（4.27）を

$$\alpha > 0 \tag{4.29}$$

に集約したのである．

$u(r) = e^{-\alpha r}$ を (4.28) に代入してみよう．$1/r$ のある項とない項を分けて —— $e^{-\alpha r} \neq 0$ は微分しても常にそのまま残るので，書く必要がない：

$$\left(-\frac{\hbar^2 \alpha^2}{2m} - E\right) + \frac{1}{r}\left(\frac{\hbar^2 \alpha}{m} - \frac{e^2}{4\pi\epsilon_0}\right) = 0$$

これが，すべての $0 < r < \infty$ において成り立つのは

$$-\frac{\hbar^2 \alpha^2}{2m} - E = 0, \qquad \frac{\hbar^2 \alpha}{m} = \frac{e^2}{4\pi\epsilon_0}$$

のときである．すなわち

$$\alpha = \frac{1}{4\pi\epsilon_0}\frac{me^2}{\hbar^2}, \qquad E = -\frac{\hbar^2 \alpha^2}{2m} = -\left(\frac{1}{4\pi\epsilon_0}\right)^2 \frac{me^4}{2\hbar^2} \tag{4.30}$$

この E は水素原子の電子のエネルギー準位 (4.20) のどれかに合っているだろうか？ 合っている．$n=1$ の E_1 に！ この一致からみて，$u(r) = e^{-\alpha r}$ は水素原子における電子の基底状態（ground state）を表わしているといえるだろう．

(4.30) の α の値がボーア半径 (3.18) の逆数になっていることにも注目：

$$\alpha = \frac{1}{a_B}, \qquad a_B = 4\pi\epsilon_0 \frac{\hbar^2}{me^2} = 0.53 \times 10^{-10}\text{m} \tag{4.31}$$

いま得た波動関数は

$$u(r) = e^{-r/a_B} \tag{4.32}$$

とも書けるわけで，これは原子核を中心にボーア半径の程度の広がりをもつのである．水素原子における基底状態にふさわしい結果である．

系統的に解く

上の解はメノコで見つけた．もっと系統的に，すべての解をとりこぼしな

§4.2 水素原子のエネルギー準位はでるだろうか？

く求めることはできないだろうか？ そのために
$$u(r) = f(r)e^{-\alpha r} \tag{4.33}$$
とおいてみよう．$f(r)$に対する方程式をだすため (4.28) に代入する．
$$\frac{d}{dr}f(r)e^{-\alpha r} = \left(\frac{df}{dr} - \alpha f\right)e^{-\alpha r}$$
微分の際に $e^{-\alpha r}$ は一々書かなくてもよい．指数関数は不死身でどの項にもついてくるのだから，まとめて最後に書いておけばよい．
$$\frac{d^2}{dr^2}f(r)e^{-\alpha r} = \left(\frac{d^2f}{dr^2} - 2\alpha\frac{df}{dr} + \alpha^2 f\right)e^{-\alpha r}$$
よって (4.28) は
$$\left\{\frac{d^2}{dr^2} - 2\alpha\frac{d}{dr} + \alpha^2 + \frac{2}{r}\left(\frac{d}{dr} - \alpha\right) + \frac{2}{a_\mathrm{B} r} + \frac{2mE}{\hbar^2}\right\}f(r) = 0$$
となる．これを簡単にするため
$$\alpha^2 = -\frac{2mE}{\hbar^2} \tag{4.34}$$
にとろう．こうすると都合のよいことがある．それは，f の方程式のうちで
$$\frac{d^2}{dr^2} + \frac{2}{r}\frac{d}{dr}$$
は f の次数を 2 だけ下げ（r^n なら r^{n-2} にし），残りの
$$-2\alpha\frac{d}{dr} + \left(-2\alpha + \frac{2}{a_\mathrm{B}}\right)\frac{1}{r}$$
は 1 だけ下げる．下げるばかりである．そのため，f を多項式
$$f(r) = c_0 + c_1 r + c_2 r^2 + \cdots + c_k r^k + \cdots + c_{n-1}r^{n-1} \tag{4.35}$$
とした解がある．実際，代入してみると，次の 2 式の和になる：
$$\left(\frac{d^2}{dr^2} + \frac{2}{r}\frac{dr}{dr}\right)f(r) = \frac{2c_1}{r} + 6c_2 + \cdots + \{k(k-1) + 2k\}c_k r^{k-2}$$
$$+ \cdots + \{(n-1)(n-2) + 2(n-1)\}c_{n-1}r^{n-3} \tag{4.36}$$

$$\left\{-2\alpha\frac{d}{dr}+\left(-2\alpha+\frac{2}{a_{\rm B}}\right)\frac{1}{r}\right\}f(r)$$
$$=\left(-2\alpha+\frac{2}{a_{\rm B}}\right)\frac{c_0}{r}+\left(-4\alpha+\frac{2}{a_{\rm B}}\right)c_1+\cdots+\left(-2k\alpha\right.$$
$$\left.-2\alpha+\frac{2}{a_{\rm B}}\right)c_k r^{k-1}+\cdots+\left(-2(n-1)\alpha-2\alpha+\frac{2}{a_{\rm B}}\right)c_{n-1}r^{n-2}$$
$$\tag{4.37}$$

そのうち，r について最高次 r^{n-2} の項は，後者にのみある"はみだし項"であって，その係数は0でなければならない．

$$r^{n-2} \quad : \quad -2n\alpha+\frac{2}{a_{\rm B}}=0$$

ゆえに

$$\alpha_n=\frac{1}{na_{\rm B}} \tag{4.38}$$

ただし，α は n によるので α_n と書いた．これを (4.34) に入れると，

$$E_n=-\frac{\hbar^2}{2ma_{\rm B}{}^2}\frac{1}{n^2}=-\left(\frac{1}{4\pi\epsilon_0}\right)^2\frac{me^4}{2\hbar^2}\frac{1}{n^2} \quad (n=1,2,\cdots)$$
$$\tag{4.39}$$

となる．水素原子における電子のエネルギー準位 (4.20) がすべて正しくでた！　シュレーディンガーの方程式 (4.21) も定常状態に対する仮定 (4.24) もまちがってはいなかったようである．

もちろん，結論はまだ出せない．われわれはシュレーディンガー方程式の球対称な（多項式）・$e^{-\alpha r}$ の形をした解を調べただけである．解は他にもあるだろう．電子のエネルギー準位として (4.39) 以外のものが出てこない保証はまだないのだ．

波動関数 u も調べておこう．(4.36), (4.37) において，r^{-1} の係数に対しては両者から寄与があり

$$r^{-1} \quad : \quad 2c_1=\left(2\alpha_n-\frac{2}{a_{\rm B}}\right)c_0 \tag{4.40}$$

が要求される．一般に r^k の係数にも (4.36), (4.37) から寄与があり，和

§4.2 水素原子のエネルギー準位はでるだろうか？

が 0 でなければならない：

$$r^{k-2} \;:\; k(k+1)c_k = \left(2a_n k - \frac{2}{a_\mathrm{B}}\right) c_{k-1} \quad (k = 1, 2, \cdots, n-1)$$

これは $k=1$ の場合として (4.40) を含んでいる．この漸化式によって，(4.35) の係数 c_k は n ごとに順次に定まっていく：

$$c_1 = \left(\frac{1}{n} - 1\right) \frac{1}{a_\mathrm{B}}$$

$$c_2 = \frac{1}{3} \left(\frac{2}{n} - 1\right) \frac{1}{a_\mathrm{B}} \cdot c_1$$

$$c_3 = \frac{1}{6} \left(\frac{3}{n} - 1\right) \frac{1}{a_\mathrm{B}} \cdot c_2$$

$$\vdots$$

$$c_{n-1} = \frac{1}{n(n-1)} \left(\frac{n-1}{n} - 1\right) \frac{1}{a_\mathrm{B}} \cdot c_{n-2}$$

こうして，(4.33), (4.35) から 4-1 表の波動関数が得られる．

4-1 表　水素原子の電子の波動関数（球対称なもの）

n	E_n	u_n
1	$E_1 = -I$	e^{-r/a_B}
2	$E_2 = -\dfrac{I}{2^2}$	$\left(1 - \dfrac{r}{2a_\mathrm{B}}\right) e^{-r/2a_\mathrm{B}}$
3	$E_3 = -\dfrac{I}{3^2}$	$\left(1 - \dfrac{2r}{3a_\mathrm{B}} + \dfrac{2r^2}{27 a_\mathrm{B}^2}\right) e^{-r/3a_\mathrm{B}}$

　この波動関数がどんな物理的な意味をもつものかまだわからない．ただ，4-2 図に見るとおり，高い**励起状態**（excited state）の波動関数ほど遠くまで広がっていることは，ボーア‒ド・ブロイの軌道（3-4 図）を思い合わせて，波動関数の広がりが原子の軌道の大きさに対応していることを思わせる．第 n 励起状態の波動関数 $u_n(r)$ が n 個の節をもつことにも注意しておこう．節の数の規則は，弦や膜の固有振動で一般に見られることである．

(a)

(b)

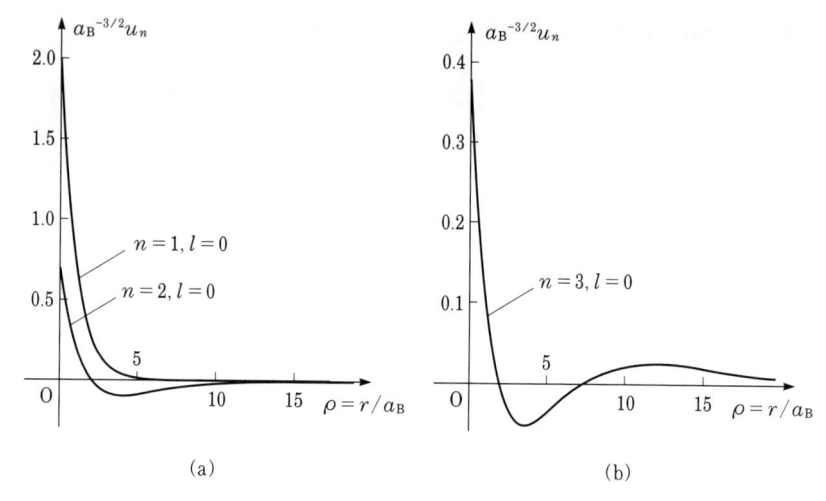

4-2図(a), (b) 水素原子における電子の波動関数．球対称な定常状態．nの増大とともに関数の広がりが大きくなる．lの意味は後に第9章で明らかになる．これも後に明らかになる理由から，$\int_0^\infty u_n(r)^2 r^2 dr = 1$になるように4-1表の関数に数係数を掛けた（規格化）．

問　　　題

1. x軸上，$x=0$ と $x=L$ とにそびえる固い壁の間を往復振動する質量 m の質点のエネルギー準位を決定せよ．

2. 定点Oからの距離に比例する大きさの力でOに向かって引かれながら運動する質点（調和振動子）の，一平面上の運動について，第3章の章末問題では量子化条件によって結果に混乱があることを見た．波動力学によって扱ったら，どうか？　直角座標で基底状態といくつかの低い励起状態のエネルギーと波動関数を決定せよ．ここでは質点の質量を μ とする．

3. 前問の問題を極座標系 (r, ϕ) で解き，直角座標系と同じ結果を与えているかどうか調べよ．

5 波動関数の物理的意味

電子の波動関数 $\psi_t(\boldsymbol{r})$ は，その絶対値の 2 乗 $|\psi_t(\boldsymbol{r})|^2$ が「電子が位置 $\boldsymbol{r}$ に存在する確率の密度を与える」とボルンは考えた．位置 $\boldsymbol{r}$ を中心に微小体積 $d\tau$ をとると，時刻 t に電子はその中に存在することもあり，存在しないこともある．その中に存在する確率は $|\psi_t(\boldsymbol{r})|^2 d\tau$ だというのである．電子は粒子で，その存在確率が波動関数 $\psi_t(\boldsymbol{r})$ できまるという，この考えでは具合の悪いことがある．

§5.1 電子波の干渉

波動関数の物理的意味を実験に即して考えよう．

(a) デヴィッソン-ガーマーの実験

デヴィッソン (C. J. Davisson) とガーマー (L. H. Germer) は 1921 年から奇妙な現象に出会い，悩まされてきた．金属の表面で反射された電子が，いくつかの特定の方向に向かう傾向をもつことである．

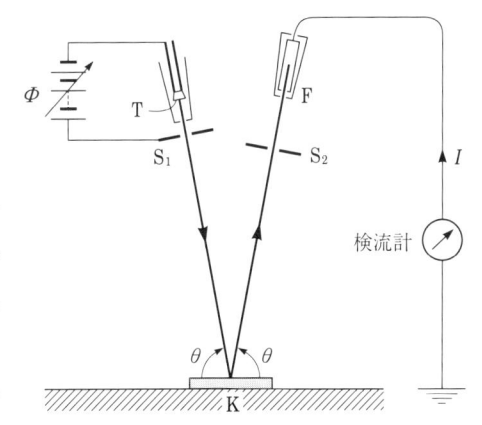

5-1図 結晶表面からの電子線の反射．反射強度はファラデー箱 F に入る電子の単位時間当りの量ではかる．

ド・ブロイやシュレーディンガーの波動力学について聞いた彼らは，電子線の回折の実験をはじめた．ニッケルの単結晶から切り出した面に 5-1 図のように電位差 Φ で加速した電子線を当て，反射してくる強度 I を Φ の関数として測る．ここでは角度 θ は 80° に固定してある．実験の結果を 5-2 図に示す．

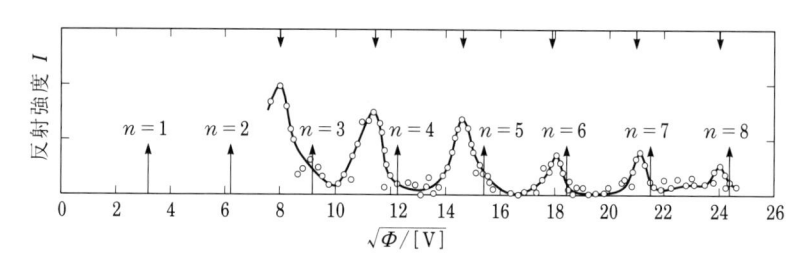

5-2 図　結晶表面からの電子線の反射：実験結果．上向きの矢印は反射強度の極大位置の理論的予想．

電圧 Φ で加速された電子は $\dfrac{1}{2m}p^2 = e\Phi$ からきまる運動量

$$p = \sqrt{2me\Phi} \tag{5.1}$$

をもつので，そのド・ブロイ波長は

$$\lambda = \frac{2\pi\hbar}{\sqrt{2me\Phi}} = \sqrt{\frac{\{2\pi(1.0546 \times 10^{-34}\,\mathrm{J\cdot s})\}^2}{2(9.109 \times 10^{-31}\,\mathrm{kg})(1.6022 \times 10^{-19}\,\mathrm{C})\Phi}}$$

から

$$\lambda = \sqrt{\frac{150.4}{\Phi/[\mathrm{V}]}} \times 10^{-10}\,\mathrm{m} \tag{5.2}$$

となる．ここに $\Phi/[\mathrm{V}]$ は V（ボルト）を単位に測った加速電圧の数値を示す．加速電圧が 15 V なら $\lambda = 3.16 \times 10^{-10}\,\mathrm{m}$ となる．

この波が結晶に入射すると，結晶は何枚もの反射面が一定の間隔 d で重なったものに見える．そこで，5-3 図(a)から

$$2d\sin\theta = n\lambda \quad (n = 1, 2, \cdots) \tag{5.3}$$

が成り立つとき，すべての反射面からの反射波の位相がピッタリ合って互いに強め合うと予想される．同種の現象は電磁波である X 線の干渉にもあっ

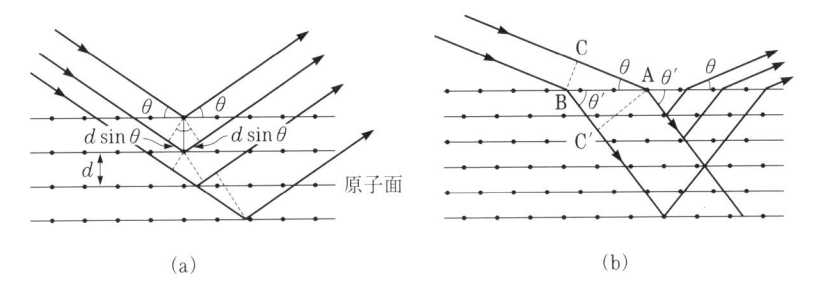

5-3図 ブラッグの条件
(a) 結晶格子が面をつくる. (b) 結晶内部の電位が外部と異なる.

て，(5.3)はブラッグの条件として知られていた．

デヴィッソンたちが切り出した結晶面では $d = 2.03 \times 10^{-10}$ m だから，ブラッグの条件は，(5.2)と組み合わせて

$$\sqrt{\varPhi/[\mathrm{V}]} = \frac{\sqrt{150.4}\, n}{(2d/[10^{-10}\mathrm{m}])\sin\theta} = 3.07 n \qquad (5.4)$$

を与える．これは 5-2 図の上向きの矢印の位置で強い反射が起こることを意味している．おや，反射強度のピークの位置は，それに合っていない！

このくいちがいは，結晶内部の電位が外部のそれと異なり，電子が結晶に入るときド・ブロイ波長が変わり屈折するとして理解される (5-3 図 (b))．結晶内部の電位により電子のエネルギーが $W = 19.7\,\mathrm{eV}$ だけ増すものとしてブラッグ条件からだしたピークの位置 (5-2 図の下向きの矢印) は実験とよく合っている．

干渉する波が強め合う位置に電子が多く来るという実験事実は，第1章に述べた光の干渉の場合と同様，波動関数 $\psi_t(\boldsymbol{r})$ ——それは一般に複素数値をとる関数だが——の絶対値の 2 乗 $|\psi_t(\boldsymbol{r})|^2$ の大きい位置 $\boldsymbol{r}$ に電子がよく来ることを意味する．

(b) 外村らの実験

外村 彰は極端に弱い電子線を用いて干渉の実験をした．電子線バイプ

リズムという装置（5-4図）を用い，その右側と左側を通ってきた電子線をそれぞれ内向きに曲げて検出面で重なるようにしたのだが，電子線が弱いので，検出面では電子が1個，また1個と到着するのが別々に観測できた．その位置の記録が検出面に残るような仕掛けにした．

実験のはじめには，電子の到着位置は全くランダムに見えた（5-5図(a),(b)）．しかし，記録された電子の数が増えるにつれて干渉縞が見えてくる（図(c),(d)）．これで見ると，はじめ電子の到着位置はランダムに見えたが，実は完全にランダムだったのではなく，干渉縞の電子が来るべきでない位置には初めから来ていなかったのである！

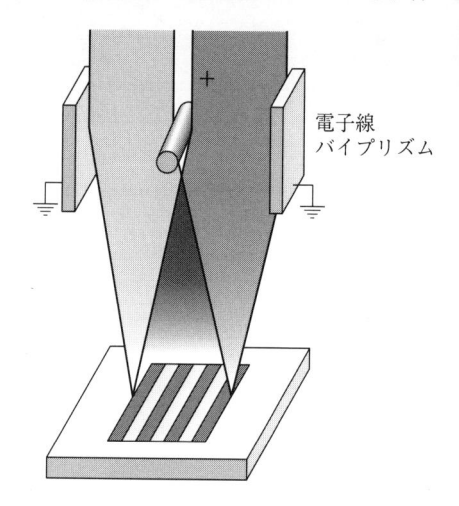

5-4図　電子線バイプリズム
極板と芯線の間に電圧をかけて電子線を曲げる．

こうして，$|\psi_t(r)|^2$ は，1個の電子については位置 r に電子が来る**確率**（probability）を与えるというのがよさそうである（ボルンの確率解釈）．

§5.2　電子を見出す確率

(a) ウェーヴィクル

"電子が来る確率"といったが，電子は常に粒子の姿でいて，それが確率的に行動する，と考えるのでは具合が悪い．

なぜなら，電子が常に粒子の姿でいるとしたら，外村らの実験で個々の電子はバイプリズムの右側を通るか，左側を通るかのどちらかに限る．電子が2つに割れることはないから，両側を通ることはできない．

そうだとしたら，実験の前半の時間はバイプリズムの左側をブロックして

§5.2 電子を見出す確率

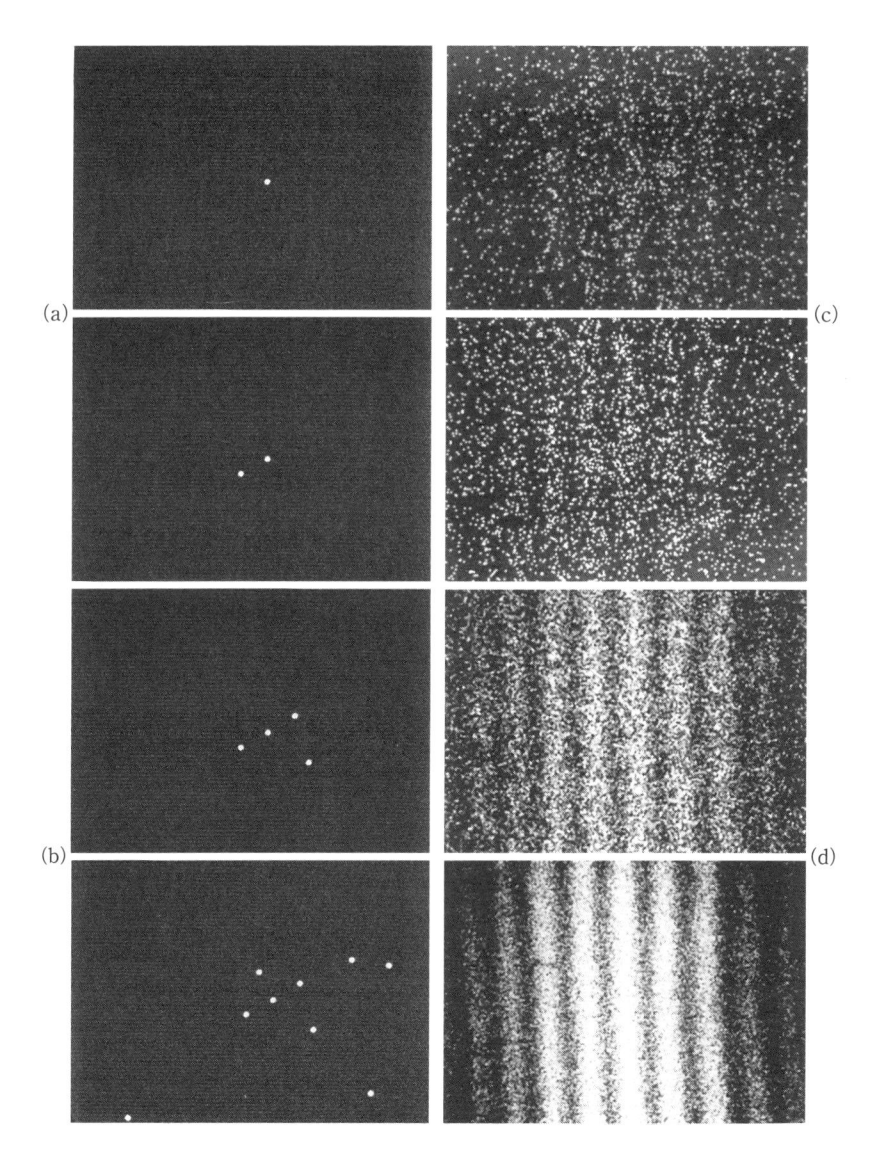

5-5図 干渉縞の形成過程．電子は1個また1個と捉えられる．その位置は始めランダムに見えるが…．A. Tonomura, *et al.*: Am. J. Phys. **57** (1989) 117.

右側だけ電子を通し,後の半分の時間は反対に右側をブロックすることにしても,全体の時間を2倍にすれば同じことになるはずだ.

実験してみるとそれが違うのである.バイプリズムを片側ずつ通した実験では,一つのスリットからの回折像を,スリットを少しだけずらして,2つ重ねた形になる.それは2つのスリットを通った光の干渉縞とは全くちがう.

こうして,電子が常に粒子の姿でいるとは考えられない.電子は,**位置の観測器に出会ったとき粒子として姿を現す**とするほかない.バイプリズムに出会ったときには波として振舞うのだった.このように電子は——そして他の素粒子も——粒子でもなく波でもない,量子力学的存在としか言いようがない.エディントンはこれを**ウェーヴィクル**(wavicle)とよんだ.確かに,粒子といい波というのは,われわれが目に見える世界からつくりあげた表象である.それが極微の世界で通用しなくても不思議はない.

波動関数の物理的意味は次のようなものとなる: 波動関数が $\psi_t(\boldsymbol{r})$ で与えられるとき,時刻 t に電子が位置 $\boldsymbol{r}$ 付近の体積素片 $d\tau$ 内にいるか,いないかの<u>観測</u>をすれば,電子をそこに見出す確率が $|\psi_t(\boldsymbol{r})|^2 d\tau$ である(5-6図).

急いでつけ加えるが,そういうためには

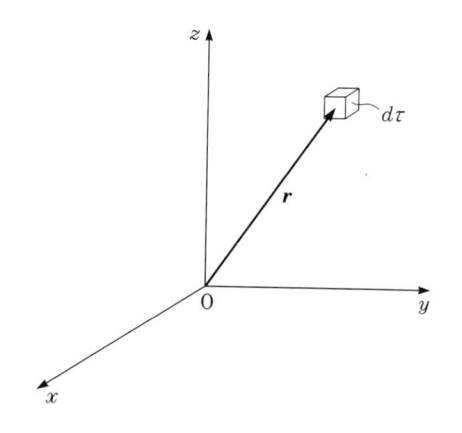

5-6図 位置 $\boldsymbol{r}$ 付近の体積素片 $d\tau$

$$\int_{全空間} |\psi_t(\boldsymbol{r})|^2 d\tau = 1 \qquad (5.5)$$

にしておかなければならない.いま,電子1個に注目しているので,その電子はこの空間のどこかにいるはずだから,その確率は1である.くわしくいえば,電子がここに見出されたら,あそこには見出されない.空間の「こ

§5.2 電子を見出す確率

こ」,「あそこ」に見出されるという事象は,確率論でいう排反事象である.だから,「ここ」あるいは「あそこ」に見出されるという事象の確率は,「ここ」に見出される確率と「あそこ」に見出される確率の和になる.電子が「どこか」に見出される確率(それは1である!)は(5.5)のような積分で与えられるのである.もし,この積分が1でなかったら,$\psi_t(\boldsymbol{r})$ に適当な定数を掛けて1にする.これを**規格化**(normalization)という.シュレーディンガーの方程式は,(4.21)にせよ(4.26)にせよ,線形だからその解を定数倍しても,やはり解である.

"電子を位置 $\boldsymbol{r}$ 付近の体積素片 $d\tau$ に見出す確率が $|\psi_t(\boldsymbol{r})|^2 d\tau$ である"という意味はこうだ: 同じ波動関数をもつ電子の系を沢山($\mathfrak{N}$ 個,$\mathfrak{N} \gg 1$)用意して,おのおのの系で電子の位置の観測をする.そうすると,電子を見出す位置は系によっていろいろだが,電子が位置 $\boldsymbol{r}$ 付近の体積素片 $d\tau$ に見出される系の数が $\mathfrak{N} \cdot |\psi_t(\boldsymbol{r})|^2 d\tau$ だというのである.

なお,$|\psi_t(\boldsymbol{r})|^2$ を**存在確率密度**とよぶことが多い.これに体積素片 $d\tau$ を掛けると確率になるので確率密度というのはよい.しかし,$|\psi_t(\boldsymbol{r})|^2 d\tau$ を「存在」確率というと,ウェーヴィクルが常に粒子の姿でいて,たまたま $d\tau$ の中に存在する確率という印象を与えかねない.何度もいうように,これは,ウェーヴィクルの位置を観測したとき $d\tau$ に見出す確率である.

電子の位置の観測をして $\boldsymbol{r}_A$ に見出したとしよう.その直後にもう一度位置の観測をしたら,同じ $\boldsymbol{r}_A$ に見出すに違いない.確率1で $\boldsymbol{r}_A$ に見出すはず

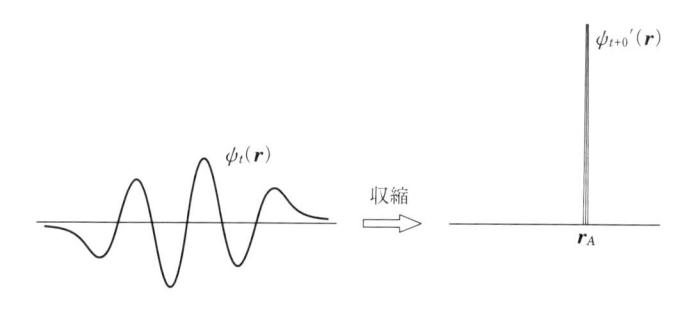

5-7図 位置の観測による波束の収縮

だから,位置の観測直後の波動関数 $\phi_t{}'(\boldsymbol{r})$ は位置 $\boldsymbol{r}_A$ に集中して,それ以外の場所では 0 であり,しかし $|\phi_t{}'(\boldsymbol{r})|^2$ の全空間にわたる積分は 1 というものでなければならない.$\phi \to \phi'$ の変化を観測による**波束の収縮**(contraction of wave packet)という(5-7図).

今後も,われわれは粒子という言葉を使うが,それはウェーヴィクルの意味である.

(b) 水素原子の例

水素原子の基底状態の波動関数は,(4.32)で見たように $u_1(\boldsymbol{r}) = Ne^{-r/a_B}$ である.ただし,規格化することを考えて N を掛けておいた.この状態にある電子の位置を観測して,極座標で5-8図の $d\tau$ の中に見出す確率はいくらか? それは

$$|N|^2 e^{-2r/a_B} r^2 dr \sin\theta \, d\theta \, d\phi \tag{5.6}$$

である.では,角度はともかく,原子核からの距離が r と $r+dr$ の間にある確率はといえば,それは,角度について積分した

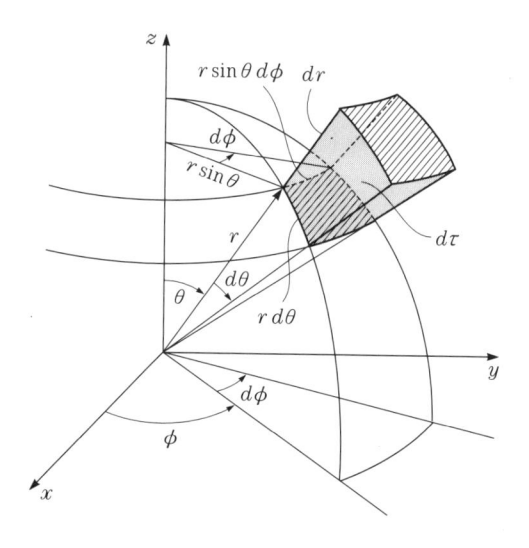

5-8図 極座標における体積要素.$d\tau = r^2 \sin\theta \, dr \, d\theta \, d\phi$.

§5.2 電子を見出す確率

$$|N|^2 e^{-2r/a_B} r^2 dr \int_0^\pi \sin\theta \, d\theta \int_0^{2\pi} d\phi = 4\pi |N|^2 e^{-2r/a_B} r^2 dr \quad (5.7)$$

である．距離も問わない，電子が空間のどこかにいる確率は，といえば

$$4\pi |N|^2 \int_0^\infty e^{-2r/a_B} r^2 dr = 4\pi |N|^2 \frac{a_B^3}{4} \quad (5.8)$$

となるが，これは 1 のはずだから，規格化定数が

$$N = \frac{1}{\sqrt{\pi a_B^3}} \quad (5.9)$$

と定まる．いや，(5.8) = 1 は N の絶対値の 2 乗 $|N|^2$ に対する条件だから，N には一般に位相因子 $e^{i\delta}$ をつけて $N = \frac{1}{\sqrt{\pi a_B^3}} e^{i\delta}$ としておくべきである．しかし，この位相因子は——先ばしって言えば——量子力学で何の物理的な役割ももたないことが知れているので，ついに定めることができず，また定める必要もないので，普通は $\delta = 0$ にとる．

一般に，電子が原子核から距離 r と $r + dr$ との間に見出される確率を $P(r)\,dr$ と書いて，$P(r)$ を**動径分布関数** (radial distribution function) という．水素原子の基底状態の動径分布関数は，(5.7) に (5.9) を用いて

$$P(r) = \frac{4}{a_B^3} r^2 e^{-2r/a_B} \quad (5.10)$$

となる．これが最大になる r は

$$\frac{d}{dr} r^2 e^{-2r/a_B} = \left(2r - \frac{2r^2}{a_B}\right) e^{-2r/a_B} = 0$$

から

$$r = a_B \quad (5.11)$$

となる．こうして，確率が最大の r として，ボーア半径が出てきたことは意味ありげである．原子核から電子までの距離の平均値が計算したければ，(5.10) を用いて

$$\langle r \rangle = \int_0^\infty r P(r) \, dr = \frac{4}{a_B^3} \int_0^\infty r^3 e^{-2r/a_B} dr = \frac{3}{2} a_B \quad (5.12)$$

§5.3 確率密度と確率の流束

電子を見出す確率について立ち入って考えてみよう.

(a) 存在確率の保存——1次元

手はじめに x 軸上, ポテンシャル $V(x)$ の場を運動する質量 m の粒子を考えよう. その波動関数を $\psi_t(x)$ とすれば, シュレーディンガー方程式は

$$\frac{\partial}{\partial t}\psi_t(x) = \frac{1}{i\hbar}\left[-\frac{\hbar^2}{2m}\frac{\partial^2}{\partial x^2} + V(x)\right]\psi_t(x) \tag{5.13}$$

である. ただし, 後のために両辺を $i\hbar$ で割っておいた.

粒子が点 x の近傍 dx に見出される確率 $|\psi_t(x)|^2 dx$ は $x \to \pm\infty$ では 0 になるとしよう (そういう初期条件をとる. 後の§5.4(a)を参照). すなわち

$$\psi_t(x) \to 0, \quad x \to \pm\infty \quad \text{において} \tag{5.14}$$

とする. その理由は, 先に (4.26) の下に述べたが, いまは $|\psi_t(x)|^2$ に存在確率密度という意味がついたので, いっそう確かになった.

粒子の運動につれて粒子が点 x の近傍 dx に見出される確率 $|\psi_t(x)|^2 dx$ も時間 t とともに変化するだろう. いま粒子がここに見出されやすいとしても, 時間がたてば別のところに見出されやすくなるだろう.

$|\psi_t(x)|^2$ の時間変化を調べるには, ψ^* で ψ の複素共役を表わして

$$\frac{\partial}{\partial t}[\psi_t^*(x)\psi_t(x)] = \frac{\partial \psi_t^*(x)}{\partial t}\psi_t(x) + \psi_t^*(x)\frac{\partial \psi_t(x)}{\partial t} \tag{5.15}$$

を計算する. まず, (5.13) の両辺の複素共役をとれば

$$\frac{\partial \psi_t^*(x)}{\partial t} = \frac{1}{-i\hbar}\left[-\frac{\hbar^2}{2m}\frac{\partial^2}{\partial x^2} + V(x)\right]\psi_t^*(x) \tag{5.16}$$

となる. なぜなら: t は実数だから

$$\frac{\partial \psi_t(x)}{\partial t} = \lim_{\Delta t \to 0}\frac{\psi_{t+\Delta t} - \psi_t}{\Delta t}$$

の複素共役をつくるには ψ_t だけ複素共役にすればよい. すなわち

§5.3 確率密度と確率の流束

$$\left(\frac{\partial \psi_t}{\partial t}\right)^* = \frac{\partial \psi_t^*}{\partial t}$$

が成り立つ．$\partial^2 \psi_t/\partial x^2$ についても同様である．また，ポテンシャル $V(x)$ は実数値関数だから $\{V(x)\psi_t(x)\}^* = V(x)\psi_t^*(x)$ となる．こうして，(5.16) が得られる．

さて，(5.15) を計算するには，(5.13) の ψ_t^* 倍と (5.16) の $\psi_t(x)$ 倍との和をつくる：

$$\begin{aligned} \psi_t^*(x) \times \bigg| \; \frac{\partial \psi_t(x)}{\partial t} &= \frac{1}{i\hbar}\left[-\frac{\hbar^2}{2m}\frac{\partial^2}{\partial x^2} + V(x)\right]\psi_t(x) \\ \psi_t(x) \times \bigg| \; \frac{\partial \psi_t^*(x)}{\partial t} &= \frac{-1}{i\hbar}\left[-\frac{\hbar^2}{2m}\frac{\partial^2}{\partial x^2} + V(x)\right]\psi_t^*(x) \end{aligned} \tag{5.17}$$

これらを辺々加えると，$V(x)$ の項は打ち消し合うから

$$\frac{\partial}{\partial t}|\psi_t(x)|^2 = \frac{\hbar}{2im}\left(-\psi_t^*(x)\frac{\partial^2 \psi_t(x)}{\partial x^2} + \frac{\partial^2 \psi_t^*(x)}{\partial x^2}\psi_t(x)\right) \tag{5.18}$$

が得られる．これは

$$\begin{aligned} &-\psi_t^*(x)\frac{\partial^2 \psi_t(x)}{\partial x^2} + \frac{\partial^2 \psi_t^*(x)}{\partial x^2}\psi_t(x) \\ &\qquad = -\frac{\partial}{\partial x}\left(\psi_t^*(x)\frac{\partial \psi_t(x)}{\partial x} - \frac{\partial \psi_t^*(x)}{\partial x}\psi_t(x)\right) \end{aligned} \tag{5.19}$$

に注意すれば

$$\frac{\partial}{\partial t}|\psi_t(x)|^2 = -\frac{\partial}{\partial x}\frac{\hbar}{2im}\left(\psi_t^*(x)\frac{\partial \psi(x)}{\partial x} - \frac{\partial \psi^*(x)}{\partial x}\psi_t(x)\right)$$

と書くことができる．すなわち，

$$\begin{aligned} \rho(x,\ t) &= |\psi_t(x)|^2 \\ j(x,\ t) &= \frac{\hbar}{2im}\left(\psi_t^*(x)\frac{\partial \psi_t(x)}{\partial x} - \frac{\partial \psi_t^*(x)}{\partial x}\psi_t(x)\right) \end{aligned} \tag{5.20}$$

とおくと

$$\frac{\partial}{\partial t}\rho(x,\ t) + \frac{\partial}{\partial x}j(x,\ t) = 0 \tag{5.21}$$

が成り立つ．これは密度 $\rho(x,\ t)$ と流束 $j(x,\ t)$ に対する**連続の方程式** (equation of continuity) の形をしている．

この方程式を $x=a$ から $x=b$ まで積分してみると

$$\frac{d}{dt}\int_a^b \rho(x,\ t)\,dx = j(a,\ t) - j(b,\ t) \tag{5.22}$$

となる．左辺では，存在確率密度 $\rho(x,\ t) = |\psi_t(x)|^2$ の積分は x 軸上の区間 $(a,\ b)$ にある存在確率を与える．(5.22) の両辺に時間 Δt を掛けて

$$\left(\frac{d}{dt}\int_a^b \rho(x,\ t)\,dx\right)\Delta t = j(a,\ t)\Delta t - j(b,\ t)\Delta t$$

とすれば，左辺は $(a,\ b)$ 上の存在確率の時間 Δt 内の増加であるから，それが右辺の $j(a,\ t)\Delta t - j(b,\ t)\Delta t$ に等しいということは，存在確率の増加が同じ時間内の区間の左端 $x=a$ からの流入 $j(a,\ t)\Delta t$ と右端からの流出 $j(b,\ t)\Delta t$ によることを表わす，と読むことができる (5-9 図)．つまり，確率は流体のように流れ，生まれたり消えたりしないというのである．一般に，連続の方程式は，ρ で表わされる量が生まれたり消えたりしないこと (**保存**, conservation) を表わす．

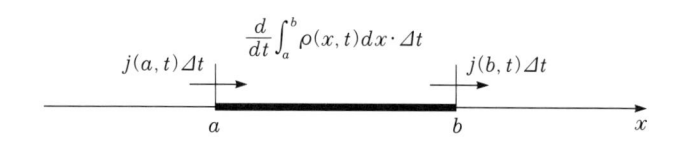

5-9 図　確率の流束．時間 Δt 内の，区間 $(a,\ b)$ における存在確率の増加は区間の端からの流入 $j(a,\ t)\Delta t$ と流出 $j(b,\ t)\Delta t$ の差に等しい．

(5.20) の $j(x,\ t)$ を**存在確率の流束** (flux of probability) という．"存在"確率といっても，いつも粒子の姿をしてどこかにいるものが，そこに存在する確率という意味でないことは以前に注意した．

(5.22) で $a \to -\infty$, $b \to \infty$ とすれば，仮定 (5.14) が成り立つ場合には

$$\frac{d}{dt}\int_{-\infty}^{\infty}|\psi_t(x)|^2 dx = 0 \tag{5.23}$$

となる.存在確率密度の x 軸全体にわたる積分——粒子が x 軸上のどこかに見出される確率——は,$\psi_t(x)$ がシュレーディンガー方程式にしたがって変化しても,時間によらず,一定値でありつづけるのである! このことを**存在確率の保存** (conservation of probability) という.したがって,波動関数は任意の一時刻 t_0 に規格化 (5.5) をしておけば,以後いつまでも規格化されたままでいる.だから,どの時刻 t においても,安心して $|\psi_t(x)|^2$ は存在確率密度だということができる.

(b) 存在確率の保存——3次元

上の議論を3次元の $\psi_t(x, y, z)$ に拡張するのは容易である.(5.19) は x に関する偏微分の式だから,

$$-\psi_t{}^*(x,y,z)\frac{\partial^2\psi_t(x,y,z)}{\partial x^2} + \frac{\partial^2\psi_t{}^*(x,y,z)}{\partial x^2}\psi_t(x,y,z)$$
$$= -\frac{\partial}{\partial x}\left(\psi_t{}^*(x,y,z)\frac{\partial\psi_t(x,y,z)}{\partial x} - \frac{\partial\psi_t{}^*(x,y,z)}{\partial x}\psi_t(x,y,z)\right)$$

としてもよい.同様の式が y に関する偏微分,z に関する偏微分に対して成り立つから,辺々加えて,ついでに両辺に $\hbar/(2im)$ を掛ければ

$$-\frac{\hbar}{2im}\left[\psi_t{}^*(x,y,z)\{\Delta\psi_t(x,y,z)\} - \{\Delta\psi_t{}^*(x,y,z)\}\psi_t(x,y,z)\right]$$
$$= -\left[\frac{\partial}{\partial x}j_x(x,y,z,t) + \frac{\partial}{\partial y}j_y(x,y,z,t) + \frac{\partial}{\partial z}j_z(x,y,z,t)\right]$$
$$(5.24)$$

が得られる.ここに

$$j_x(x,y,z,t)$$
$$= \frac{\hbar}{2im}\left(\psi_t{}^*(x,y,z)\frac{\partial\psi_t(x,y,z)}{\partial x} - \frac{\partial\psi_t{}^*(x,y,z)}{\partial x}\psi_t(x,y,z)\right)$$

$j_y(x,y,z,t)$
$$= \frac{\hbar}{2im}\left(\psi_t{}^*(x,y,z)\frac{\partial \psi_t(x,y,z)}{\partial y} - \frac{\partial \psi_t{}^*(x,y,z)}{\partial y}\psi_t(x,y,z)\right)$$

$j_z(x,y,z,t)$
$$= \frac{\hbar}{2im}\left(\psi_t{}^*(x,y,z)\frac{\partial \psi_t(x,y,z)}{\partial z} - \frac{\partial \psi_t{}^*(x,y,z)}{\partial z}\psi_t(x,y,z)\right)$$

である．ベクトル解析の記号 grad を使えば，確率の流束のこの定義式は
$\boldsymbol{j}(x,y,z,t)$
$$= \frac{\hbar}{2im}[\psi_t{}^*(x,y,z)\{\mathrm{grad}\,\psi_t(x,y,z)\} - \{\mathrm{grad}\,\psi_t{}^*(x,y,z)\}\psi_t(x,y,z)]$$
(5.25)

と書ける．(5.24) も，ベクトル解析の記号 div により

$$-\frac{1}{i\hbar}\frac{\hbar^2}{2m}[\psi_t{}^*(x,y,z)\{\Delta \psi_t(x,y,z)\} - \{\Delta \psi_t{}^*(x,y,z)\}\psi_t(x,y,z)]$$
$$= -\left(\frac{\partial j_x}{\partial x} + \frac{\partial j_y}{\partial y} + \frac{\partial j_z}{\partial z}\right)$$
$$= -\,\mathrm{div}\,\boldsymbol{j}(x,y,z,t)$$

と書けるが，この式の左辺は，$(1/i\hbar)\,V(x,y,z)|\psi_t(x,y,z)|^2$ を足して引きシュレーディンガー方程式を使えば

$$\frac{1}{i\hbar}\left\{\left(\psi_t{}^*(x,y,z)\left[-\frac{\hbar^2}{2m}\Delta + V(x,y,z)\right]\psi_t(x,y,z)\right)\right.$$
$$\left. - \left(\left[-\frac{\hbar^2}{2m}\Delta + V(x,y,z)\right]\psi_t{}^*(x,y,z)\right)\psi_t(x,y,z)\right\}$$
$$= \frac{\partial}{\partial t}[\psi_t{}^*(x,y,z)\psi_t(x,y,z)]$$

と書き直すことができる．こうして

$$\frac{\partial}{\partial t}\rho(x,y,z,t) + \mathrm{div}\,\boldsymbol{j}(x,y,z,t) = 0 \qquad (5.26)$$

が得られる．これが連続の方程式 (5.21) の 3 次元版である．

任意の閉曲面 S で囲まれた体積 $\mathcal{V}$ にわたって (5.26) を積分すれば，ガウスの定理により

$$\frac{d}{dt}\int_V \rho(x,y,z,t)\,d\tau = -\int_S j_n(x,y,z,t)\,dS \tag{5.27}$$

となる．j_n は V の表面 S の面積素片 dS に立てた外向き法線方向の $\boldsymbol{j}$ の成分であって，dS を通して外向きに流れ出す確率を表わす．(5.27) も確率の保存を表わすのである．

特に V を全空間にとれば，波動関数が遠方で $\psi_t(x,y,z) \to 0$ となる場合には，全確率の（規格化の）保存が成り立つ：

$$\frac{d}{dt}\int_{\text{全空間}} |\psi_t(x,y,z)|^2 d\tau = 0 \tag{5.28}$$

§5.4 量子力学における因果律

量子力学では観測の結果は確率的だが，その確率を定める波動関数は因果的に時間発展する．

(a) 波動関数の時間発展

波動関数は，初期条件 (initial condition) として

　　任意の一時刻（$t=0$ とする）における各点 $\boldsymbol{r}$ における値 $\psi_0(\boldsymbol{r})$
$$\tag{5.29}$$

が全空間にわたって与えられると，以後はシュレーディンガー方程式

$$i\hbar\frac{\partial \psi_t(\boldsymbol{r})}{\partial t} = \left[-\frac{\hbar^2}{2m}\Delta + V(\boldsymbol{r})\right]\psi_t(\boldsymbol{r}) \tag{5.30}$$

にしたがって（次の観測が行われるまで）時間発展していく．実際，シュレーディンガー方程式は短い時間 $\varDelta t$ に対しては

$$i\hbar\frac{\psi_{t+\varDelta t}(\boldsymbol{r}) - \psi_t(\boldsymbol{r})}{\varDelta t} = \left[-\frac{\hbar^2}{2m}\Delta + V(\boldsymbol{r})\right]\psi_t(\boldsymbol{r})$$

とみてよいから

$$\psi_{t+\varDelta t}(\boldsymbol{r}) = \psi_t(\boldsymbol{r}) - \frac{i\varDelta t}{\hbar}\left[-\frac{\hbar^2}{2m}\Delta + V(\boldsymbol{r})\right]\psi_t(\boldsymbol{r}) \tag{5.31}$$

が成り立つ．

ここで $t=0$ とすれば，右辺は与えられた初期条件 (5.29) から完全に定まるので，$t=\Delta t$ における各点 r の $\psi_{\Delta t}(r)$ が定まることになる．

その $\psi_{\Delta t}(r)$ を，$t=\Delta t$ とした (5.31) の右辺に代入すれば，$t=2\Delta t$ の $\psi_{2\Delta t}(r)$ が定まる．以下，同様にして $t=3\Delta t, 4\Delta t, \cdots$ における波動関数が順次に定まっていく．$t=0$ における波動関数から以後の刻々の波動関数が定まるので，これを量子力学における**因果律** (causality) という．

波動関数の時間発展において存在確率が保存されることは，前節で見たとおりである．

(b) 自由粒子の場合

x 軸上を運動する自由粒子の場合に波動関数の時間発展を定めてみよう．**自由粒子** (free particle) とは何も力を受けていない粒子のことで，この粒子に対するポテンシャルは $V=0$ としてよい．シュレーディンガー方程式は

$$i\hbar \frac{\partial \psi_t(x)}{\partial t} = -\frac{\hbar^2}{2m} \frac{\partial^2}{\partial x^2} \psi_t(x) \tag{5.32}$$

である．いま，初期条件を

$$t=0 \quad \text{において} \quad \psi_0(x) = \left(\frac{1}{\pi a^2}\right)^{1/4} \exp\left[-\frac{x^2}{2a^2} + ik_0 x\right] \tag{5.33}$$

としよう．$p_0 = \hbar k_0$ は運動量である．この関数は規格化されている：

$$\int_{-\infty}^{\infty} |\psi_0(x)|^2 dx = \left(\frac{1}{\pi a^2}\right)^{1/2} \int_{-\infty}^{\infty} e^{-x^2/a^2} dx = 1 \tag{5.34}$$

この初期条件のもとでシュレーディンガー方程式 (5.32) を解くのに

$$\psi_t(x) = \exp\left[-\frac{\alpha(t)}{2} x^2 - \beta(t) x - \gamma(t)\right] \tag{5.35}$$

という形を仮定してみよう．$\alpha(t), \beta(t), \gamma(t)$ を適当に定めて，この ψ_t が (5.32) と (5.33) を満たすようにできるか？

初期条件 (5.33) は

§5.4 量子力学における因果律

$$\alpha(0) = \frac{1}{a^2}, \qquad \beta(0) = -ik_0, \qquad \gamma(0) = \frac{1}{4}\log[\pi a^2] \quad (5.36)$$

を与える．

そして，シュレーディンガー方程式 (5.32) の両辺を $i\hbar$ で割った式の

$$(\text{左辺}) = -\left[\frac{1}{2}\frac{d\alpha(t)}{dt}x^2 + \frac{d\beta(t)}{dt}x + \frac{d\gamma(t)}{dt}\right]\psi_t(x)$$

$$(\text{右辺}) = \frac{i\hbar}{2m}[\alpha^2(t)x^2 + 2\alpha(t)\beta(t)x + \beta^2(t) - \alpha(t)]\psi_t(x)$$

となる．これらが各 x に対して等しくなければならないから，x の各ベキの係数が互いに等しくなければならない：

$$\frac{d\alpha(t)}{dt} = -\frac{i\hbar}{m}\alpha^2(t) \tag{5.37}$$

$$\frac{d\beta(t)}{dt} = -\frac{i\hbar}{m}\alpha(t)\beta(t) \tag{5.38}$$

$$\frac{d\gamma(t)}{dt} = -\frac{i\hbar}{2m}[\beta^2(t) - \alpha(t)] \tag{5.39}$$

そこで，まず (5.37) を

$$\frac{d\alpha}{\alpha^2} = -\frac{i\hbar}{m}dt$$

と書き直して，積分すれば

$$\frac{1}{\alpha} = \frac{i\hbar t}{m} + C_1$$

となるが，初期条件 (5.36) から $C_1 = a^2$ と定まるので

$$\alpha(t) = \frac{1}{a^2 + (i\hbar t/m)} \tag{5.40}$$

これを (5.38) に代入すれば

$$\frac{d\beta}{\beta} = -\frac{i\hbar}{m}\alpha\,dt = -\frac{i\hbar}{m}\frac{1}{a^2 + (i\hbar t/m)}dt$$

となるから，積分して

$$\log\beta = -\log\left[a^2 + \frac{i\hbar t}{m}\right] + C_2$$

を得る．したがって

$$\beta = \frac{1}{a^2 + (i\hbar t/m)} e^{C_2}$$

となる．初期条件から $e^{C_2} = -ik_0 a^2$ と定まるので

$$\beta(t) = -i\frac{k_0 a^2}{a^2 + (i\hbar t/m)} \tag{5.41}$$

が得られた．(5.40)，(5.41) を (5.39) に代入して

$$\frac{d\gamma}{dt} = \frac{i\hbar}{2m}\left(\frac{k_0 a^2}{a^2 + (i\hbar t/m)}\right)^2 + \frac{i\hbar}{2m}\frac{1}{a^2 + (i\hbar t/m)}$$

を積分すれば

$$\gamma = -\frac{1}{2}\frac{(k_0 a^2)^2}{a^2 + (i\hbar t/m)} + \frac{1}{2}\log\left[a^2 + \frac{i\hbar t}{m}\right] + C_3$$

となる．初期条件から $C_3 = \frac{1}{2}(k_0 a)^2 - \frac{1}{4}\log\frac{a^2}{\pi}$ と定まるので

$$\gamma(t) = \frac{i\hbar t}{2m}\frac{(k_0 a)^2}{a^2 + (i\hbar t/m)} + \frac{1}{2}\log\left[\sqrt{\pi}\left(a + \frac{i\hbar t}{ma}\right)\right] \tag{5.42}$$

が得られる．

ここで

$$\beta(t) = -ik_0 - \frac{\hbar k_0 t/m}{a^2 + (i\hbar t/m)}$$

$$\gamma(t) = i\frac{\hbar k_0^2}{2m}t + \frac{1}{2}\frac{(\hbar k_0 t/m)^2}{a^2 + (i\hbar t/m)} + \frac{1}{2}\log\left[\sqrt{\pi}\left(a + \frac{i\hbar t}{ma}\right)\right]$$

$$\tag{5.43}$$

と書けることに注意しよう．そうすると (5.35) は

$$\psi_t(x)$$
$$= \frac{1}{\pi^{1/4}}\left(\frac{1}{a + (i\hbar t/ma)}\right)^{1/2} \exp\left[-\frac{1}{2}\frac{(x - v_0 t)^2}{a^2 + (i\hbar t/m)} + \frac{ip_0}{\hbar}x - i\frac{E_0}{\hbar}t\right]$$
$$\tag{5.44}$$

となる．これが時刻 $t = 0$ の波動関数 (5.33) が時刻 t まで発展した姿である．ただし

$$p_0 = \hbar k_0, \qquad v_0 = \frac{\hbar k_0}{m}, \qquad E_0 = \frac{(\hbar k_0)^2}{2m} \tag{5.45}$$

§5.4 量子力学における因果律

とおいた．

時刻 t における存在確率密度は

$$|\psi_t(x)|^2 = \frac{1}{\pi^{1/2}} \left(\frac{1}{a^2 + (\hbar t/ma)^2} \right)^{1/2} \exp\left[-\frac{(x - v_0 t)^2}{a^2 + (\hbar t/ma)^2} \right] \tag{5.46}$$

となる．存在確率密度は $x = v_0 t$ にピークをもち，その幅は $\sqrt{a^2 + (\hbar t/ma)^2}$ の程度である．このように空間に局在した波を**波束** (wave packet) という．波束 (5.33) が速度 $v_0 = p_0/m$ で走るのは，因子 $e^{ik_0 x} = e^{ip_0 x/\hbar}$ から見てもっともなことだ．波束の幅が時間とともに広がることが注意をひく（5-10図）．これは，初期条件として与えた波束の広が

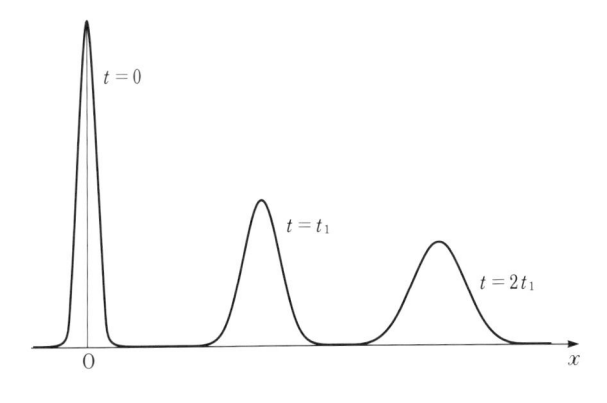

5-10図 波束の拡散．波束の幅がほぼ時間に比例して大きくなっていく．

りが $\Delta x = a$ であったため，後の§6.4で説明する不確定性関係により運動量に不確定 $\Delta p \sim \hbar/a$ があり，その結果として速度が広がり，幅

$$\Delta v \sim \hbar/ma \tag{5.47}$$

をもった結果である．波束の広がる速さ $\hbar/ma$ を計算してみると，5-1表のようになる．

5-1表 波動関数が広がる速さ $\hbar/ma$（単位：m/s）

a		10^{-10} m	10^{-6} m	10^{-3} m	1 m
電子	$1.16 \times$	10^6	10^2	10^{-1}	10^{-4}
陽子	$6.30 \times$	10^2	10^{-2}	10^{-5}	10^{-8}

これに相当することは,ガウス型の波束 (5.33) にかぎらず一般にいえる(第8章,問題13を見よ.)

[**注意**] 波束の速さ v_0 は,$E_0 = p_0^2/2m$ と p_0 とからド・ブロイの関係で $\lambda_0 = 2\pi\hbar/p_0$,$\omega_0 = E/\hbar$ として出した波の(位相)速度 $\lambda_0\omega_0/2\pi = v_0/2$ とはちがっている.波束の速さは,いわゆる**群速度**(group velocity)$v_g = d\omega_0/dk_0$ である.群速度については,江沢:『フーリエ解析』(講談社)を参照.

§5.5 ニュートン力学への回帰

これから当分の間,x 軸上のポテンシャル $V(x)$ の場における運動を考えよう.粒子の質量を m とする.波動関数は遠方で十分に速く 0 にいくものとする.

(a) 位置の平均値

粒子の波動関数を $\psi_t(x)$ とすれば,存在確率密度は $|\psi_t(x)|^2$ であるから,x の測定を多数回したとき得られる測定値の平均値 $\langle x \rangle_t$ は

$$\langle x \rangle_t = \int_{-\infty}^{\infty} x |\psi_t(x)|^2 dx \tag{5.48}$$

で与えられる.こういうことだ.波動関数 $\psi_t(x)$ をもつ系を $N \gg 1$ 個用意して,時刻 t にそのおのおのに対して位置の測定をする.k 番目の系で得られた測定値を $X_k(t)$ とすれば,$X_1(t)$,$X_2(t)$,$\cdots$,$X_N(t)$ はさまざまである.しかし,それらの平均値

$$\langle x \rangle_t = \frac{X_1(t) + X_2(t) + \cdots + X_N(t)}{N} \tag{5.49}$$

は $N \gg 1$ のとき波動関数 $\psi_t(x)$ できまり,(5.48) に等しい.波動関数の時間発展を知っていれば,(5.48) を将来の位置の測定結果に対する予言とすることができる.

予言できるのは,x の平均値ばかりではない.x^2 の平均値

$$\langle x^2 \rangle_t = \int_{-\infty}^{\infty} x^2 |\psi_t(x)|^2 dx \tag{5.50}$$

を計算して,x の測定値の分散

§5.5 ニュートン力学への回帰

$$(\Delta x)^2 = \langle (x - \langle x \rangle_t)^2 \rangle_t = \langle x^2 \rangle_t - \langle x \rangle_t^2 \tag{5.51}$$

を予言することもできる．

(b) 速度の平均値

では，x の測定値の時間変化はどうなるか？ その時間的変化率なら

$$\frac{d}{dt}\langle x \rangle_t = \frac{d}{dt}\int_{-\infty}^{\infty} x|\psi_t(x)|^2 dx \tag{5.52}$$

を計算すれば予言できる．ただし，あまり精密な観測をすると波束が収縮して以後の時間発展が狂ってしまうから，次のようにする．広がり $\Delta_1 x$ の波束を用意して，それを乱さぬよう粗い精度 $\Delta_2 x \gg \Delta_1 x$ で位置の観測をし，その粗さにもかかわらず移動距離がきまるように，時間 Δt をおいて波束が $\Delta_3 x \gg \Delta_2 x$ くらい移動してから第二の位置の観測をする．

(5.52) は，x の測定値の平均値の時間的変化率

$$\lim_{\Delta t \to 0} \frac{1}{\Delta t}\left(\frac{X_1(t+\Delta t) + \cdots + X_N(t+\Delta t)}{N} - \frac{X_1(t) + \cdots + X_N(t)}{N}\right)$$

であるが $(N \gg 1)$，これを

$$\frac{1}{N}\left(\frac{X_1(t+\Delta t) - X_1(t)}{\Delta t} + \cdots + \frac{X_N(t+\Delta t) - X_N(t)}{\Delta t}\right) \tag{5.53}$$

と見る．括弧内の各項は——個々の系における位置の観測結果は確率的なので $X_k(t+\Delta t)$ と $X_k(t)$ とは近いとは限らず，$\Delta t \to 0$ の極限をとることはできないのだけれど——系 k での速度の測定値である．そして (5.53) 全体としては $\{\langle x \rangle_{t+\Delta t} - \langle x \rangle_t\}/\Delta t$ に等しく，$\langle x \rangle_t$ の時間変化が緩やかなら $d\langle x \rangle_t/dt$ に等しいと見てよいであろう．

こうした限定をつければ，(5.52) は速度の測定値の平均値と見られるが，

$$\frac{d}{dt}\langle x \rangle_t = \int_{-\infty}^{\infty} x\left(\frac{\partial \psi_t^*(x)}{\partial t}\psi_t(x) + \psi_t^*(x)\frac{\partial \psi_t(x)}{\partial t}\right)dx$$

にシュレーディンガー方程式を用いれば

$$\frac{d}{dt}\langle x \rangle_t = \frac{i}{\hbar} \int_{-\infty}^{\infty} (\{\widehat{\mathcal{H}}\psi_t{}^*(x)\} x \psi_t(x) - \psi_t{}^*(x) x \{\widehat{\mathcal{H}}\psi_t(x)\}) \, dx \tag{5.54}$$

として計算することができる．ここに $\widehat{\mathcal{H}}\psi_t(x)$ は

$$\widehat{\mathcal{H}}\psi_t(x) = \left[-\frac{\hbar^2}{2m} \frac{\partial^2}{\partial x^2} + V(x) \right] \psi_t(x) \tag{5.55}$$

を表わす．(5.54) は，そのまま計算してもよいが，次のような工夫もある．

(c) 補助定理

まず，(5.54) の記法を簡単にしよう．

$$\langle \varphi, \chi \rangle = \int_{-\infty}^{\infty} \varphi^*(x) \chi(x) \, dx \tag{5.56}$$

という記号を導入する．⟨…, …⟩ の左側に入る関数は複素共役をとって右側の関数と掛け合わせていることに注意．こうすると (5.54) の右辺の第1項は，$\widehat{\mathcal{H}}\psi_t{}^* = (\widehat{\mathcal{H}}\psi_t)^*$ だから ((5.16) の下の説明を参照)

$$\int_{-\infty}^{\infty} \{\widehat{\mathcal{H}}\psi_t{}^*(x)\} x \, \psi_t(x) \, dx = \langle \widehat{\mathcal{H}}\psi_t, x\psi_t \rangle \tag{5.57}$$

となり，第2項は

$$\int_{-\infty}^{\infty} \psi_t{}^*(x) x \{\widehat{\mathcal{H}}\psi_t(x)\} dx = \langle \psi_t(x), x\widehat{\mathcal{H}}\psi_t \rangle$$

となる．したがって，(5.54) は

$$\frac{d}{dt}\langle x \rangle_t = \frac{i}{\hbar} (\langle \widehat{\mathcal{H}}\psi_t, x\psi_t \rangle - \langle \psi_t, x\widehat{\mathcal{H}}\psi_t \rangle) \tag{5.58}$$

となる．

ここで次の補助定理を証明する．

[**補助定理**] $\psi_t(x), \chi_t(x)$ が遠方 ($x \to \pm\infty$) で $\to 0$ となるなら

$$\langle \widehat{\mathcal{H}}\psi_t, \chi_t \rangle = \langle \psi_t, \widehat{\mathcal{H}}\chi_t \rangle \tag{5.59}$$

が成り立つ．

[**証明**] $\mathcal{H}$ の定義 (5.55) にしたがって (5.59) を書いてみると

$$\int_{-\infty}^{\infty} \left(\left[-\frac{\hbar^2}{2m} \frac{\partial^2}{\partial x^2} + V \right] \psi_t{}^* \right) \chi_t \, dx = \int_{-\infty}^{\infty} \psi_t{}^* \left[-\frac{\hbar^2}{2m} \frac{\partial^2}{\partial x^2} + V \right] \chi_t \, dx$$

となる．これが証明すべきことである．ところが，V の項は左辺と右辺と共通だから落としてよい．したがって

$$\int_{-\infty}^{\infty}\left(\frac{\partial^2 \psi_t{}^*(x)}{\partial x^2}\chi_t(x) - \psi_t{}^*(x)\frac{\partial^2 \chi_t(x)}{\partial x^2}\right)dx = 0$$

が言えればよい．ところが，この被積分関数は

$$\frac{\partial}{\partial x}\left(\frac{\partial \psi_t{}^*(x)}{\partial x}\chi_t(x) - \psi_t{}^*(x)\frac{\partial \chi_t(x)}{\partial x}\right)$$

と書ける．これを x について $(-\infty, \infty)$ で積分すると

$$\left[\frac{\partial \psi_t{}^*(x)}{\partial x}\chi_t(x) - \psi_t{}^*(x)\frac{\partial \chi_t(x)}{\partial x}\right]_{-\infty}^{\infty} = 0$$

となる．ψ_t も $\chi_t(x)$ も $x \to \pm\infty$ で 0 となるからである． (証明終)

(d) 速度の平均値の公式

いま，$\psi_t(x)$ は遠方で十分に速く 0 にいくものとしているから，$x\psi_t(x)$ も 0 にいく．したがって，補助定理の $\chi_t(x)$ として $x\psi_t(x)$ をとれば，(5.58) は

$$\frac{d}{dt}\langle x \rangle_t = \frac{i}{\hbar}\left(\langle \psi_t, \widehat{\mathcal{H}}x\psi_t(x)\rangle - \langle \psi_t, x\widehat{\mathcal{H}}\psi_t\rangle\right) \tag{5.60}$$

となる．ここで，(5.55) により

$$\widehat{\mathcal{H}}x\psi_t(x) = \left[-\frac{\hbar^2}{2m}\frac{\partial^2}{\partial x^2} + V(x)\right]x\psi_t(x)$$

であるが

$$\frac{\partial^2}{\partial x^2}x\psi_t(x) = 2\frac{\partial}{\partial x}\psi_t(x) + x\frac{\partial^2 \psi_t(x)}{\partial x^2}$$

に注意すれば

$$\widehat{\mathcal{H}}x\psi_t(x) = -\frac{\hbar^2}{m}\frac{\partial \psi_t(x)}{\partial x} + x\widehat{\mathcal{H}}\psi_t(x) \tag{5.61}$$

となることがわかる．これを (5.60) の右辺の第 2 項に用いれば，第 1 項との間に相殺が起こり

$$\frac{d}{dt}\langle x \rangle_t = \frac{1}{m}\left\langle \psi_t, -i\hbar\frac{\partial}{\partial x}\psi_t \right\rangle \tag{5.62}$$

が得られる．これが速度の平均値を計算する公式である．

（e） 加速度の平均値

加速度の平均値は，(5.53) と同様にして

$$\frac{d}{dt}\left(\frac{d}{dt}\langle x\rangle_t\right) = \frac{d}{dt}\frac{1}{m}\left\langle \psi_t, -i\hbar\frac{\partial}{\partial x}\psi_t\right\rangle$$

を計算すれば得られ

$$\frac{d^2}{dt^2}\langle x\rangle_t = \frac{i}{m\hbar}\left(\langle \widehat{\mathcal{H}}\psi_t, \chi_t\rangle - \left\langle \psi_t, -i\hbar\frac{\partial}{\partial x}\widehat{\mathcal{H}}\psi_t\right\rangle\right) \quad (5.63)$$

となる．ここでは

$$\chi_t(x) = -i\hbar\frac{\partial}{\partial x}\psi_t(x)$$

である．(5.63) に補助定理 (5.59) を適用すれば

$$\frac{d^2}{dt^2}\langle x\rangle_t = \frac{i}{m\hbar}\left(\langle \psi_t, \widehat{\mathcal{H}}\chi_t\rangle - \left\langle \psi_t, -i\hbar\frac{\partial}{\partial x}\widehat{\mathcal{H}}\psi_t\right\rangle\right) \quad (5.64)$$

となる．ここで

$$-i\hbar\frac{\partial}{\partial x}\widehat{\mathcal{H}}\psi_t(x)$$
$$= -i\hbar\frac{\partial}{\partial x}\left[-\frac{\hbar^2}{2m}\frac{\partial^2}{\partial x^2} + V(x)\right]\psi_t(x)$$
$$= \left[-\frac{\hbar^2}{2m}\frac{\partial^2}{\partial x^2} + V(x)\right]\left(-i\hbar\frac{\partial}{\partial x}\right)\psi_t(x) - i\hbar\frac{dV(x)}{dx}\psi_t(x)$$

となることに注意しよう．なぜなら

$$-i\hbar\frac{\partial}{\partial x}\frac{\partial^2}{\partial x^2}\psi_t(x) = \frac{\partial^2}{\partial x^2}\left(-i\hbar\frac{\partial}{\partial x}\right)\psi_t(x)$$

$$-i\hbar\frac{\partial}{\partial x}\{V(x)\psi_t(x)\} = V(x)\left(-i\hbar\frac{\partial\psi_t(x)}{\partial x}\right) + \left(-i\hbar\frac{dV(x)}{dx}\right)\psi_t(x)$$

となるからである．ただし，$V(x)$ は x だけの関数なので微分記号 ∂ を d に換えた．こうして

$$-i\hbar\frac{\partial}{\partial x}\widehat{\mathcal{H}}\psi_t(x) = \widehat{\mathcal{H}}\left(-i\hbar\frac{\partial}{\partial x}\right)\psi_t(x) - i\hbar\frac{dV(x)}{dx}\psi_t(x)$$
$$(5.65)$$

が得られた．これを (5.64) に用いれば

$$\frac{d^2}{dt^2}\langle x\rangle_t = \frac{1}{m}\left\langle \psi_t, -\frac{dV(x)}{dx}\psi_t\right\rangle \quad (5.66)$$

が得られる．これがポテンシャル $V(x)$ の場を運動する粒子の加速度を計算する公式である．むしろ，両辺に m を掛け力を計算する公式といおうか．

（f） エーレンフェストの定理

加速度の公式（5.66）は，（5.56）にしたがって元の記号にもどせば

$$m\frac{d^2}{dt^2}\langle x\rangle_t = \int_{-\infty}^{\infty} \psi_t{}^*(x)\left(-\frac{dV(x)}{dx}\right)\psi_t(x)\,dx \tag{5.67}$$

となる．これはニュートンの運動方程式

$$m\frac{d^2X}{dt^2} = -\frac{dV(X)}{dX} \quad (\text{ニュートン}) \tag{5.68}$$

を思わせる．実際，もし波束 $\psi_t(x)$ の広がりが，その範囲でポテンシャルの勾配 $dV(x)/dx$ がほとんど変化しないくらい，小さければ —— 同じことだが，ポテンシャルの勾配の変化が，波束の広がりの範囲では目立たないくらい，ゆっくりなら ——

$$\int_{-\infty}^{\infty} \psi_t{}^*(x)\left(-\frac{dV(x)}{dx}\right)\psi_t(x)\,dx = -\left.\frac{dV(x)}{dx}\right|_{x=\langle x\rangle_t} \tag{5.69}$$

が成り立つ．ただし

$$\langle x\rangle_t = \int_{-\infty}^{\infty} \psi_t{}^*(x)\,x\,\psi_t(x)\,dx \tag{5.70}$$

である．もう少し言えば，（5.69）において

$$\frac{dV(x)}{dx} = \left.\frac{dV}{dx}\right|_{x=\langle x\rangle_t} + \left.\left|\frac{d^2V(x)}{dx^2}\right|_{x=\langle x\rangle_t}(x-\langle x\rangle) + \cdots\right.$$

と展開したとき，（5.48）により

$$\int_{-\infty}^{\infty} \psi^*(x)\,(x-\langle x\rangle_t)\,\psi_t(x)\,dx = 0$$

であるから，展開の $\cdots$ のところを無視すれば（5.69）が成り立つ．すなわち，波束による x 座標の平均値 $\langle x\rangle_t$ に対してニュートンの運動方程式

$$m\frac{d^2}{dt^2}\langle x\rangle_t = -\frac{dV}{dx}(\langle x\rangle_t) \tag{5.71}$$

が成り立つのである．この式を，ポテンシャルの勾配の変化が，波束の広がりの範囲で目立たないくらいゆっくりなら，**波束の運動はニュートンの運動方程式にしたがう**と読むことができる．これを**エーレンフェストの定理**

(Ehrenfest's theorem) という．この定理は容易に 3 次元の運動に拡張される．

（g） J. J. トムソンの実験

J. J. トムソン（Thomson）は，その昔（1897），陰極線が電場，磁場によって曲げられることから，これを粒子の流れと判断し，その質量と電荷の比を算出した．それが一定の，小さな値になることから彼は要素粒子の存在を結論し，**電子**（electron）と名づけたのだった．彼が電場による屈曲を実験した装置を 5‒11 図に示す．

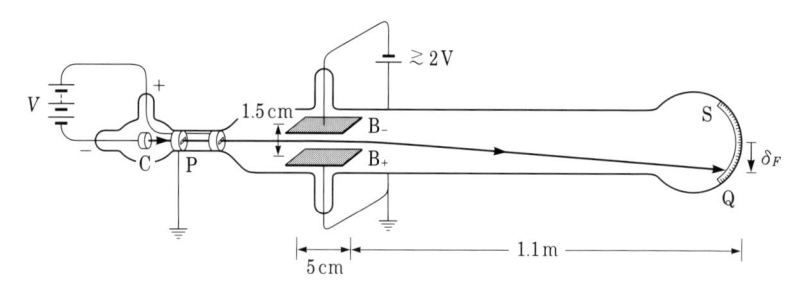

5‒11 図　トムソンが電子の発見に用いた放電管．電場による電子線の屈曲．

トムソンは，今の言葉でいえば，陰極から出た電子の波束が電場で曲げられることを観測したのだ．彼の電場は，1.5 cm を隔てた 2 枚の平行極板（長さ $l = 5\,\mathrm{cm}$）の間に電位差をかけてつくったもので，$l = 5\,\mathrm{cm}$ にわたって一定の勾配

$$F = 1.5 \times 10^4 \,\mathrm{V/m} \tag{5.72}$$

をもっていた．陰極から速さ v で飛来した電子は，そこを通って軌道が曲げられ，以後は力を受けずに距離 $L = 1.1\,\mathrm{m}$ を直進して燐光板に達する．到達位置は，電場がなかった場合に比べて

$$\delta_F = \frac{eFl}{mv^2}\left(L + \frac{l}{2}\right) \tag{5.73}$$

ずれることが簡単な計算からわかる．実測によれば，$\delta_F = 0.08\,\mathrm{m}$ であった．

§5.5 ニュートン力学への回帰

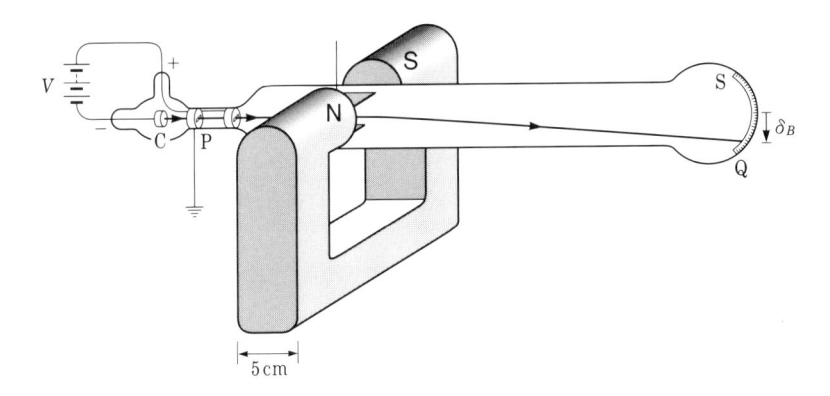

5-12図 トムソンの実験．磁場による電子線の屈曲．

　トムソンは，また距離 $l = 5\,\text{cm}$ にわたってかけた一様な静磁場 B による屈曲も調べた．5-12図の装置で，距離 $L = 1.1\,\text{m}$ だけ離れた燐光板上に電子が到達する位置は，磁場がないときに比べて

$$\delta_B = \frac{eBl}{mv}\left(L + \frac{l}{2}\right) \tag{5.74}$$

だけずれると予想される．実験は $\delta_B = \delta_F$ となる磁場を測定するという仕方で行われた．その結果は $B = 5.5 \times 10^{-4}\,\text{T}$ であった．

　(5.74) と (5.73) の比から，電子の速さが

$$v = \frac{\delta_B}{\delta_F}\frac{F}{B} = \frac{1.5 \times 10^4\,\text{N/C}}{5.5 \times 10^{-4}\,\text{N·s/(C·m)}} = 2.7 \times 10^7\,\text{m/s} \tag{5.75}$$

と求められた．ここで V/m = N/C, T = N·s/(C·m) という単位の書き換えをした．

　これを (5.73) に代入すれば電子の e/m の値がもとめられる．

　さて，トムソンの波束が電場のところで仮に $a = 10^{-6}\,\text{m}$ の広がりをもっていたとしてみよう．この範囲では，もちろん電場は一定だからエーレンフェストの定理は成り立つ．よって波束の運動は，トムソンがしたように，ニュートンの運動方程式からきめてよい．電場を出た後の等速直線運動についても同じである．

　ただし，全行程を通じて波束の拡散が問題になる．電場をとおって，さらに $L = 1.1\,\text{m}$ を進んで燐光板にいたるまでの時間

$$t = \frac{l+L}{v} = \frac{1.15 \,\text{m}}{2.7 \times 10^7 \,\text{m/s}} = 4.3 \times 10^{-8} \,\text{s} \qquad (5.76)$$

に波束が大きく広がってしまうようでは，トムソンの実験は意味を失う．波束の中心こそニュートンの運動方程式にしたがって運動するが，電子は，燐光板上で，波束の中心から著しく離れた位置に見出される確率が大きくなるからである．

波束の広がりは，(5.47) から計算してみると，時間 (5.76) に対して

$$\varDelta x = \frac{\hbar}{ma} t = \frac{1.05 \times 10^{-34} \,\text{J·s}}{(9 \times 10^{-31} \,\text{kg})(10^{-6} \,\text{m})} (4.3 \times 10^{-8} \,\text{s}) = 5 \times 10^{-6} \,\text{m}$$
$$(5.77)$$

となる．これなら，トムソンは電子の全行程を粒子としてニュートン力学で扱って大丈夫である．同じことが，磁場を用いた実験についてもいえる．*
電子を粒子としたトムソンの結論は，量子論からみても誤っていなかった！
トムソンが彼の実験から定めた e/m の値も（彼の実験誤差の範囲で）正しかったことになる．

さらに，ミリカンが電子の電荷 $-e$ を決定した油滴の実験も正しかったことがいえる．

それらは，ニュートン力学によって決定したものであるけれども，そのまま量子論でシュレーディンガー方程式に用いてよいのである．

われわれは，電子はもとより，陽子，中性子や原子核などウェーヴィクルについて，粒子としての巨視的な実験からきめた質量や電荷などをシュレーディンガー方程式に用いるが，その根拠もここにあったのである．

---

* 磁場からの力はポテンシャルで表わせないから，エーレンフェストの定理が成り立つかどうかまだわからない．それが成り立つことについては，第8章の章末問題7および (II) 巻 §13.1 (b) を参照．

問　　題

1. 外村彰らの実験では，電子の運動エネルギーは $50\,\mathrm{keV}$ で，電子線バイプリズムで曲げられた角度は $4\times10^{-6}\,\mathrm{rad}$ であった．干渉縞の間隔を求めよ．実際には，これを電子顕微鏡のレンズで拡大して見ている．

2. キース (D. W. Keith) ら* は，1988 年に，金の $0.1\,\mu\mathrm{m}$ 幅の線を $0.1\,\mu\mathrm{m}$ 間隔に沢山並べた回折格子をつくり，その面に垂直に速さ $1.0\times10^3\,\mathrm{m/s}$ のナトリウム原子を当てて，5-13 図 (2) のような干渉縞を得た．原子の検出器は，直径 $25\,\mu\mathrm{m}$ の熱した針金で，それに原子がぶつかるとイオン化して電流を生ずる．

原子のビームはノズルを出てから $1\,\mathrm{m}$ 間隔で置いた 2 つのスリット (幅 $10\,\mu\mathrm{m}$) を通って広がり $10\,\mu\mathrm{rad}$ のビームになり，第 2 のスリットから $1\,\mathrm{cm}$ のところにある回折格子を通る．検出器の針金は格子の $1.5\,\mathrm{m}$ 先に，格子の線と平行におき，横に $10\,\mu\mathrm{m}$ 間隔で動かした．原子の回折角を θ とする．

（a） 5-13 図 (1) は格子なしでとった角度 θ と検出強度の関係である．ピークの幅がなぜこの大きさなのか説明せよ．

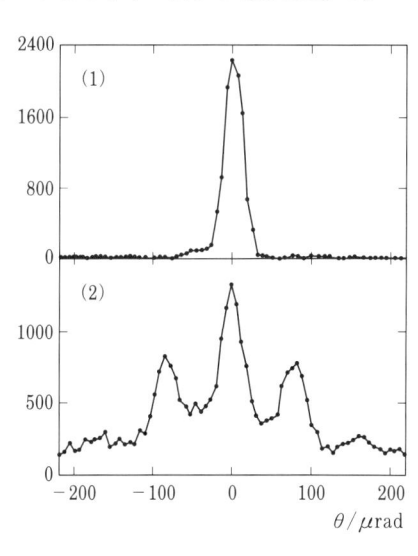

5-13 図

（b） 5-13 図 (2) は回折格子による干渉模様であって，$\theta=85\,\mu\mathrm{rad}$ にピークが出ている．なぜ $85\,\mu\mathrm{rad}$ なのか？

（c） 5-13 図 (2) で $85\times2\,\mu\mathrm{rad}$ に現れている 2 次の干渉縞は弱い．なぜ

---

* D. W. Keith, M. L. Schattenburg, H. I. Smith and D. E. Pritcharg : Phys. Rev. Lett. **61** (1988) 1580.

か？

3. ツァイリンガー (A. Zeilinger) ら[*] は，1999年にフーラレン (C_{60}) の干渉を確かめた．900 K〜1000 K の炉の中で昇華して吹き出してくるフーラレンを，1.04 m 間隔でおいた幅 10 μm の2つのスリットでコリメートし，幅 50 nm，周期 100 nm のスリットをもつ回折格子に通して，その先 1.25 m のところで検出し 5-14 図 (1) のような干渉模様を得た．図 (2) は回折格子を除いたときのものである．

フーラレンの最も確からしい速さを 220 m/s として，これらのピークを説明せよ．

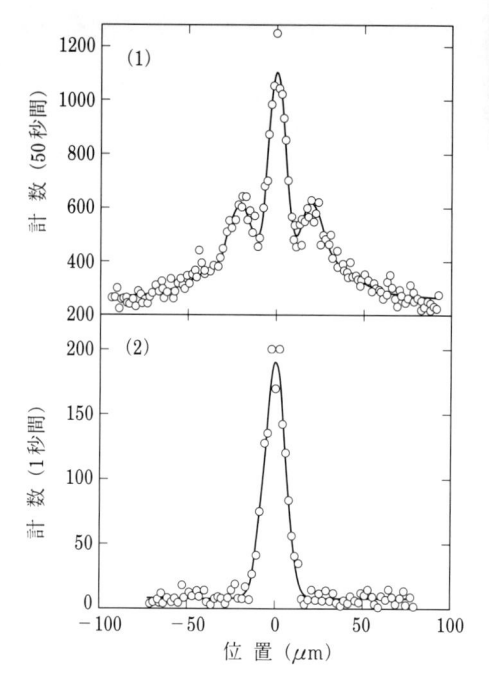

5-14 図

4. 波動関数が $\psi(x) = N_+ e^{i(kx-\omega t)} + N_- e^{i(-kx-\omega t)}$ で与えられるとき，存在確率の流束を計算せよ．

5. 自由粒子の波束 (5.44) が確率保存の式 (5.21) をみたすことを確かめよ．

---

[*] M. Arndt, O. Nairz, J. Vos-Andreas, C. Keller, G. van der Zouw and A. Zeilinger: Nature **401** (1999) 681.

6 量子力学の成立

波動関数の物理的な意味が定まり，量子力学が成立した．量子力学的存在の状態は波動関数で記述され，物理量は演算子で表わされる．古典力学では一体であった物理量と状態が，分裂した．量子力学的な状態は，波動関数で表わされるので，重ね合わせがきく．猫が死んだ状態と生きている状態の重ね合わせもありだ！　物理量を表わすはずの演算子は，一般に積が非可換で，$\hat{A}\hat{B}$ と $\hat{B}\hat{A}$ は等しくない．それは，どんな物理的効果をもたらすか？

§6.1　物理量を表わす演算子
(a)　位置座標と運動量

前節では，波動関数と実験の関係について次のことを知った．質量 m の粒子が x 軸上を運動する場合，時刻 t に系の物理量を測定したときの測定値の平均値は，その時刻の粒子の波動関数 $\psi_t(x)$ から次の 6-1 表のようにして計算される．この意味では，波動関数は時刻 t の観測に関する（あらゆる）情報を含んでいる．その情報は，まったく完全であって，§5.4 で見たとおり，時刻 t の波動関数 $\psi_t(x)$ を知れば，それ以後の任意の時刻の波動関数がシュレーディンガー方程式によって完全に決定されるのである．これは，古典力学で，時刻 t における質点の位置と運動量を知れば，その時刻の質点のあらゆる物理量が計算され，しかも以後の運動がニュートンの運動方

程式によって完全に決定されるのに似ている．

そこで，量子力学においては，波動関数 $\psi_t(x)$ は系の時刻 t の**状態** (state) を表わすといわれ，**状態関数** (state function) ともよばれる（これからは，特に必要のないときには ψ_t の t を省くことにする）．

6-1表 状態関数と測定値の平均値

物理量	測定値の平均値
位置座標 :	$\int_{-\infty}^{\infty} \psi^*(x)\, x\psi(x)\, dx$
運動量 :	$\int_{-\infty}^{\infty} \psi^*(x)\left\{-i\hbar\dfrac{\partial}{\partial x}\psi(x)\right\}dx$
力 :	$\int_{-\infty}^{\infty} \psi^*(x)\left\{-\dfrac{\partial V}{\partial x}\psi(x)\right\}dx$

ここで"運動量"としたのは（質量）×（速度）のことである．運動量を測定したときの測定値の平均は前節の (5.62) に質量 m を掛ければ得られる．

この表を見ると，どの物理量の平均値も

$$\int_{-\infty}^{\infty} \psi_t{}^*(x)\{\hat{A}\,\psi_t(x)\}dx \tag{6.1}$$

という形をしている．$\hat{A}$ のところにきているのは

$$\begin{array}{cc} \text{位置座標}: & x \\[4pt] \text{力}: & -\dfrac{\partial V}{\partial x} \end{array} \tag{6.2}$$

であって，古典力学とよく対応している．

運動量のところが $-i\hbar\dfrac{\partial}{\partial x}$ となっていて何やら奇妙だが，エネルギーを考えてみると少しわかってくる．§4.2 で水素原子のエネルギー準位を定めたときには，方程式 (4.26)

$$\left\{-\frac{\hbar^2}{2m}\left(\frac{\partial^2}{\partial x^2}+\frac{\partial^2}{\partial y^2}+\frac{\partial^2}{\partial z^2}\right)+V(x,y,z)\right\}u = Eu \tag{6.3}$$

を解いて，期待されるバルマー公式を得たのである．これは3次元の問題になっているし，平均値という形でもないが，関数 u が (5.5) で規格化されているとして

§6.1 物理量を表わす演算子

$$\int_{全空間} u^*(\boldsymbol{r})\left\{-\frac{\hbar^2}{2m}\left(\frac{\partial^2}{\partial x^2}+\frac{\partial^2}{\partial y^2}+\frac{\partial^2}{\partial z^2}\right)+V(\boldsymbol{r})\right\}u(\boldsymbol{r})\,d\tau = E$$

をつくれば，測定値 E になる．エネルギーは E にきまっているのだから，これは平均値でもあるわけだ．考えてみれば，シュレーディンガー方程式を第4章でつくったとき，すでにエネルギーの式"運動エネルギー + ポテンシャル"を頭においていたのである．そこで，上の表にエネルギーの1次元版

$$\text{エネルギー} : \quad -\frac{\hbar^2}{2m}\frac{\partial^2}{\partial x^2}+V(x) \tag{6.4}$$

を加えよう．これを見ると，運動エネルギーのところには運動量にあたるらしい $-i\hbar\dfrac{\partial}{\partial x}$ の2乗がきているようではないか．そう考えて，運動量に $-i\hbar\dfrac{\partial}{\partial x}$ が対応することをひとまず納得すれば

$$\text{運動エネルギー}: \quad \frac{1}{2m}\times\left[\left(-i\hbar\frac{\partial}{\partial x}\right)^2\psi = -i\hbar\frac{\partial}{\partial x}\left(-i\hbar\frac{\partial}{\partial x}\psi\right)\right. \tag{6.5}$$

と考えることができるではないか．すなわち，運動量の $-i\hbar\dfrac{\partial}{\partial x}$ を2乗することは，$-i\hbar\dfrac{\partial}{\partial x}\psi(x)$ にもう一度 $-i\hbar\dfrac{\partial}{\partial x}$ を演算することだと見るのである．こう見れば，古典力学で運動エネルギー K を運動量 p で表わす式 $\dfrac{1}{2m}p^2$ との対応がみつかる．対応の鍵は，古典力学の量に，運動量なら $-i\hbar\dfrac{\partial}{\partial x}$ をというように，演算（いいかえれば，波動関数に対する作用）を対応させることである．そうすることで2乗が可能になった．そこで，運動量に対応する $-i\hbar\dfrac{\partial}{\partial x}$ を**微分演算子**（differential operator）という．

関数に演算する（いいかえれば作用する），という点では位置座標も同じで，x の関数 $\psi_t(x)$ に作用して新しい関数 $x\psi_t(x)$ に変える作用をしている

ということができる．そのように見たとき，位置座標に対応する x を**掛算演算子**（multiplication operator）という．位置エネルギーは，$V(x)$ を掛けるのであり，もしバネのポテンシャルのように $V(x) = \dfrac{k}{2} x^2$ なら x を2回掛けることになるので，運動エネルギーが微分演算子の2乗になったのと路線は異ならない．これも掛算演算子である．

一般に，**演算子**（operator）とは，与えられた関数に作用して新しい関数をつくりだすものである．微分演算子は，微分するから，新しい関数をつくる作用が目に見える．掛け算演算子も，同じことで，たとえば $\psi(x) = x$ という関数を $x\psi(x) = x^2$ に変え，やはり新しい関数をつくりだしている．この掛け算演算子を $\hat{x}$ と書くことがある．x と書くと（$x = 3.2$ のような）単なる数値と誤解される恐れがあるからだ（その心配がないときには x と書いてもよい）．運動量の演算子は $\hat{p}_x$ と書く．すなわち

$$\text{運動量の演算子}\ :\quad \hat{p}_x = -i\hbar \frac{\partial}{\partial x} \tag{6.6}$$
$$\text{位置座標の演算子}\ :\quad \hat{x} = x\cdot$$

ここで，x の後に「・」を書いたのは「x を掛ける」という意味である．

すでにエネルギーの演算子の作り方で例をみたが，量子力学において物理量を表わす演算子をつくるとき――ニュートン力学の物理量にならってつくるので――基本になるのは運動量の演算子と位置座標の演算子である．

(b) 演算子の積と交換関係

一般に，演算子 $\hat{A}$ と $\hat{B}$ の積 $\hat{A}\hat{B}$ は，与えられた関数 ψ にまず演算子 $\hat{B}$ を作用させ，つづけて $\hat{A}$ を作用させることと定める．すなわち

$$(\hat{A}\hat{B})\psi = \hat{A}(\hat{B}\psi) \quad \text{（演算子の積の定義）} \tag{6.7}$$

そうすると，一般に演算子の積は積の順序によって違ってくる．$\hat{A}\hat{B} \neq \hat{B}\hat{A}$ のとき，$\hat{A}$ と $\hat{B}$ は**非可換**（non-commutative）であるという．たとえば，

$$\hat{p}\hat{x}\psi(x) = -i\hbar \frac{\partial}{\partial x}(x\psi(x)) = -i\hbar\left(\psi(x) + x\frac{\partial \psi(x)}{\partial x}\right)$$

§6.1 物理量を表わす演算子

$$\hat{x}\hat{p}\psi(x) = x\left(-i\hbar\frac{\partial\psi(x)}{\partial x}\right)$$

であるから,辺々引いて

$$(\hat{p}\hat{x} - \hat{x}\hat{p})\psi(x) = -i\hbar\psi(x)$$

を得る.演算子の関係として書けば

$$\hat{p}\hat{x} - \hat{x}\hat{p} = -i\hbar \tag{6.8}$$

右辺は $-i\hbar$ を掛ける演算子とみる.演算子を結ぶ等号は,左辺と右辺の演算子を**どんな関数に作用させても**常に結果が等しいことをいっている.

一般に $\hat{A}\hat{B} - \hat{B}\hat{A}$ を $[\hat{A}, \hat{B}]$ と書き,演算子 $\hat{A}$ と $\hat{B}$ の**交換子** (commutator) あるいは**交換関係** (commutation relation) という.特に,運動量と位置座標の,つまり正準変数 (canonical variable) の交換関係 (6.8),

$$[\hat{p}, \hat{x}] = -i\hbar \tag{6.9}$$

を**正準交換関係** (canonical commutation relation) とよぶ.一般に,物理量は座標と運動量の関数として表わされるから,それらの交換関係は正準交換関係から導かれる.いうまでもなく $[\hat{B}, \hat{A}] = -[\hat{A}, \hat{B}]$ である.

(c) 物理量の時間微分

§5.5(d)で速度の平均値を計算する公式を求めた.そのときは (5.60),すなわち

$$\frac{d}{dt}\langle x\rangle_t = \frac{i}{\hbar}(\langle\psi_t, \hat{\mathcal{H}}x\psi_t\rangle - \langle\psi_t, x\hat{\mathcal{H}}\psi_t\rangle)$$

を具体的に計算したが,これは (6.6) も考慮して

$$\frac{d}{dt}\langle x\rangle_t = \frac{i}{\hbar}\langle\psi_t, [\hat{\mathcal{H}}\hat{x} - \hat{x}\hat{\mathcal{H}}]\psi_t\rangle$$

$$= \frac{i}{\hbar}\langle\psi_t, [\hat{\mathcal{H}}, \hat{x}]\psi_t\rangle \tag{6.10}$$

と書くこともできる.ここにも演算子の積が非可換であることの効果が現れている.

この交換関係は,正準交換関係を用いて計算することもできる.こうする

のだ：

$$[\hat{\mathcal{H}}, \hat{x}] = \left[\frac{1}{2m}\hat{p}^2 + V(\hat{x}), \ \hat{x}\right] = \frac{1}{2m}[\hat{p}^2, \hat{x}] + [V(\hat{x}), \hat{x}]$$

であるが，$[V(\hat{x}), \hat{x}] = 0$（可換）である．また

$$[\hat{p}^2, \hat{x}] = \hat{p}^2\hat{x} - \hat{x}\hat{p}^2 = \hat{p}(\hat{p}\hat{x} - \hat{x}\hat{p}) + (\hat{p}\hat{x} - \hat{x}\hat{p})\hat{p}$$
$$= \hat{p}[\hat{p}, \hat{x}] + [\hat{p}, \hat{x}]\hat{p}$$

として正準交換関係を用いれば

$$[\hat{p}^2, \hat{x}] = -2i\hbar\hat{p} \tag{6.11}$$

となるから

$$\frac{i}{\hbar}[\hat{\mathcal{H}}, \hat{x}] = \frac{1}{m}\hat{p} \tag{6.12}$$

となる．これを (6.10) に代入すれば (5.62) が得られる．

(5.66) も同様に計算される．実際，(5.64) は

$$\frac{d}{dt}\langle p \rangle_t = \frac{i}{\hbar}\langle \psi_t, \ [\hat{\mathcal{H}}, \hat{p}]\psi_t \rangle \tag{6.13}$$

と読めるが

$$[\hat{\mathcal{H}}, \hat{p}] = \left[\frac{1}{2m}\hat{p}^2 + V(\hat{x}), \ \hat{p}\right] = \frac{1}{2m}[\hat{p}^2, \hat{p}] + [V(\hat{x}), \hat{p}]$$

の最右辺で $[\hat{p}^2, \hat{p}] = 0$ であり，$[V(\hat{x}), \hat{p}]$ を任意の ψ に作用させると

$$[V(\hat{x}), \hat{p}]\psi(x) = -i\hbar\left\{V(x)\frac{d}{dx} - \frac{d}{dx}(V(x)\psi(x))\right\}$$
$$= i\hbar\frac{dV(x)}{dx}\psi(x)$$

となるので

$$[V(\hat{x}), \hat{p}] = i\hbar\frac{dV(\hat{x})}{d\hat{x}} \tag{6.14}$$

であることがわかる．右辺の導関数は $dV(x)/dx$ の x に演算子 $\hat{x}$ を代入したものを意味する．よって

$$[\hat{\mathcal{H}}, \hat{p}] = i\hbar\frac{dV(\hat{x})}{d\hat{x}} \tag{6.15}$$

も成り立ち，(6.13) は (5.66) を与える．

(d) 3次元空間における運動

これまで運動を直線上にかぎってきたが，これを3次元空間の運動に広げるのは直角座標を使えば容易である．波動関数は x, y, z の関数 $\psi_t(x, y, z)$ となる．シュレーディンガー方程式は

$$i\hbar \frac{\partial}{\partial t} \psi_t(x, y, z)$$
$$= \left\{ -\frac{1}{2m} \left(\frac{\partial^2}{\partial x^2} + \frac{\partial^2}{\partial y^2} + \frac{\partial^2}{\partial z^2} \right) + V(x, y, z) \right\} \psi_t(x, y, z) \tag{6.16}$$

である．そして，y 座標の平均値なら

$$\langle y \rangle_t = \int_{-\infty}^{\infty} dx \int_{-\infty}^{\infty} dy \int_{-\infty}^{\infty} dz \, \psi_t^*(x, y, z) \, y \psi_t(x, y, z) \tag{6.17}$$

で与えられる．その時間微分は，(5.62) をだしたのと同様にして

$$m \frac{d}{dt} \langle y \rangle_t = \left\langle \psi_t, -i\hbar \frac{\partial}{\partial y} \psi_t \right\rangle \tag{6.18}$$

となる．これが運動量の y 成分の平均値である．ただし，

$$\langle \psi, \chi \rangle = \int_{-\infty}^{\infty} dx \int_{-\infty}^{\infty} dy \int_{-\infty}^{\infty} dz \, \psi^*(x, y, z) \chi(x, y, z) \tag{6.19}$$

と定義する．

運動量の z 成分の平均値についても同様である．したがって，運動量ベクトルには演算子

$$\hat{\boldsymbol{p}} = -i\hbar \, \mathrm{grad}$$
$$= \left(-i\hbar \frac{\partial}{\partial x}, \; -i\hbar \frac{\partial}{\partial y}, \; -i\hbar \frac{\partial}{\partial z} \right) \tag{6.20}$$

が対応することになる．これを用いれば，シュレーディンガー方程式 (6.16) は

$$i\hbar \frac{\partial}{\partial t} \psi_t(\boldsymbol{r}) = \left\{ \frac{1}{2m} (\hat{p}_x^2 + \hat{p}_y^2 + \hat{p}_z^2) + V(x, y, z) \right\} \psi_t(\boldsymbol{r}) \tag{6.21}$$

と書かれる．そして，ニュートンの運動方程式に相当して

$$\frac{d}{dt}\langle \hat{\boldsymbol{p}} \rangle_t = \langle \psi_t, \ (-\operatorname{grad} V)\psi_t \rangle \qquad (6.22)$$

の成り立つことが証明される．

正準交換関係はどうなるか？　たとえば，

$$[\hat{p}_y, \hat{y}]\psi(x,y,z) = -i\hbar\Big(\frac{\partial}{\partial y} y - y \frac{\partial}{\partial y}\Big)\psi(x,y,z)$$

において

$$\frac{\partial}{\partial y} y\psi(x,y,z) = \psi(x,y,z) + y\frac{\partial \psi(x,y,z)}{\partial y}$$

であるから

$$[\hat{p}_y, \hat{y}]\psi(x,y,z) = -i\hbar\psi(x,y,z) \qquad (6.23)$$

となる．また

$$[\hat{p}_y, \hat{x}]\psi(x,y,z) = -i\hbar\Big(\frac{\partial}{\partial y} x - x\frac{\partial}{\partial y}\Big)\psi(x,y,z) = 0 \qquad (6.24)$$

$$[\hat{p}_y, \hat{p}_x]\psi(x,y,z) = (-i\hbar)^2\Big(\frac{\partial}{\partial y}\frac{\partial}{\partial x} - \frac{\partial}{\partial x}\frac{\partial}{\partial y}\Big)\psi(x,y,z) = 0 \qquad (6.25)$$

となる．

これらを演算子の関係として書けば，**正準交換関係**の 3 次元版

$$[\hat{p}_k, \hat{x}_l] = -i\hbar\delta_{kl}, \qquad [\hat{p}_k, \hat{p}_l] = 0, \qquad [\hat{x}_k, \hat{x}_l] = 0 \qquad (6.26)$$

が得られる．ただし，$k, l = x, y, z$ で成分を表わした．δ_{kl} は

$$\delta_{kl} = \begin{cases} 1 & (k = l) \\ 0 & (k \neq l) \end{cases} \qquad (6.27)$$

と定義され，クロネッカー (Kronecker) のデルタとよばれる．

さきにも述べたが，おもしろいことに，エネルギーや角運動量など古典力学の諸量が量子力学に引き継がれ，それらの表式の $x, p_x, \cdots$ を演算子 $\hat{x}$, $\hat{p}_x, \cdots$ でおきかえて得る演算子で表わされる．ただ，たとえば xp_x のような量は，量子力学に移すとき注意がいる．$\hat{x}$ と $\hat{p}_x$ が非可換だからである

(§6.3(a), (b)を参照). また, 量子力学には, 後に第9章で述べるスピンのように古典力学に対応のない —— したがって, $\hat{x}, \hat{p}, \cdots$ では表わせない —— 量も現われる.

[問] 角運動量. 古典力学では, 原点から r だけ離れた位置を運動量 p で走っている粒子の角運動量 L は, ベクトル積

$$L = r \times p \qquad (6.28)$$

として定義される (6-1図). 直角座標系で成分表示することにして, 位置ベクトルを $r = (x, y, z)$, 運動量を $p = (p_x, p_y, p_z)$ と書けば

$$L_x = yp_z - zp_y, \quad L_y = zp_x - xp_z,$$
$$L_z = xp_y - yp_x \qquad (6.29)$$

である. 対応する量子力学的な演算子は次のようになることを示せ:

6-1図 角運動量. 軌道面に垂直である.

$$\hat{L}_x = -i\hbar\left(y\frac{\partial}{\partial z} - z\frac{\partial}{\partial y}\right),$$
$$\hat{L}_y = -i\hbar\left(z\frac{\partial}{\partial x} - x\frac{\partial}{\partial z}\right), \quad \hat{L}_z = -i\hbar\left(x\frac{\partial}{\partial y} - y\frac{\partial}{\partial x}\right) \qquad (6.30)$$

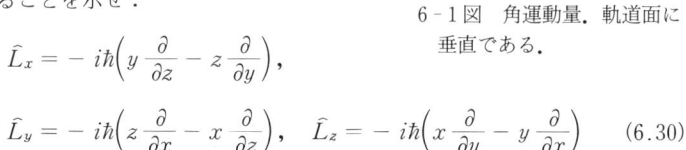

§6.2 状 態

(a) 因果律と予測目録

量子力学では, 任意の時刻 t_0 における系の波動関数が与えられると, シュレーディンガー方程式によって, 以後の任意の時刻における波動関数を予言することができる. この量子力学的な**因果律**については, §5.4で説明した.

量子力学では, 物理量 A を任意の時刻 t に測定するときの期待値 (平均値) は, 対応する量子力学的演算子 $\hat{A}$ とその時刻の系の波動関数 ψ_t とを用いて, 1次元の運動なら

$$\langle \hat{A} \rangle_t = \int_{-\infty}^{\infty} \psi_t^*(x)\,\hat{A}\psi_t(x)\,dx \tag{6.31}$$

によって予言され,3次元の運動では

$$\langle \hat{A} \rangle = \int_{全空間} \psi_t^*(\boldsymbol{r})\,\hat{A}\psi_t(\boldsymbol{r})\,d\tau \tag{6.32}$$

によって予言される.$d\tau$ は体積要素である.物理量 $\hat{A}$ は,どんなものでもよいのである.波動関数 ψ_t は,どんな物理量 $\hat{A}$ に対しても時刻 t の測定の平均値を (6.31),(6.32) によって予言する力をもっている.シュレーディンガーは波動関数 ψ_t を**予測目録** (Erwartungskatalog) とよんだ.

時刻 t_0 の波動関数 ψ_0 から,以後の任意の時刻 t の(1)波動関数がきまり(因果律),(2)任意の観測の結果について知りうる限りのすべて(確率)が知れること(予測目録)の2つの理由から,ψ_t は系の時刻 t における**状態** (state) を表わすという.ψ_t は**状態関数** (state function) ともよばれる.このことは,この章のはじめにも述べた.

[**注意**] 古典力学では,一質点の時刻 t における状態は位置座標 $\boldsymbol{r}(t)$ と運動量 $\boldsymbol{p}(t)$ の組(相空間の一点)で表わされた.それらを初期条件として任意の時刻 t' における値 $(\boldsymbol{r}(t'),\ \boldsymbol{p}(t'))$ が運動方程式から完全に決定されるし(古典力学的な因果律),時刻 t におけるどんな物理量の観測結果もそれらを用いて計算される.

(b) 内積とノルム

量子力学では,(6.31)や(6.32)のような積分がしばしば現れるので,記号 $\langle \cdot\,,\,\cdot \rangle$ を,1次元の運動に対しては

$$\langle \psi,\ \chi \rangle = \int_{-\infty}^{\infty} \psi^*(x)\,\chi(x)\,dx \tag{6.33}$$

によって,また3次元の運動に対しては,$d\tau$ を体積要素として

$$\langle \psi,\ \chi \rangle = \int_{全空間} \psi^*(\boldsymbol{r})\,\chi(\boldsymbol{r})\,d\tau \tag{6.34}$$

によって導入し*,これを ψ と χ の**内積** (inner product) とよぶ.$d\tau$ は体

---

* 以後,積分が全空間にわたるとき,それを示す「全空間」の添字は省略する.

§6.2 状態

積要素である．こうしておくと，(6.31) も (6.32) も

$$\langle \widehat{A} \rangle = \langle \psi_t, \widehat{A}\psi_t \rangle \tag{6.35}$$

と書かれる．この記号法の便利なことは，これまで何度も見たとおりである．

波動関数の規格化に現れる積分は $\langle \psi_t, \psi_t \rangle$ となるが，これを $\|\psi_t\|^2$ とも書く．そして

$$\|\psi\| = \sqrt{\int_{-\infty}^{\infty} |\psi(x)|^2 dx} \tag{6.36}$$

を ψ の**ノルム**（norm）とよぶ．規格化された波動関数のノルムは1である．一般にノルムは非負の実数であるが，内積は複素数である．

[**注意**] 内積 $\langle \psi, \chi \rangle$ を，しばしば $\langle \psi | \chi \rangle$ と書く．こうする場合，$\langle \psi, \widehat{A}\chi \rangle$ は $\langle \psi | \widehat{A} | \chi \rangle$ と書くことが多い．ディラックは $\langle \psi$ をブラ，$\chi \rangle$ をケットとよんだ．

積分 (6.33)，(6.34) を内積とよぶのは，n 次元ベクトル

$$\boldsymbol{a} = (a_1, a_2, \cdots, a_n), \quad \boldsymbol{b} = (b_1, b_2, \cdots, b_n) \quad (n = 1, 2, 3, \cdots)$$

の内積

$$\boldsymbol{a} \cdot \boldsymbol{b} = a_1 b_1 + a_2 b_2 + \cdots + a_n b_n \tag{6.37}$$

との類似による．この和が (6.33) 等では積分になっていると見るわけで，さらに言えば，関数 ψ の，たとえば $x = 2.7$ における値 $\psi(2.7)$ ならベクトル ψ の $x = 2.7$ 成分と見る．こうして，φ も ψ も連続無限個の成分をもつベクトルということになる．$\|\psi\|^2 = \langle \psi, \psi \rangle$ は $\boldsymbol{a}^2$ に当り，したがってノルム $\|\psi\|$ はベクトルの長さとみなされる．

そういえば，関数の和 $\varphi(x) + \psi(x)$ は，$x = 2.7$ のとき $\varphi(2.7) + \psi(2.7)$ を意味し，同じ $x = 2.7$ 成分を加えており，$\boldsymbol{a} + \boldsymbol{b}$ の第 k 成分が $a_k + b_k$ であるのと同工である．こうして状態関数をベクトルに見立てるとき**状態ベクトル**（state vector）という．

一般に φ_t と ψ_t が，それぞれ粒子 m の刻々の状態を表わすなら，任意の複素数 α, β を係数とする線形結合

$$a\varphi_t(x) + \beta\psi_t(x)$$

もシュレーディンガー方程式を満たし,規格化した上は m の刻々の状態でありうる.これはシュレーディンガー方程式の線形性から出る定理であるが,特に強調するときには,**重ね合せの原理**(principle of superposition)とよぶ.

波動関数の内積 (6.33), (6.34) は,確かに (6.37) に似ているが,$\langle\varphi, \psi\rangle$ の左側にある φ を,積分の中で,複素共役にして定義している点で違っている.これは,複素数値をとることもある ψ に対して

$$\|\psi\| = 0 \iff \psi(x) = 0 \ (\text{任意の } x \text{ に対して})$$

を要求するので,避けられない.この定義のために

$$\langle\psi, \varphi\rangle = \langle\varphi, \psi\rangle^* \tag{6.38}$$

となる.この内積は,左右のベクトルを入れ換えると複素共役に変わるのである.この違いにもかかわらず n 次元ベクトルとの類似は顕著であって,たとえば,$\boldsymbol{a}, \boldsymbol{b}$ はゼロ・ベクトルではないとして

$$\boldsymbol{a}\cdot\boldsymbol{b} = |\boldsymbol{a}||\boldsymbol{b}|\cos\theta \quad (\theta \text{ は } \boldsymbol{a} \text{ と } \boldsymbol{b} \text{ のなす角})$$

から得られるシュワルツの不等式

$$|\boldsymbol{a}\cdot\boldsymbol{b}| \leqq |\boldsymbol{a}||\boldsymbol{b}| \quad (\text{等号は } \boldsymbol{a}, \boldsymbol{b} \text{ が平行のとき})$$

は,$\psi, \varphi \neq 0$ のような波動関数の内積に対しても成り立つ:

$$|\langle\varphi, \psi\rangle| \leqq \|\varphi\|\|\psi\| \tag{6.39}$$

等号が成り立つのは,$\varphi(x)$ が $\psi(x)$ の定数倍のときである.このときベクトル φ, ψ は**平行**(parallel)であるということにしよう.

シュワルツの不等式は次のようにして証明される.任意の複素数 α に対して成り立つ

$$0 \leqq \|\alpha\psi + \varphi\|^2 = |\alpha|^2\|\psi\|^2 + \alpha\langle\varphi, \psi\rangle + \alpha^*\langle\psi, \varphi\rangle + \|\varphi\|^2 \tag{6.40}$$

において $\alpha = -\langle\varphi, \psi\rangle^*/\|\psi\|^2$ とおけば

$$\frac{|\langle\varphi, \psi\rangle|^2}{\|\psi\|^2} - 2\frac{|\langle\varphi, \psi\rangle|^2}{\|\psi\|^2} + \|\varphi\|^2 \geqq 0$$

となり,所要の不等式が得られる.等号が成り立つのは (6.40) で等号が成

§6.2 状態

り立つ α が存在するとき,すなわち φ と ψ が平行なときである.

もっと早く言うべきであったが

$$\text{波動関数は遠方で十分に速く 0 にいく} \tag{6.41}$$

を仮定する(**遠方での境界条件**).この仮定は,以前にも,(4.27) をはじめ,しばしば用いた.これからは,この仮定は当然のこととして,一々いわないことにする.シュワルツの不等式によれば,ψ と φ が $\|\psi\|$, $\|\varphi\|$ の積分が有限になるくらい遠方で速く減少していれば,それらの内積 (φ, ψ) の積分も有限になり,したがって $\psi + \varphi$ のノルムも有限になる.

2次元,3次元ベクトルの場合,ゼロ・ベクトルでない $\boldsymbol{a}$, $\boldsymbol{b}$ の内積がゼロとなるのは,両者が互いに直交しているときである.そこで,恒等的にゼロではない φ, ψ の内積がゼロのとき両者は**直交**(orthogonal)しているという.ψ が φ に直交し,φ と χ が平行なら,ψ と χ も直交している.

$\langle \psi, \psi \rangle < \infty$ なベクトルの全体は**ヒルベルト空間**(Hilbert space)をなすという.量子力学において,一つの質点の状態ベクトルの全体はヒルベルト空間をなす.

波動関数 ψ に対して

$$\psi_\perp = \psi - \frac{\langle \chi, \psi \rangle}{\|\chi\|^2} \chi \tag{6.42}$$

をつくると,これは χ に直交している.実際,

$$\langle \chi, \psi_\perp \rangle = \langle \chi, \psi \rangle - \langle \chi, \chi \rangle \frac{\langle \chi, \psi \rangle}{\|\chi\|^2} = 0$$

となる.そこで

$$\psi_\parallel = \frac{\langle \chi, \psi \rangle}{\|\chi\|^2} \chi \tag{6.43}$$

とおけば

$$\psi = \psi_\parallel + \psi_\perp$$

は,ψ を χ に平行なベクトルと垂直なベクトルに分解したことになる.前者を ψ の χ 方向への**正射影**(orthogonal projection)と

6-2図 ベクトルの正射影

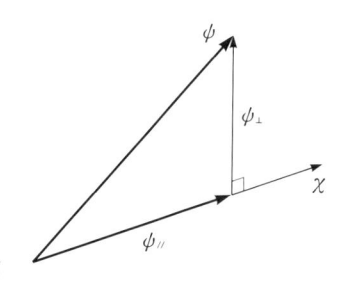

いう（6-2図）．

§6.3 観 測
（a） 演算子のエルミート性

§5.5(c) でハミルトニアン $\widehat{\mathcal{H}}$ が

$$\langle \varphi, \widehat{\mathcal{H}}\psi \rangle = \langle \widehat{\mathcal{H}}\varphi, \psi \rangle \qquad (\text{任意の } \varphi, \psi \text{ に対して}) \qquad (6.44)$$

をみたすことを見た．同様の性質は，位置座標も運動量ももっている．実際，1次元の場合でいうと，位置座標 $\widehat{x}$ についての

$$\langle \varphi, \widehat{x}\psi \rangle = \int_{-\infty}^{\infty} \varphi^*(x)\{x\psi(x)\}dx$$

$$= \int_{-\infty}^{\infty} \{x\varphi^*(x)\}\psi(x)\,dx = \langle \widehat{x}\varphi, \psi \rangle \qquad (6.45)$$

は自明に近い．運動量については

$$\langle \varphi, \widehat{p}\psi \rangle = \int_{-\infty}^{\infty} \varphi^*(x)\left\{-i\hbar\frac{d}{dx}\psi(x)\right\}dx$$

は，部分積分によって

$$\int_{-\infty}^{\infty} \varphi^*(x)\left\{-i\hbar\frac{d}{dx}\psi(x)\right\}dx$$

$$= -i\hbar\Big[\varphi^*(x)\psi(x)\Big]_{-\infty}^{\infty} + i\hbar\int_{-\infty}^{\infty}\frac{d\varphi^*(x)}{dx}\psi(x)\,dx$$

となるが，$[\cdots]_{-\infty}^{\infty}$ は境界条件 (6.41) によって 0 であり，残りの積分は

$$\int_{-\infty}^{\infty}\left\{-i\hbar\frac{d}{dx}\varphi(x)\right\}^*\psi(x)\,dx = \langle \widehat{p}\varphi, \psi \rangle$$

となるので

$$\langle \varphi, \widehat{p}\psi \rangle = \langle \widehat{p}\varphi, \psi \rangle \qquad (\text{任意の } \varphi, \psi \text{ に対して}) \qquad (6.46)$$

がいえた．

一般に，任意の波動関数 ψ, φ に対して

$$\langle \varphi, \widehat{A}\psi \rangle = \langle \widehat{A}\varphi, \psi \rangle \qquad (6.47)$$

が成り立つとき，演算子 $\widehat{A}$ は**エルミート的**（Hermitian）であるという．

これは，どんな演算子でももつ性質ではない．たとえば，$\widehat{x}\widehat{p}$ という演算

§6.3 観 測

子は

$$\langle \varphi, \hat{x}\hat{p}\psi \rangle = \langle \hat{x}\varphi, \hat{p}\psi \rangle = \langle \hat{p}\hat{x}\varphi, \psi \rangle \tag{6.48}$$

となり，$\hat{p}\hat{x} \neq \hat{x}\hat{p}$ であるから，エルミート的ではない．

そこで，演算子 $\hat{A}$ をとり，任意の波動関数 φ, ψ に対して

$$\langle \varphi, \hat{A}\psi \rangle = \langle \hat{B}\varphi, \psi \rangle \tag{6.49}$$

となる演算子 $\hat{B}$ を $\hat{A}$ の**エルミート共役**(Hermitian conjugate) といって，$\hat{A}^\dagger$ と書く．(6.48)の例でいえば $(\hat{x}\hat{p})^\dagger = \hat{p}\hat{x}$ である．

念のために，(6.49)で演算子 $\hat{B}$ が一つに定まることを確かめておこう．いま，任意の ψ に対して

$$\langle \varphi, \hat{A}\psi \rangle = \langle \chi, \psi \rangle \tag{6.50}$$

を満たす χ が 2 つあったとして，それらを χ_1, χ_2 としよう．そうすると

$$\langle \chi_1, \psi \rangle = \langle \chi_2, \psi \rangle$$

となるから，移項して

$$\langle (\chi_1 - \chi_2), \psi \rangle = 0$$

がいえる．ψ は任意であったから $\psi = \chi_1 - \chi_2$ にとれば

$$\langle (\chi_1 - \chi_2), (\chi_1 - \chi_2) \rangle = 0$$

となり，$\|\chi_1 - \chi_2\| = 0$．すなわち，$\chi_1 - \chi_2$ は 0 ベクトルである．よって，$\chi_1 = \chi_2$．すなわち，任意の ψ に対して常に (6.50) を成り立たせる χ は 1 つしかない．φ ごとにこのような χ が 1 つ定まるので，これは

$$\chi = \hat{B}\varphi$$

となる演算子 $\hat{B}$ が定まることにほかならない．この $\hat{B}$ が $\hat{A}^\dagger$ である．

[**注意**] 行列 $\begin{pmatrix} a_{11} & a_{12} & \cdots \\ a_{21} & a_{22} & \\ \vdots & & \ddots \end{pmatrix}$ のエルミート共役は $\begin{pmatrix} a_{11}^* & a_{21}^* & \cdots \\ a_{12}^* & a_{22}^* & \\ \vdots & & \ddots \end{pmatrix}$ と定義した．すなわち，行列 $A = (a_{ij})$ に対して $A^\dagger = (b_{ij})$ とおけば $b_{ij} = a_{ji}^*$ であった．

演算子の場合にも

$$\langle \varphi, \hat{A}\psi \rangle = \langle \hat{A}^\dagger \varphi, \psi \rangle = \langle \psi, \hat{A}^\dagger \varphi \rangle^*$$

であるから

$$\langle \psi, \hat{A}^\dagger \varphi \rangle = \langle \varphi, \hat{A}\psi \rangle^* \tag{6.51}$$

が成り立っている．φ, ψ が行列要素の足 i, j に対応している．

[問] 演算子 $\hat{A}$, $\hat{B}$ の和に対しては

$$(\alpha\hat{A} + \beta\hat{B})^\dagger = \alpha^*\hat{A}^\dagger + \beta^*\hat{B}^\dagger \tag{6.52}$$

が成り立つ．ただし，α, β は複素数である．積に対しては

$$(\hat{A}\hat{B})^\dagger = \hat{B}^\dagger \hat{A}^\dagger \tag{6.53}$$

が成り立つ．これらを確かめよ．

§6.1(c) で定義した角運動量の演算子 (6.30) はエルミート的である．実際，$\hat{L}_x = \hat{y}\hat{p}_z - \hat{z}\hat{p}_y$ であるから，(6.53) からでる関係

$$(\hat{L}_x)^\dagger = (\hat{y}\hat{p}_z)^\dagger - (\hat{z}\hat{p}_y)^\dagger$$
$$= \hat{p}_z^\dagger \hat{y}^\dagger - \hat{p}_y^\dagger \hat{z}^\dagger$$

に座標と運動量の演算子がエルミート的であること（たとえば，$\hat{p}_z^\dagger = \hat{p}_z$）を用いて

$$\hat{L}_x^\dagger = \hat{p}_z\hat{y} - \hat{p}_y\hat{z}$$

となるが，$\hat{r}$ と $\hat{p}$ の異なる座標軸成分は交換するから（正準交換関係 (6.26) を参照）

$$\hat{L}_x^\dagger = \hat{L}_x \tag{6.54}$$

が成り立つ．よって，$\hat{L}_x$ はエルミート的である．y, z 成分についても同様．

先に演算子 $\hat{x}\hat{p}_x$ がエルミート的でないことを見た．この場合，

$$\hat{Q} = \frac{1}{2}(\hat{x}\hat{p}_x + \hat{p}_x\hat{x}) \tag{6.55}$$

とすればエルミート的になる．このようにすることを演算子の積の**対称化** (symmetrization) という．

（b） 物理量とエルミート演算子

　系が状態 ψ にあるとき，物理量 $\hat{A}$ を測定すると*，一般にはいろいろな値が得られる．すなわち，同じ状態 ψ にある系を沢山用意して $\hat{A}$ の測定をすると，一般には系ごとに違った値が得られる．それらの測定値の**平均値**（mean value）は，くり返し言うとおり——ψ は規格化されているとして

$$\langle \hat{A} \rangle_\psi = \langle \psi, \hat{A}\psi \rangle \tag{6.56}$$

となる．これは，実数値のはずだから

$$\langle \psi, \hat{A}\psi \rangle^* = \langle \psi, \hat{A}\psi \rangle$$

が成り立つべきだが，左辺は $\langle \hat{A}\psi, \psi \rangle$ に等しいから

$$\langle \psi, \hat{A}\psi \rangle = \langle \hat{A}\psi, \psi \rangle \tag{6.57}$$

が成り立つ．これは，$\hat{A}$ が物理量であるならば，どんな状態においても成り立たねばならない．このことから，$\hat{A}$ はエルミート演算子でなければならないことが次のようにして導かれる．

　いま，$\psi = \varphi + \chi$ とおいてみよう．ψ は任意だから φ も χ も任意である．(6.57) に代入すれば

$$\langle \varphi, \hat{A}\varphi \rangle + \langle \chi, \hat{A}\chi \rangle + \langle \varphi, \hat{A}\chi \rangle + \langle \chi, \hat{A}\varphi \rangle$$
$$= \langle \hat{A}\varphi, \varphi \rangle + \langle \hat{A}\chi, \chi \rangle + \langle \hat{A}\varphi, \chi \rangle + \langle \hat{A}\chi, \varphi \rangle$$

となるが，φ, χ のそれぞれについて (6.57) が成り立つから

$$\langle \varphi, \hat{A}\chi \rangle + \langle \chi, \hat{A}\varphi \rangle = \langle \hat{A}\varphi, \chi \rangle + \langle \hat{A}\chi, \varphi \rangle$$

が得られる．次に，(6.57) で $\psi = \varphi + i\chi$ とおけば，同様にして

$$\langle \varphi, \hat{A}\chi \rangle - \langle \chi, \hat{A}\varphi \rangle = \langle \hat{A}\varphi, \chi \rangle - \langle \hat{A}\chi, \varphi \rangle$$

が得られる．これらの式を辺々加えれば

$$\langle \varphi, \hat{A}\chi \rangle = \langle \hat{A}\varphi, \chi \rangle \tag{6.58}$$

となる．これが任意の φ, χ に対して成り立つのだから $\hat{A}$ はエルミート的である！

　こうして，**物理量を表わす演算子はエルミート的でなければならないこと**

＊　時刻 t において，というべきであるが，ここでの話はすべてがそうなので，省略する．

がわかった．さいわい，これまで出会った物理量——位置座標，運動量，エネルギー，角運動量——の演算子はどれもエルミート的であった．

（c） 固有値問題

同じ状態に用意した多くの系について，物理量 $\hat{A}$ の測定をすると，一般に測定値はいろいろになる．測定値の，平均値のまわりのバラツキは

$$\varDelta\hat{A} = (測定値) - (平均値)$$

の2乗の平均値（**分散**，variance），すなわち

$$\langle(\varDelta\hat{A})^2\rangle_\psi = \langle\psi, (\hat{A}-\langle\hat{A}\rangle_\psi)^2\psi\rangle, \qquad \langle\hat{A}\rangle_\psi = \langle\psi, \hat{A}\psi\rangle \quad (6.59)$$

で与えられる．これが大きければ，測定値は本当にさまざまになる．反対に，これが小さければ，測定値は平均値のまわりに集中する．大きくなるか，小さくなるかは，状態 ψ によってきまるのだ．

それなら，測定値に分散が全くないような状態はあるか？ $\psi = u$ がそのような状態であるとすれば，(6.59) は 0 となる．$\hat{A}$ がエルミート演算子であること，したがって $\langle\hat{A}\rangle$ が実数であることを用いると，$\hat{A} - \langle\hat{A}\rangle$ もエルミート演算子になるから，(6.59) は

$$\langle(\hat{A}-\langle\hat{A}\rangle_u)u, (\hat{A}-\langle\hat{A}\rangle_u)u\rangle = 0 \quad (6.60)$$

を与える．物理量 $\hat{A}$ の測定値に分散がないような状態では $(\hat{A} - \langle\hat{A}\rangle_u)u$ がゼロ・ベクトルになる．すなわち，

$$\hat{A}u = au \quad (6.61)$$

が成り立たなければならない．a は何かある数値である．この式が成り立っていれば，当然 $a = \langle u, \hat{A}u\rangle$ となるから a は状態 u における $\hat{A}$ の測定値の平均値になる．いま，測定値にバラツキがないのだから a は測定値そのものである．状態 u で $\hat{A}$ を測定すれば，確実に値 a が得られる．

われわれは (6.61) の形の方程式を解いたことがある．§4.2 の水素原子の問題である．そのときは，この形の式から一連の a の値が定まった．a の勝手な値に対して常に解があるというわけにはいかなかった．すぐ後に解く例からも想像されるように，(6.61) の形の方程式は $\hat{A}$ できまる一連の限ら

§6.3 観 測

れた a の値に対してしか解をもたない．そのような a の値を $\widehat{A}$ の**固有値**（eigenvalue）といい，u を固有値 a に属する**固有関数**（eigenfunction）という．この方程式の問題は**固有値問題**（eigenvalue problem）とよばれる．

（**d**）　固有値問題の解の性質

簡単な例をひとつ解いてみよう．

［**例題**］　$x = 0, L$ にそびえる剛体壁の間を運動する質量 m の質点を考える．そのエネルギーの測定値に分散がないような状態 u を求めよ．エネルギーの測定値はいくらか？

剛体壁とは，ポテンシャルでいえば

$$V(x) = \begin{cases} 0 & (0 \leq x \leq L) \\ \infty & x < 0, \quad x > L \end{cases} \tag{6.62}$$

となる．

［**解**］　エネルギーの演算子は

$$\widehat{\mathcal{H}} = -\frac{\hbar^2}{2m}\frac{d^2}{dx^2} + V(x) \tag{6.63}$$

であるが，エネルギーの測定値に分散がないということで，(6.61) は

$$\left.\begin{array}{l} 0 \leq x \leq L \text{ では}: \quad -\dfrac{\hbar^2}{2m}\dfrac{d^2}{dx^2}u(x) = Eu(x) \\ x < 0, \quad x > L \text{ では}: \quad u(x) = 0 \end{array}\right\} \tag{6.64}$$

を与える．ただし，(6.61) の a を E と書いた．$x < 0, \ x > L$ で $u(x) = 0$ となるのは $V(x) = \infty$ だからである．それにつながるために

$$u(0) = u(L) = 0 \tag{6.65}$$

でなければならない．

念のために言えば，われわれの問題にする粒子のエネルギーは，結局

$$\widehat{\mathcal{H}} = -\frac{\hbar^2}{2m}\frac{d^2}{dx^2} \tag{6.66}$$

で表わされ，この演算子は

$$0 \leq x \leq L \quad \text{で定義され} \quad u(0) = u(L) = 0 \tag{6.67}$$

であるような関数に作用するということになる．この演算子に対して固有値問題

$$\hat{\mathcal{H}}u = Eu \tag{6.68}$$

を解くことがわれわれの問題であり，E がエネルギーの測定で得られる値である．

エネルギーの測定を論ずる前に，この演算子がエルミート的であることを確かめておこう．(6.67) を満たす任意の関数 $\varphi(x)$, $\psi(x)$ に対して

$$\langle \varphi, \hat{\mathcal{H}}\psi \rangle = \langle \hat{\mathcal{H}}\varphi, \psi \rangle \tag{6.69}$$

を確かめるのだから，$\hat{\mathcal{H}}$ から $-\hbar^2/2m$ をはずして

$$\int_0^L \varphi^*(x)\left(\frac{d^2\psi(x)}{dx^2}\right)dx = \int_0^L \left(\frac{d^2\varphi(x)}{dx^2}\right)^* \psi(x)\,dx$$

を確かめればよい．それには

$$\int_0^L \left(\varphi^*\frac{d^2\psi}{dx^2} - \frac{d^2\varphi^*}{dx^2}\psi\right)dx = \int_0^L \frac{d}{dx}\left(\varphi^*\frac{d\psi}{dx} - \frac{d\varphi^*}{dx}\psi\right)dx = \left[\varphi^*\frac{d\psi}{dx} - \frac{d\varphi^*}{dx}\psi\right]_0^L$$

が (6.67) の境界条件によって 0 となることに注意すればよい．

さて，(6.64) の $0 \leq x \leq L$ における一般解は，$E > 0$ ならば，A, B を任意定数として

$$u(x) = A\sin\sqrt{\frac{2mE}{\hbar^2}}\,x + B\cos\sqrt{\frac{2mE}{\hbar^2}}\,x$$

となるが，境界条件 (6.65) から

$$B = 0, \quad \sqrt{\frac{2mE}{\hbar^2}}\,L = n\pi \quad (n = 1, 2, \cdots)$$

と定まる．したがって

$$E_n = \frac{\pi^2\hbar^2}{2mL^2}\,n^2 \quad (n = 1, 2, \cdots) \tag{6.70}$$

ただし，n を E の番号として添えた．これが $\hat{\mathcal{H}}$ の固有値で，エネルギーの測定値として得られる値である．対応する波動関数は，やはり番号 n を添えて

$$u_n(x) = A\sin\frac{n\pi}{L}x \quad (n = 1, 2, \cdots)$$

となる．規格化の積分は

$$|A|^2 \int_0^L \sin^2\frac{n\pi}{L}x\,dx = \frac{|A|^2}{2}\int_0^L\left(1 - \cos\frac{2n\pi}{L}x\right)dx = \frac{|A|^2 L}{2}$$

であるから $|A| = \sqrt{2/L}$．$|A|$ の位相に物理的な意味はないので，A を実数にとり

§6.3 観測

$$u_n(x) = \sqrt{\frac{2}{L}} \sin \frac{n\pi}{L} x \tag{6.71}$$

としてよい．これが $\widehat{\mathcal{A}}$ の固有関数である． (例題解終り)

くり返しになるが，この例も示すように，固有値方程式 (6.61) は，一般に a の一連の特別の値に対してしか解をもたない．その特別の値を演算子 $\widehat{A}$ の固有値といい，対応する波動関数を固有関数というのだった．上の例でもそうだったが，固有値をきめる問題では波動関数のみたすべき境界条件が決定的である．したがって，方程式と境界条件を組にして固有値問題という．

上の例で得られた固有関数 $u_n(x)$ の集合 $\{u_n(x)\}$ は著しい性質をもっている．第一に，異なる固有値に属する固有関数は直交する：

$$\int_0^L \sin \frac{n\pi x}{L} \sin \frac{n'\pi x}{L} dx$$
$$= \frac{1}{2} \int_0^L \left(\cos \frac{(n-n')\pi x}{L} - \cos \frac{(n+n')\pi x}{L} \right) dx = 0 \quad (n \neq n')$$

したがって，規格化を考慮すれば

$$\int_0^L u_{n'}{}^*(x) u_n(x) dx = \delta_{nn'} \tag{6.72}$$

が成り立つ．ここに，$\delta_{nn'}$ は (6.27) でもお目にかかったクロネッカーのデルタである．

第二に，それは $0 \leq x \leq L$ の任意の関数 $\psi(x)$ を

$$\psi(x) = \sum_{n=1}^{\infty} \gamma_n \sqrt{\frac{2}{L}} \sin \frac{n\pi x}{L} \tag{6.73}$$

の形に展開する力がある．固有関数は，それだけ沢山あるということだ．事実，これは $\psi(x)$ のフーリエ展開として知られている (6-3図)．(6.72) を考慮すれば，展開係数は

$$\gamma_n = \sqrt{\frac{2}{L}} \int_0^L \psi(x) \sin \frac{n\pi x}{L} dx \tag{6.74}$$

で与えられる．

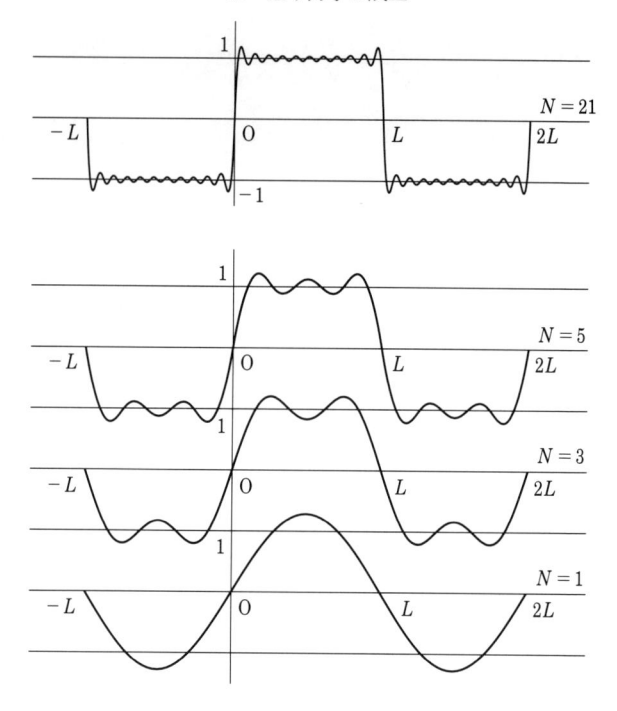

6-3図 フーリエ展開の例.箱型の関数 $\phi(x) = 1$, $(0 \leq x \leq L)$ の展開を例に,部分和 $\sum_{n=1}^{N} \gamma_n u_n(x)$ が,N が増すにつれて,$\phi(x)$ に近づいて行くさまを示す.$u_n(x) = 0$ となる $x = 0, L$ に注目!

(6.72)の性質を固有関数の集合 $\{u_n(x)\}$ の正規直交性といい,(6.73)の展開の力を完全性という.$\{u_n(x)\}$ は,これらの著しい性質をもつので**完全正規直交系**(complete orthonormal system)をなすという.

一般に,エルミート演算子の固有関数の全体は完全正規直交系をなすことが知られている.なお,後の§7.6(d)を参照.

[問] エルミート演算子の,異なる固有値に属する固有関数は互いに直交することを示せ.

[ヒント: $\langle u_m, \hat{A} u_n \rangle = \langle \hat{A} u_m, u_n \rangle$ から $(a_n - a_m)\langle u_m, u_n \rangle$ を求める.]

§4.2(b)で水素原子のエネルギーに対する固有値問題を解いたが，そこで得た固有関数だけでは，とうてい完全系はできない．もっと沢山の固有解があるはずである．それらは第10章で求める．

（e） 測定値と確率

水素原子のエネルギーを測って $E_n = -I/n^2$ 以外の値を得ることはない．どんな状態で測っても水素原子の線スペクトルは同じである．

一般に，物理量 $\hat{A}$ の測定をすると，得られるのは $\hat{A}$ の固有値のいずれかで，ただ，そのどれが得られるかが確率的なのである．

では，状態 ψ で $\hat{A}$ の測定をしたとき，固有値 a_n が得られる確率はいくらか？

それを考えるのに $\hat{A}$ の固有関数の完全正規直交性が役に立つ．$\hat{A}$ の固有値 a_n に属する固有関数を u_n としよう（$n = 0, 1, 2, \cdots$）．状態 ψ を固有関数で展開して

$$\psi = \sum_{n=0}^{\infty} \gamma_n u_n \tag{6.75}$$

としよう．固有関数系の正規直交性 $\langle u_m, u_n \rangle = \delta_{nm}$ から

$$\gamma_n = \langle u_n, \psi \rangle \quad (n = 0, 1, 2, \cdots) \tag{6.76}$$

となる．ψ は規格化されているとすれば

$$1 = \langle \psi, \psi \rangle = \sum_{n=0}^{\infty} \sum_{m=0}^{\infty} \gamma_m{}^* \gamma_n \langle u_m, u_n \rangle$$

となるが，固有関数系の正規直交性 $\langle u_m, u_n \rangle = \delta_{nn'}$ から

$$1 = \sum_{n=0}^{\infty} \sum_{m=0}^{\infty} \gamma_m{}^* \gamma_n \delta_{nm} = \sum_{n=0}^{\infty} |\gamma_n|^2$$

が得られる．よって

$$\sum_{n=0}^{\infty} |\gamma_n|^2 = 1 \tag{6.77}$$

固有関数展開（6.75）を用いて，$\hat{A}$ を測定したときの期待値（平均値）を計算すると

$$\langle \psi, \widehat{A}\psi \rangle = \sum_{n=0}^{\infty} \sum_{m=0}^{\infty} \gamma_m{}^* \gamma_n \langle u_m, \widehat{A}u_n \rangle$$

$$= \sum_{n=0}^{\infty} \sum_{m=0}^{\infty} \gamma_m{}^* \gamma_n a_n \langle u_m, u_n \rangle$$

となるから，再び固有関数系の正規直交性から

$$\langle \widehat{A} \rangle_\psi = \sum_{n=0}^{\infty} |\gamma_n|^2 a_n$$

が得られる．

同じ計算は $\widehat{A}$ の k 乗，すなわち $\widehat{A}^k$ に対しても行うことができて

$$\langle \widehat{A}^k \rangle_\psi = \sum_{n=0}^{\infty} |\gamma_n|^2 a_n{}^k \qquad (k = 1, 2, \cdots) \tag{6.78}$$

が得られる．この結果から，(6.77) を考慮して

状態 ψ で $\widehat{A}$ の測定をするとき測定値 a_n を得る確率は $|\gamma_n|^2$ である．
γ_n は (6.76) に与えられている． (6.79)

とする．

§6.4 不確定性関係

物理量（を表わす演算子）が非可換であるという事態は，古典物理学にはなかった．これは，どんな物理的効果をもつのだろうか？ 最も簡単な位置座標と運動量について考えてみよう．それらは，まずは1次元の場合でいえば

$$[\widehat{p}, \widehat{x}] = -i\hbar \tag{6.80}$$

という交換関係にしたがうのであった．

いま，状態 ψ で観測をするものとしよう．もっとも，位置の観測をすれば，波束は位置の固有関数に収縮し，運動量の観測をすれば運動量の固有関数に収縮して，いずれにしても状態が変ってしまうから，同じ状態 ψ にある系を多数用意して，その半数に対しては位置の観測をし，残りの半数に対しては運動量の観測をするものとしておく．

位置と運動量の観測の期待値（平均値）は

§6.4 不確定性関係

$$\langle \hat{x} \rangle = \langle \psi, \hat{x}\psi \rangle, \qquad \langle \hat{p} \rangle = \langle \psi, \hat{p}\psi \rangle \tag{6.81}$$

である．そこで，平均値からのズレ

$$\Delta \hat{x} = \hat{x} - \langle \hat{x} \rangle, \qquad \Delta \hat{p} = \hat{p} - \langle \hat{p} \rangle \tag{6.82}$$

を考えよう．これらも (6.80) と同じ交換関係にしたがう：

$$[\Delta \hat{p}, \Delta \hat{x}] = -i\hbar \tag{6.83}$$

そこで，$\hat{x}$ と $\hat{p}$ の測定値の標準偏差

$$\Delta x = \sqrt{\langle \psi, (\Delta \hat{x})^2 \psi \rangle}, \qquad \Delta p = \sqrt{\langle \psi, (\Delta \hat{p})^2 \psi \rangle} \tag{6.84}$$

に対して，任意の状態 ψ で

$$\Delta x \, \Delta p \geq \frac{\hbar}{2} \tag{6.85}$$

が成り立つことを示そう．これは**不確定性関係**（uncertainty relation）とよばれ，量子力学の世界には位置と運動量の両方が確定した状態は存在しないことを示している．そればかりか，位置の測定値のバラツキと運動量の測定値のバラツキが，互いに（少なくとも）反比例の関係にあるというのである．

(6.85) を証明しよう．それには任意の実数 a に対して $(\Delta \hat{x} + ia\Delta \hat{p})\psi$ の自身との内積が非負であることを用いる．$\Delta \hat{x}, \Delta \hat{p}$ がエルミート的であることを用いると

$$\langle (\Delta \hat{x} + ia\Delta \hat{p})\psi, (\Delta \hat{x} + ia\Delta \hat{p})\psi \rangle$$
$$= \langle \psi, (\Delta \hat{x} - ia\Delta \hat{p})(\Delta \hat{x} + ia\Delta \hat{p})\psi \rangle \tag{6.86}$$

となり

$$右辺 = \langle \psi, \{(\Delta \hat{x})^2 - ia[\Delta \hat{p}, \Delta \hat{x}] + a^2(\Delta \hat{p})^2\}\psi \rangle \geq 0$$

となるが，交換関係 (6.83) から

$$\langle \psi, (\Delta \hat{x})^2 \psi \rangle - a\hbar + a^2 \langle \psi, (\Delta \hat{p})^2 \psi \rangle \geq 0$$

が得られる．これは a の 2 次式が非負であることを言っているので，判別式を書けば

$$\langle \psi, (\Delta \hat{x})^2 \psi \rangle \langle \psi, (\Delta \hat{p})^2 \psi \rangle \geq \left(\frac{\hbar}{2}\right)^2 \tag{6.87}$$

となり，(6.85) に到達する．

こうして，不確定性関係は座標と運動量の演算子が交換しないことの帰結である．単に数学的事実と思われかねない演算子の非可換性が意外な，そして重大な物理的効果をもたらした．

[問] 波束

$$\psi(x) = \sqrt{\frac{a}{\pi}} \exp\left[-\frac{a}{2}(x-a)^2\right] e^{ibx} \qquad (6.88)$$

について，$\hat{x}$ と $\hat{p}$ の平均値と標準偏差を計算せよ．

不確定性関係は，上の証明からわかるとおり，正準交換関係 (6.26) からくるものだから，Δx と Δp_x，Δy と Δp_y のように位置ベクトルと運動量ベクトルの同じ方向の成分の間には

$$\Delta x \Delta p_x \geq \frac{\hbar}{2}, \qquad \Delta y \Delta p_y \geq \frac{\hbar}{2}, \qquad \Delta z \Delta p_z \geq \frac{\hbar}{2} \qquad (6.89)$$

のとおり成り立つが，Δx と Δp_y のように異なる方向の成分の間には成り立たない．位置ベクトルと運動量ベクトルの異なる方向の成分は同時に任意の精度で決定できる．

ハイゼンベルクによれば，位置と運動量の不確定性関係は光の粒子性・波動性の二重性の結果である．光を用いて粒子の位置を Δx の精度で観測しようとすれば，光の波動性により波長 $\lambda < \Delta x$ の光を使わなければならない．しかし，光は運動量 $2\pi\hbar/\lambda$ をもつ粒子として物質と相互作用するのであって，これが観測の際に粒子に当たるので粒子の運動量が $\Delta p \sim 2\pi\hbar/\lambda$ くらい乱される．よって $\Delta x \Delta p \sim 2\pi\hbar$．ハイゼンベルクは，粒子の位置と運動量の測定法を ── 光を用いない方法も含めて ── 広く検討し，不確定性関係はついに破れないことを結論した．

問　　　題

1. 関数列 $\psi_1(x)$, $\psi_2(x)$, $\cdots$, $\psi_N(x)$ があるとき，x の変域のいたるところで
$$a_1\psi_1(x) + a_2\psi_2(x) + \cdots + a_N\psi_N(x) = 0$$
となるのが $a_1 = a_2 = \cdots = a_N = 0$ のときに限るなら $\psi_1(x)$, $\psi_2(x)$, $\cdots$, $\psi_N(x)$ は **1次独立** (linearly independent) であるという．

   （a） $\psi_1(x)$, $\psi_2(x)$ が1次独立なら $\psi_2'(x) = \psi_2(x) - b_1\psi_1(x)$ を適当に選んで $\psi_2'(x)$ が $\psi_1(x)$ に垂直になるようにできることを示せ．

   （b） $\psi_1(x)$, $\psi_2(x)$, $\psi_3(x)$ が1次独立ならば，適当な線形結合 ψ_2', ψ_3' をつくり，$\psi_1(x)$, $\psi_2'(x)$, $\psi_3'(x)$ のどの2つも互いに直交するようにできることを示せ．

   （c） （b）は一般化できるか？

2. 3次元の極座標系で書いた次の関数は互いに直交することを示せ．
$$u = e^{-r/a}, \qquad v = re^{-r/2a}\sin\theta\, e^{i\phi}, \qquad w = \left(1 - \frac{r}{6a}\right)re^{-r/3a}\sin\theta\, e^{i\phi}$$

3. 不確定性関係 $\Delta x \Delta p \geq \hbar/2$ が等号で成り立つのはどういう場合か？

4. 本文では，自由粒子のエネルギーの演算子 $\widehat{\mathcal{H}} = -\dfrac{\hbar^2}{2m}\dfrac{d^2}{dx^2}$ を剛体壁の境界条件 $\psi(0) = \psi(L) = 0$（**ディリクレ境界条件**（Dirichlet boundary condition）ともいう）をつけて定義した．それを**周期性境界条件**（periodic boundary condition）
$$\psi(0) = \psi(L), \qquad \frac{d\psi}{dx}(0) = \frac{d\psi}{dx}(L)$$
に変えてみよう．

   （a） $\widehat{\mathcal{H}}$ はエルミート的であることを示せ．

   （b） $\widehat{\mathcal{H}}$ の固有値問題を解け．

   （c） 異なる固有値に属する固有関数は直交することを確かめよ．

   （d） 固有関数の全体は完全系をなすだろうか？

5. 角運動量の z 成分の演算子 $\widehat{L}_z = \widehat{x}\widehat{p}_y - \widehat{y}\widehat{p}_x$ について：

（a） これを平面極座標系 (r, ϕ) で表わせ．

（b） この演算子には，どのような境界条件が適当か？

（c） その境界条件をつけると $\hat{L}_z$ はエルミート的になるか？

（d） $\hat{L}_z$ の固有値，固有関数をすべて求めよ．

（e） $\hat{L}_z{}^2 = -\hbar^2\left[r^2\Delta_2 - \left(r\dfrac{d}{dr}\right)^2\right]$ を示せ．Δ_2 は 2 次元のラプラシアンである．これから

$$-\frac{\hbar^2}{2m}\Delta_2 = -\frac{\hbar^2}{2m}\left(\frac{d^2}{dr^2} + \frac{1}{r}\frac{d}{dr}\right) + \frac{\hat{L}_z{}^2}{2mr^2}$$

が得られる．

7 井戸型ポテンシャル

　量子力学的存在を，井戸型ポテンシャルという最も簡単なポテンシャルの場において，その振舞を調べてみよう．井戸に閉じこめられた状態のエネルギーは，とびとびの値に限られる．いや，閉じこめられたというのは正確ではない．量子力学的な粒子は，井戸の壁に染みこむのだ．ポテンシャルの障壁に当たれば，これにも染みこむ．染み通って反対側に現れることさえある．

　ポテンシャルの井戸があると，粒子の定常状態は，その中に閉じこめられた束縛状態のほかに外まで自由に飛び回る散乱状態がある．束縛状態のエネルギーは離散的だが，散乱状態のエネルギーは連続的である．両者の固有関数をあわせて，全体が完全系をなす．

§7.1 定常状態

　エネルギーを表わす演算子を**ハミルトニアン**（Hamiltonian）という．ポテンシャル $V(\boldsymbol{r})$ の場を運動する質量 m の粒子のハミルトニアンは，Δ をラプラシアンとして

$$\widehat{\mathcal{H}} = -\frac{\hbar^2}{2m}\Delta + V(\widehat{\boldsymbol{r}})$$

である．

　量子力学ではハミルトニアンの固有状態を決定することが基本的に重要である．それは，系のとりうるエネルギーの値を知りたいというだけでなく，

これがボーアの原子構造論における定常状態に対応すること,そしてまた系の時間発展をきめる助けになることにもよる.これを説明しよう.

系のハミルトニアンを $\hat{\mathcal{H}}$ とする.その固有状態をエネルギー固有値の小さい順に番号づけて $u_n(\boldsymbol{r})$ とし,それぞれに対応するエネルギー固有値を E_n としよう:

$$\hat{\mathcal{H}} u_n = E_n u_n \qquad (n = 0, 1, 2, \cdots) \tag{7.1}$$

これを**シュレーディンガーの固有値方程式**(Schrödinger's eigenvalue equation) という.その解 $u_n(\boldsymbol{r})$ から

$$\psi_t(\boldsymbol{r}) = u_n(\boldsymbol{r}) e^{-iE_n t/\hbar} \tag{7.2}$$

をつくれば,それはシュレーディンガー方程式

$$i\hbar \frac{\partial}{\partial t} \psi_t = \hat{\mathcal{H}} \psi_t \quad (7.3)$$

の解になる.実際,(7.2) を代入すれば (7.3) の左辺では $e^{-iE_n t/\hbar}$ を時間微分することになり,右辺では $\hat{\mathcal{H}}$ が $u_n(\boldsymbol{r})$ に作用して,いずれも $u_n(\boldsymbol{r}) e^{-iE_n t/\hbar}$ の E_n 倍を与える.これは一種の定在波であって,空間の各点 $\boldsymbol{r}$ で波動関数の値 $\psi_t(\boldsymbol{r})$ が各複素平面上で一斉に回転する(7-1図).定在波であるという点で,これはボーア−ド・ブロイの定常状態に対応している(3-2図を参照).

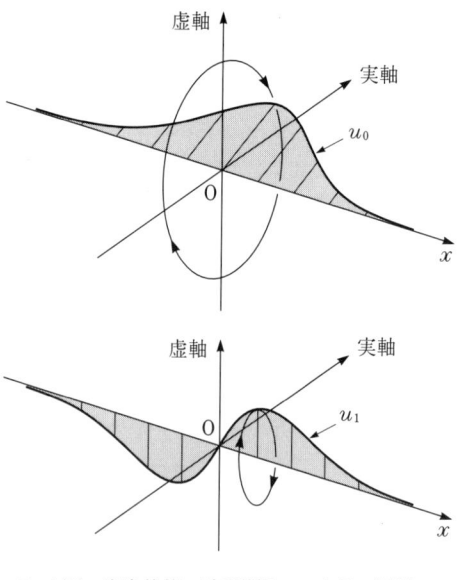

7-1図 定常状態の波動関数.1次元の運動の場合を示す.その時間変化は $e^{-iE_n t/\hbar}$ で与えられ,各点 x における波動関数の値が足並そろえて回転することで表わされる.

シュレーディンガー方程式は線形であるから,解 $\{u_n(\boldsymbol{r}) e^{-iE_n t/\hbar} | n = 0, 1, \cdots\}$ の重ね合せ

$$\psi_t(\boldsymbol{r}) = \sum_{n=0}^{\infty} \gamma_n u_n(\boldsymbol{r}) e^{-iE_n t/\hbar} \tag{7.4}$$

も，また解になる．ただし，γ_n は定数係数である．

しかも，$\{u_n(\boldsymbol{r})|n=0,1,\cdots\}$ はエルミート演算子の固有関数の全体だから完全正規直交系をなし，任意の関数を展開する力がある．初期条件の関数が ψ_0 としてどう与えられても，展開

$$\psi_0(\boldsymbol{r}) = \sum_{n=0}^{\infty} \gamma_n u_n(\boldsymbol{r}) \tag{7.5}$$

ができるのである．展開係数は固有関数系の正規直交性 $\langle u_{n'}, u_n \rangle = \delta_{nn'}$ から

$$\gamma_n = \langle u_n, \psi_0 \rangle \tag{7.6}$$

として定められる．こうして初期条件から定めた係数 γ_n で (7.4) がシュレーディンガー方程式 (7.3) の，初期条件 $\psi_{t=0} = \psi_0$ に応ずる解になっている．

§7.2 井戸型ポテンシャルに束縛された状態

x 軸上の引力ポテンシャルの場

$$V(x) = \begin{cases} 0 & -a < x < a \\ V_0 & \text{otherwise} \end{cases} \quad (V_0 > 0) \tag{7.7}$$

を**井戸型**（square well）という．その場を質量 m の粒子が運動するものとしよう．

この粒子の定常状態 $\psi_t(x) = u(x) e^{-iEt/\hbar}$ のエネルギー E と波動関数 $u(x)$ とを決定したい．つまり，固有値問題 (7.1)

$$\left(-\frac{\hbar^2}{2m}\frac{d^2}{dx^2} + V(x)\right)u(x) = E\,u(x) \tag{7.8}$$

を境界条件

$$u(x) \to 0 \quad (x \to \pm\infty \text{ において}) \tag{7.9}$$

のもとで解きたい．

(a) 波動関数の接続

それには，ポテンシャルが領域ごとに違うので，シュレーディンガーの固有値方程式を領域ごとに解いて，それらの解が領域の境界で滑らかにつながるようにする．

（ⅰ） 領域 $x > a$

ここでは $V(x) = V_0$ であるから，シュレーディンガーの固有値方程式 (7.8) は

$$\frac{d^2}{dx^2} u(x) = -\frac{2m(E - V_0)}{\hbar^2} u(x) \tag{7.10}$$

という形になる．その解は，$E \geqq V_0$ であると

$$u(x) = Ae^{ikx} + Be^{-ikx} \quad \left(k = \sqrt{\frac{2m(E - V_0)}{\hbar^2}}\right) \tag{7.11}$$

である．ただし，A, B は任意の複素定数．この解は，A, B をどうとっても $x \to \infty$ で 0 にならず，(7.9) をみたさないから失格である．固有値問題 (7.8), (7.9) に $E \geqq V_0$ の解はない．では

$$E < V_0 \tag{7.12}$$

ならどうか？ この場合，$x > a$ での (7.8) の解は

$$u(x) = Ae^{-\alpha x} + Be^{\alpha x} \quad \left(\alpha = \sqrt{\frac{2m(V_0 - E)}{\hbar^2}}\right) \tag{7.13}$$

である．A, B はさしあたり任意の複素定数であるが，境界条件 (7.9) を考慮すると——いま $x > a$ を考えているので $x \to \infty$ での条件が問題だから $B = 0$ でなければならず，したがって

$$u(x) = Ae^{-\alpha x} \quad (x > a) \tag{7.14}$$

でなければならない．

（ⅱ） 領域 $x < -a$

上と同様にして，ここでは

$$u(x) = Be^{\alpha x} \quad (x < -a) \tag{7.15}$$

でなければならないことがわかる．B は，さしあたり任意の定数である．

§7.2 井戸型ポテンシャルに束縛された状態

(iii) 領域 $-a < x < a$

ここでは，$V(x) = 0$ だから，シュレーディンガーの固有値方程式は

$$\frac{d^2}{dx^2} u(x) = -\frac{2mE}{\hbar^2} u(x) \tag{7.16}$$

となる.

(7.12) により $E < V_0$ であるが，さらに $E \leqq 0$ の場合には (7.16) の解は

$$u(x) = Ce^{\beta x} + De^{-\beta x} \quad \left(\beta = \sqrt{\frac{-2mE}{\hbar^2}}\right)$$

となる．これが $x > a$ の解 (7.14) と $x = a$ で滑らかにつながるためには，波動関数の

  値 が 等 し い： $Ce^{\beta a} + De^{-\beta a} = Ae^{-\alpha a}$

  微係数が等しい： $\beta(Ce^{\beta a} - De^{-\beta a}) = -\alpha Ae^{-\alpha a}$

が必要・十分である．第1行の両辺に α を掛けて，第2行に辺々加えれば

$$(\beta + \alpha)Ce^{\beta a} - (\beta - \alpha)De^{-\beta a} = 0 \tag{7.17}$$

が成り立たねばならない．

$x < a$ の解 (7.15) と $x = -a$ で滑らかにつながるための条件から，上と同様にして

$$(\beta - \alpha)Ce^{-\beta a} - (\beta + \alpha)De^{\beta a} = 0 \tag{7.18}$$

が成り立たねばならないことがわかる.

C, D に対する斉次1次方程式 (7.17), (7.18) がトリヴィアル ($C = D = 0$) でない解をもつためには，係数の行列式が0でなければならない：

$$\begin{vmatrix} (\beta + \alpha)e^{\beta a} & -(\beta - \alpha)e^{-\beta a} \\ (\beta - \alpha)e^{-\beta a} & -(\beta + \alpha)e^{\beta a} \end{vmatrix} = 0$$

すなわち

$$(\beta + \alpha)^2 e^{2\beta a} = (\beta - \alpha)^2 e^{-2\beta a}$$

でなければならない．しかし，いま $E < 0$ とすれば $0 < \beta < \alpha$ であって，これは不可能である．$E = 0$ なら $\beta = 0$ で，この式は成り立つけれども，$C = -D$ となり解は $u(x) \equiv 0$ で，これもトリヴィアルである．よって，

固有値問題 (7.8), (7.9) に $E \leq 0$ の解はない．
　では，
$$0 < E < V_0 \tag{7.19}$$
ならどうか？　この場合，$-a < x < a$ での波動関数は (7.16) の解で
$$u(x) = C\cos kx + D\sin kx \quad \left(k = \sqrt{\frac{2mE}{\hbar^2}}\right) \tag{7.20}$$
で与えられる．C, D は，任意の複素定数．これが $x > a$ での解 (7.14) と $x = a$ で滑らかにつながるためには，境界 $x = a$ で波動関数の

　　値が等しい：　　$C\cos ka + D\sin ka = Ae^{-\alpha a}$

　　微係数が等しい：　$k(-C\sin ka + D\cos ka) = -\alpha Ae^{-\alpha a}$

が必要・十分である．第1行の両辺に α を掛けて第2行に辺々加えれば
$$(-k\sin ka + \alpha\cos ka)C + (k\cos ka + \alpha\sin ka)D = 0 \tag{7.21}$$
$x < a$ での解 (7.15) と $x = -a$ で滑らかにつながる条件から，同様にして
$$(k\sin ka - \alpha\cos ka)C + (k\cos ka + \alpha\sin ka)D = 0 \tag{7.22}$$
が得られる．これら2式を辺々引き，あるいは加えると
$$(k\sin ka - \alpha\cos ka)C = 0 \tag{7.23}$$
および
$$(k\cos ka + \alpha\sin ka)D = 0 \tag{7.24}$$
が得られる．(7.20) が (7.14), (7.15) とともに固有値問題 (7.16), (7.9) の解を構成するためには，これら2式の成立が必要である．
$$k\sin ka - \alpha\cos ka = 0, \quad k\cos ka + \alpha\sin ka = 0 \tag{7.25}$$
とを同時に成り立たせるような ka はあるだろうか？　$\sin ka = X$, $\cos ka = Y$ とおけば，(7.25) が同時に成り立つということは
$$kX - \alpha Y = 0$$
$$\alpha X + kY = 0$$
である．この斉次1次方程式がトリヴィアルでない解をもつためには係数の行列式が0でなければならない．ところが

§7.2 井戸型ポテンシャルに束縛された状態

$$\begin{vmatrix} k & -\alpha \\ \alpha & k \end{vmatrix} = k^2 + \alpha^2 = \frac{2mE}{\hbar^2} + \frac{2m(V_0 - E)}{\hbar^2} = \frac{2mV_0}{\hbar^2}$$

は 0 でない．よって，(7.25) が同時に成り立つには $\sin ka = \cos ka = 0$ となるほかない．しかし，どんな k をとっても，これは不可能である．

したがって，(7.23)，(7.24) は次のことを教える：

$C \neq 0$ となるのは $k \sin ka - \alpha \cos ka = 0$, $D = 0$ のとき (7.26)

$D \neq 0$ となるのは $k \cos ka + \alpha \sin ka = 0$, $C = 0$ のとき (7.27)

に限る．

この辺で，これまでにわかったことをまとめよう．

(b) 対称な解

$C \neq 0$, $D = 0$ の解は

$$u^{(\mathrm{s})}(x) = C^{(\mathrm{s})} \begin{cases} \cos ka \, e^{-\alpha(x-a)} & (x > a) \\ \cos kx & (-a < x < a) \\ \cos ka \, e^{\alpha(x+a)} & (x < -a) \end{cases} \quad (7.28)$$

となる．ただし，$x = \pm a$ で $|x| > a$ からと $|x| < a$ からの波動関数の値が一致することを考慮した．その上で，波動関数の微係数が一致する条件

$$\left.\frac{d}{dx}\cos kx\right|_{x=a-0} = \cos ka \left.\frac{d}{dx}e^{-\alpha(x-a)}\right|_{x=a+0} \quad (7.29)$$

が (7.26) の第 1 式にほかならない．この条件は，もし $\cos ka = 0$ だったら $k \sin ka = 0$ という $\cos ka = 0$ と両立しえない結果となることから $\cos ka \neq 0$ なので，これで両辺を割り

$$\xi = ka, \qquad \eta = \alpha a \quad (7.30)$$

とおけば，

$$\xi \tan \xi = \eta, \qquad \xi^2 + \eta^2 = \frac{2mV_0 a^2}{\hbar^2} \quad (7.31)$$

と書ける. $\xi^2 + \eta^2$ の式は (7.13) と (7.20) の a と k の式から出したのである.

粒子の質量 m とポテンシャルの深さ V_0, 幅 $2a$ から $2mV_0a^2/\hbar^2$ が定まる. これが与えられたとき, ξ と η の値を定めるには, (7.31) のそれぞれの方程式のグラフ (7-2図) を描いて交点を求めるのが一法である.

この図からわかるとおり, 解はとびとびの $(\xi_n, \eta_n)(n = 1, 2, \cdots)$ であって, それから (7.20) によって定まるエネルギー固有値

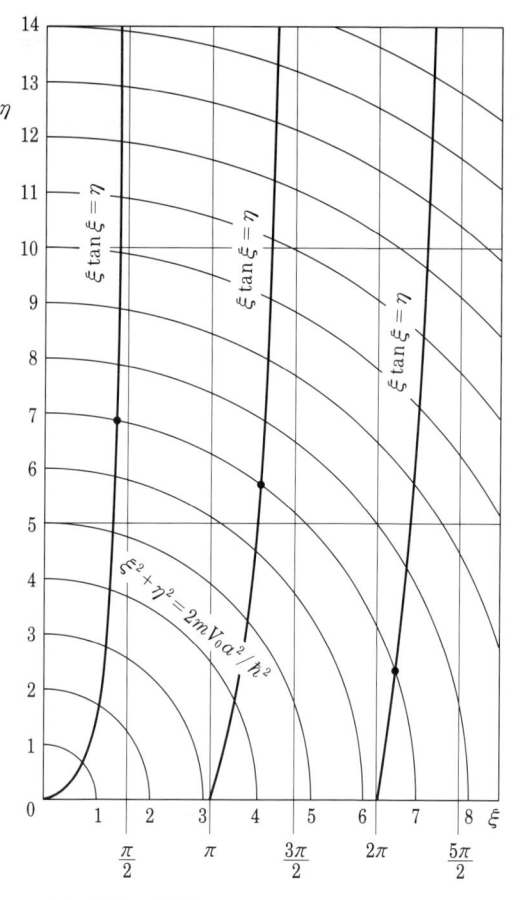

7-2図 対称な束縛状態の決定. 連立方程式 (7.31) の図的解法. その第2式の円の半径はポテンシャルの "体積" できまる.

$$E_n = \frac{\hbar^2}{2ma^2} \xi_n^2 \qquad (n = 1, 2, \cdots) \tag{7.32}$$

もとびとびである. しかも, それらは有限個で, $\sqrt{2mV_0a^2/\hbar^2}$ が 0 と π の間なら1個だけである. V_0a^2 を井戸型ポテンシャルの **"体積"** (volume) という. ポテンシャルを深くし, あるいは幅を増して, $\sqrt{2mV_0a^2/\hbar^2}$ を π と 2π の間にすればエネルギー固有値は2個になる. そして, ξ_n, η_n の値に応じて (7.28) の k と a が

§7.2 井戸型ポテンシャルに束縛された状態

$$k_n = \frac{\xi_n}{a}, \qquad \alpha_n = \frac{\eta_n}{a} \tag{7.33}$$

と定まる．こうして定まる (7.28) の波動関数 $u_n^{(s)}(x)$ はポテンシャルの外では急激に 0 となるので，これが表わす状態はポテンシャルに**束縛された状態** (bound state) といわれる．この波動関数 (7.28) は左右対称なので，その状態は**対称** (symmetric) である，あるいは**偶のパリティ** (even parity) をもつという．

固有関数 (7.28) を規格化しよう．規格化の積分は

$$|C_n^{(s)}|^2 \times \left| \begin{array}{l} \cos^2 k_n a \int_a^\infty e^{-2\alpha_n(x-a)} dx = \dfrac{\cos^2 k_n a}{2\alpha_n} \\[2mm] \displaystyle\int_{-a}^a \cos^2 k_n x \, dx = a + \dfrac{\sin 2k_n a}{2k_n} \\[2mm] \cos^2 k_n a \int_{-\infty}^{-a} e^{2\alpha_n(x+a)} dx = \dfrac{\cos^2 k_n a}{2\alpha_n} \end{array} \right.$$

の和である．接続条件の式 $k_n a \tan k_n a = \alpha_n a$ を思い出して

$$a + \frac{\sin 2k_n a}{2k_n} = a\Big(1 + \sin 2k_n a \frac{\tan k_n a}{2\alpha_n a}\Big) = a\Big(1 + \frac{\sin^2 k_n a}{\alpha_n a}\Big)$$

と変形すれば，上の積分の和がとれて

$$\int_{-\infty}^\infty |u_n^{(s)}(x)|^2 dx = |C_n^{(s)}|^2 a\Big(1 + \frac{\sin^2 k_n a}{\alpha_n a} + \frac{\cos^2 k_n a}{\alpha_n a}\Big)$$

となる．したがって

$$C_n^{(s)} = \sqrt{\frac{\alpha_n}{1 + \alpha_n a}} = \sqrt{\frac{\eta_n}{(1 + \eta_n) a}} \tag{7.34}$$

ただし，規格化定数の位相に物理的な意味はなく任意であるから，0 とした．

(c) 反対称な解

$D \neq 0$, $C = 0$ の解は，D を $C^{(a)}$ と書いて

$$u^{(a)}(x) = C^{(a)} \begin{cases} \sin ka \, e^{-\alpha(x-a)} & (x > a) \\ \sin kx & (-a < x < a) \\ -\sin ka \, e^{\alpha(x+a)} & (x < -a) \end{cases} \quad (7.35)$$

となり，**反対称**な（antisymmetric）束縛状態を表わす．パリティは**奇**（odd）である．波動関数の $x \to a+0$ と $x \to a-0$ の微係数が一致する条件が (7.27) にほかならない．この条件は，もし $\sin ka = 0$ だったら $k \cos ka = 0$ という $\sin ka = 0$ と両立しえない結果となることから，

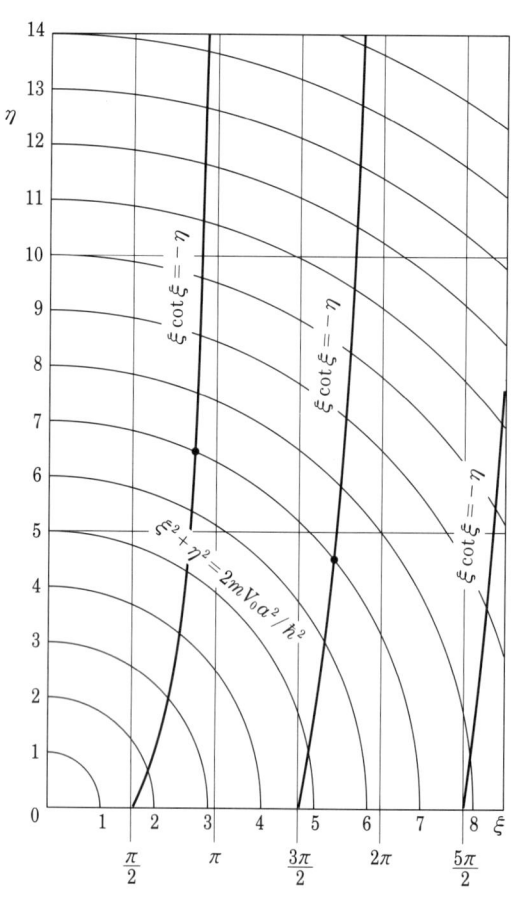

7-3図　反対称な束縛状態の決定．(7.36) の式．

§7.2 井戸型ポテンシャルに束縛された状態

$\sin ka \neq 0$ で両辺を割り

$$\xi \cot \xi = -\eta, \qquad \xi^2 + \eta^2 = \frac{2mV_0a^2}{\hbar^2} \qquad (7.36)$$

と書くことができる．

この連立方程式の解は7-3図から求められ，とびとびの (ξ_n, η_n) になる $(n = 1, 2, \cdots)$．反対称な解はポテンシャルの体積が $\sqrt{2mV_0a^2/\hbar^2} > \pi/2$ となるまで存在しない．エネルギー固有値は (7.32) で与えられる．

固有関数 (7.35) を規格化しよう．規格化の積分は

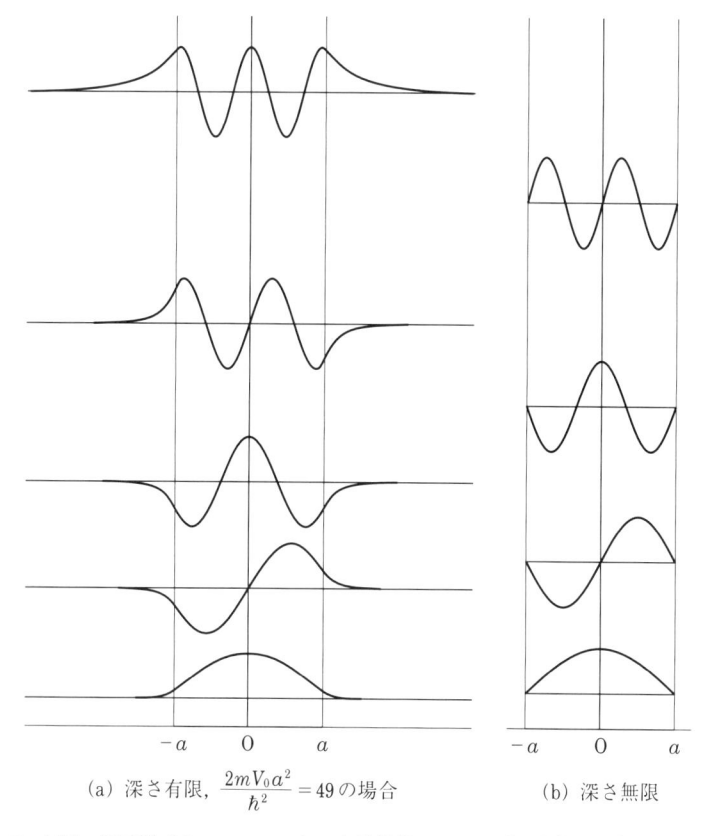

(a) 深さ有限，$\dfrac{2mV_0a^2}{\hbar^2} = 49$ の場合　　(b) 深さ無限

7-4図　井戸型ポテンシャルによる束縛状態．エネルギー準位と固有関数を，井戸の深さが（a）有限の場合を（b）無限の場合に対照して示す．

$$|C_n^{(a)}|^2 \times \begin{vmatrix} \sin^2 k_n a \int_a^\infty e^{-2a_n(x-a)} dx = \dfrac{\sin^2 k_n a}{2a_n} \\ \int_{-a}^a \sin^2 k_n x \, dx = a - \dfrac{\sin 2k_n a}{2k_n} \\ \sin^2 k_n a \int_{-\infty}^{-a} e^{2a_n(x+a)} dx = \dfrac{\sin^2 k_n a}{2a_n} \end{vmatrix}$$

の和である．接続条件の式 $k_n a \cot k_n a = -a_n a$ を思い出して

$$a - \frac{\sin 2k_n a}{2k_n} = a\left(1 + \sin 2k_n a \frac{\cot k_n a}{2a_n a}\right) = a\left(1 + \frac{\cos^2 k_n a}{a_n a}\right)$$

と変形すれば，上の積分の和がとれて

$$C_n^{(a)} = \sqrt{\frac{a_n}{1 + a_n a}} = \sqrt{\frac{\eta_n}{(1 + \eta_n) a}} \tag{7.37}$$

が得られる．$C_n^{(s)}$ と同じ形である．エネルギー固有値も式の形は (7.32) と同じである．

井戸型ポテンシャルの場における対称，反対称な束縛状態について，エネルギー準位と波動関数を 7-4 図に例示する．

§7.3 運動量の固有状態

(a) 井戸の中の運動

対称な状態 (7.28) のポテンシャル内部における波動関数を

$$u_n^{(s)}(x) = C_n^{(s)} \cos k_n x = \frac{C_n^{(s)}}{2}(e^{ik_n x} + e^{-ik_n x}) \tag{7.38}$$

と書いて，これを

　　　　運動量　$p_n = \hbar k_n$　で右向きに走る状態：　$e^{i(k_n x - E_n t/\hbar)}$

と

　　　　運動量　$-p_n = -\hbar k_n$　で左向きに走る状態：　$e^{-i(k_n x + E_n t/\hbar)}$

の重ね合せと見る向きもあろうか？　井戸の中に古典的な粒子を入れたら，右の壁にぶつかるまで右向きに走り，壁で反射されて左向きに転じて，やがて左の壁にぶつかって反射されるという運動をくり返すだろう．量子力学的な定常状態の波動関数 (7.28) は —— 反対称な (7.35) とともに —— この古

典的な運動をよく反映している．そのエネルギー（7.32）も
$$E_n = \frac{\hbar^2 k_n^2}{2m} = \frac{p_n^2}{2m}$$
であって，運動量 $\pm p_n$ の古典的な粒子のエネルギーに一致しているではないか．

この見方はかなり正しい．そして，量子力学的な波動関数の重ね合せの意味をつかんでいる．古典的には，右向きの運動が左向きに転じ，やがてまた右向きに転じるという時間的な経過となるものが，量子力学の定常状態では，右向きの運動と左向きの運動の重ね合せとなって現れている．

（b） 運動量の固有状態

これについてくわしく説明するには，まず運動量の固有状態の定義からはじめなければならない．というのは，運動量の演算子
$$\widehat{p} = -i\hbar \frac{d}{dx} \tag{7.39}$$
について
$$\widehat{p}\, u_p(x) = p u_p(x), \quad \text{すなわち} \quad -i\hbar \frac{d}{dx} u_p(x) = p u_p(x) \tag{7.40}$$
をみたす関数 $u_p(x)$ は $e^{ipx/\hbar}$ であって，これ以外にはなく，$x \to \pm\infty$ で 0 になるという条件（7.9）をみたさないからである．

この関数は
$$\langle u_{p'},\ u_p \rangle = \delta(p - p') \tag{7.41}$$
によって規格化する．ここに $\delta(p - p')$ は，任意の（滑らかな）関数 $\psi(p)$ に掛けて積分すると
$$\int_{-\infty}^{\infty} \psi(p) \delta(p - p')\, dp = \psi(p') \tag{7.42}$$
となるようなもので**デルタ関数**（delta function）とよばれる．$\delta(p - p')$ は，積分すると

$$\int_D \delta(p-p')\,dp = \begin{cases} 1 & (p' \text{ が D に含まれている}) \\ 0 & (p' \text{ が D に含まれていない}) \end{cases}$$

となる（D がどんなに小さくてもそうなる！）ような関数である．そんな関数はない，という人があれば，これが**超関数**（distribution）とよばれることを言っておこう．超関数とは，(7.42) のように滑らかな関数に掛けて積分したとき初めて意味をもつようなものである．

(7.41) を説明するのに，フーリエ変換

$$\tilde{\psi}(p') = \frac{1}{\sqrt{2\pi\hbar}} \int_{-\infty}^{\infty} \psi(x)\, e^{-ip'x/\hbar} dx$$

と，その逆変換

$$\psi(x) = \frac{1}{\sqrt{2\pi\hbar}} \int_{-\infty}^{\infty} \tilde{\psi}(p)\, e^{ipx/\hbar} dp$$

を思い出そう．これを，まとめて書けば

$$\tilde{\psi}(p') = \frac{1}{2\pi\hbar} \int_{-\infty}^{\infty} dx\, e^{-ip'x/\hbar} \left(\int_{-\infty}^{\infty} dp\, e^{ipx/\hbar} \tilde{\psi}(p) \right)$$

となるが，積分の順序を変えて

$$\tilde{\psi}(p') = \int_{-\infty}^{\infty} dp \left(\int_{-\infty}^{\infty} dx\, \frac{1}{\sqrt{2\pi\hbar}}\, e^{-ip'x/\hbar}\, \frac{1}{\sqrt{2\pi\hbar}}\, e^{ipx/\hbar} \right) \tilde{\psi}(p) \quad (7.43)$$

と書いてみると，ちょうど（…）の中の

$$\int_{-\infty}^{\infty} dx\, \frac{1}{\sqrt{2\pi\hbar}}\, e^{-ip'x/\hbar}\, \frac{1}{\sqrt{2\pi\hbar}}\, e^{ipx/\hbar}$$

が (7.42) の $\delta(p-p')$ の役目をしていることがわかる．すなわち

$$\int_{-\infty}^{\infty} dx\, \frac{1}{\sqrt{2\pi\hbar}}\, e^{-ip'x/\hbar}\, \frac{1}{\sqrt{2\pi\hbar}}\, e^{ipx/\hbar} = \delta(p-p') \quad (7.44)$$

である．そこで，これを**運動量の固有関数の規格化**（normalization of momentum eigenfunction）として採用する．すなわち，(7.41) によって規格化した運動量の固有関数が

$$u_p(x) = \frac{1}{\sqrt{2\pi\hbar}}\, e^{ipx/\hbar} \quad (-\infty < p < \infty) \quad (7.45)$$

である．運動量の固有値は $(-\infty, \infty)$ の任意の値をとる．とびとびでな

§7.3 運動量の固有状態

く，連続的である．

この規格化が正しいことは，状態 ψ で運動量の観測をする場合を考えてみればわかる．運動量の固有値は連続だから，測定値として p と $p+dp$ の間の値を得る確率を，(6.79) にならって

$$P_\psi(p)\,dp = |\langle u_p,\ \psi\rangle|^2 dp \tag{7.46}$$

とする．いうまでもなく

$$\langle u_p,\ \psi\rangle = \int_{-\infty}^{\infty} \frac{1}{\sqrt{2\pi\hbar}}\, e^{-ipx/\hbar}\psi(x)\,dx \tag{7.47}$$

である．測定値として $-\infty < p < \infty$ のどれかの値が得られる確率は

$$\int_{-\infty}^{\infty} P_\psi(p)\,dp$$
$$= \int_{-\infty}^{\infty} dp \left(\int_{-\infty}^{\infty}\frac{1}{\sqrt{2\pi\hbar}}\,e^{-ipx'/\hbar}\psi(x')\,dx'\right)^*\left(\int_{-\infty}^{\infty}\frac{1}{\sqrt{2\pi\hbar}}\,e^{-ipx/\hbar}\psi(x)\,dx\right)$$

となるが，これは

$$\int_{-\infty}^{\infty} P_\psi(p)\,dp = \int_{-\infty}^{\infty} dx \int_{-\infty}^{\infty} dx' \left(\int_{-\infty}^{\infty} dp\,\frac{1}{2\pi\hbar}\,e^{ip(x'-x)/\hbar}\right)\psi^*(x')\psi(x)$$

と書いてみれば，($\cdots$) の部分は (7.44) から

$$\int_{-\infty}^{\infty} \frac{1}{2\pi\hbar}\,e^{ip(x'-x)/\hbar}\,dp = \delta(x'-x) \tag{7.48}$$

となり，

$$\int_{-\infty}^{\infty} \psi^*(x')\,\delta(x'-x)\,dx' = \psi^*(x)$$

となるから，状態 ψ の規格化により

$$\int_{-\infty}^{\infty} P_\psi(p)\,dp = \int_{-\infty}^{\infty} |\psi(x)|^2 dx = 1 \tag{7.49}$$

が得られる．運動量の測定の全確率が —— x 空間の波動関数の規格化を反映して —— 正しく 1 になる．これは，運動量の固有関数の規格化 (7.41)，(7.44) が正しかった証拠である．

(7.48) は (x と x' を交換して書けば)

$$\int_{-\infty}^{\infty} u_p(x)\,u_p{}^*(x')\,dp = \delta(x-x')$$

となる.これは,任意の $\psi(x)$ に対して

$$\int_{-\infty}^{\infty} dp\, u_p(x) \left(\int_{-\infty}^{\infty} u_p{}^*(x')\psi(x')\,dx' \right) = \psi(x)$$

となること —— 任意の関数 $\psi(x)$ が $u_p(x)$ で展開できること! —— を保証するもので,正規直交関数系 $\{u_p(x), -\infty < p < \infty\}$ の完全性を示す.正規直交関数系の完全性は,このようにデルタ関数を用いて表現できるのである.

(7.48) は,$p/\hbar = k$ とおけば

$$\lim_{K \to \infty} \int_{-K}^{K} e^{ikx}\,dk = 2\pi\delta(x) \tag{7.50}$$

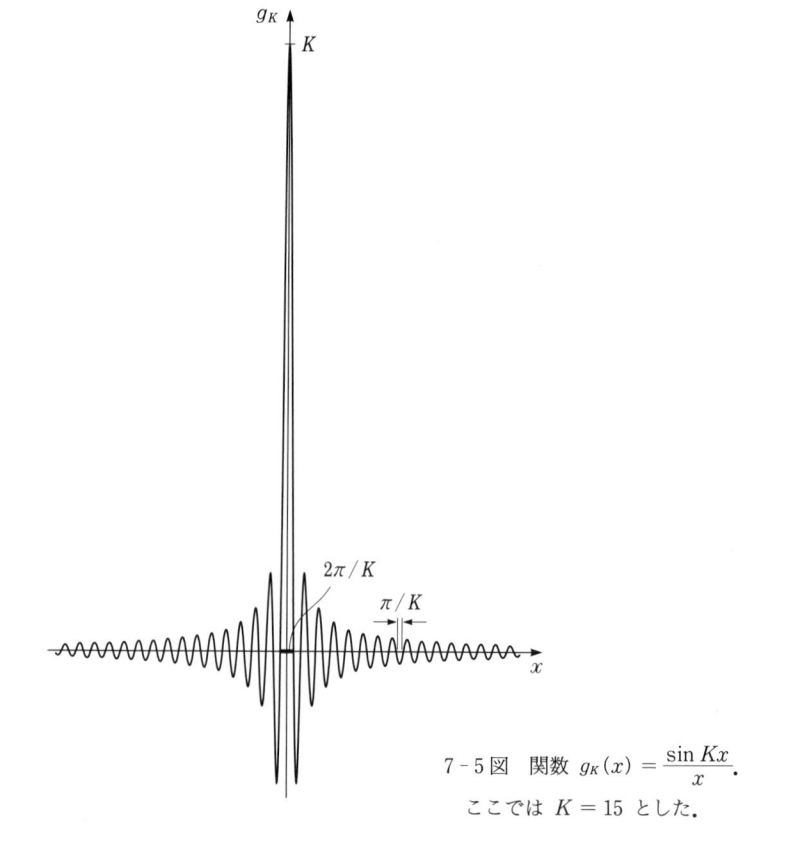

7-5図　関数 $g_K(x) = \dfrac{\sin Kx}{x}$.
ここでは $K = 15$ とした.

§7.3 運動量の固有状態

を意味している．これについて説明を補っておこう．いま

$$g_K(x) = \frac{1}{2}\int_{-K}^{K} e^{ikx}\,dk = \frac{\sin Kx}{x}$$

とおく．この関数は $x=0$ にピークをもち，ピークは K が大きくなると限りなく高く鋭くなる（7-5図）．しかし，

$$\int_{-\infty}^{\infty} g_K(x)\,dx = \pi$$

は，K の値によらない（下を見よ）．$g_K(x)$ はピークの外では激しく振動するから，この積分は鋭いピークの下の面積とみてよかろう．実際，ピークの幅は $2\pi/K$ で高さは K だから，三角形と見れば面積は π になる．このために (7.50) が成り立つのである．

さらに言えば，$g_K(x)$ を滑らかな関数 $\psi(x)$ に掛けて積分すると，ピークの外からの寄与は $g_K(x)$ の振動のために消えて，ピークの中からの寄与のみが残る．そのために

$$\lim_{K\to\infty}\int_{-\infty}^{\infty} g_K(x)f(x) = f(0)\lim_{K\to\infty}\int_{-\infty}^{\infty} g_K(x)\,dx = \pi f(0)$$

となる．すなわち

$$\lim_{K\to\infty}\frac{\sin Kx}{x} = \pi\delta(x)$$

が成り立つ．なお，章末問題 11 を参照．

積分の計算　　$g_K(x)$ の積分は次のようにするのが一法である．

$$\int_{-\infty}^{\infty}\frac{\sin Kx}{x}\,dx = 2\int_{0}^{\infty}\frac{\sin x}{x}\,dx$$

であるが，いったん

$$\int_{0}^{\infty} e^{-\alpha x}\sin x\,dx = \frac{1}{\alpha^2+1}$$

を考えて，両辺を α で積分すると

$$\int_{0}^{\infty} e^{-\alpha x}\sin x\,d\alpha = \frac{\sin x}{x}, \qquad \int_{0}^{\infty}\frac{1}{\alpha^2+1}\,d\alpha = \frac{\pi}{2}$$

となり，所要の結果を得る：

$$\int_{-\infty}^{\infty} \frac{\sin x}{x}\,dx = \pi \tag{7.51}$$

(7.50) を用いれば，さかのぼって x 軸上，長さ L を隔てた壁の間を往復運動する粒子の運動量の固有状態*

$$u_n(x) = \frac{1}{\sqrt{L}}\,e^{ikx} \qquad \left(k_n = \frac{2\pi n}{L}, \quad n = 0, \pm 1, \pm 2, \cdots \right)$$

の完全性

$$\sum_{n=-\infty}^{\infty} u_n(x)\,u_n{}^*(x') = \delta(x - x')$$

も証明することができる．実際

$$\begin{aligned}
\sum_{n=-\infty}^{\infty} u_n(x)\,u_n{}^*(x') &= \lim_{N \to \infty} \frac{1}{L} \sum_{n=-N}^{N} e^{i(2\pi/L)(x-x')n} \\
&= \lim_{N \to \infty} \frac{1}{L} \frac{\sin(2N+1)(\pi/L)(x-x')}{\sin(\pi/L)(x-x')} \\
&= \frac{(\pi/L)(x-x')}{\sin(\pi/L)(x-x')} \lim_{N \to \infty} \frac{1}{\pi} \frac{\sin(2N+1)(\pi/L)(x-x')}{x-x'} \\
&= \delta(x - x')
\end{aligned}$$

となる．

まったく同様にして，x 軸上，長さ L を隔てた壁の間を往復運動する粒子のエネルギーの固有関数（§6.3(d)の[例題]）の完全性 (6.73) も証明できる．

(c) 運動量の測定

井戸型ポテンシャルの場を運動する粒子の運動量を測定したら，どんな値がどんな確率で得られるか？　それを考える準備ができた．

対称な状態 (7.28) を例としよう．運動量の測定値の確率 (7.46) を求めるには

$$\langle u_p,\ u_s{}^{\mathrm{sym}} \rangle = (I_1 + I_2 + I_3) \frac{C_n{}^{(s)}}{\sqrt{2\pi\hbar}} \tag{7.52}$$

---

* 周期性境界条件 $u(0) = u(L)$ を課した．領域の両端で波動関数が 0，すなわち $u(0) = u(L) = 0$ の境界条件では運動量の固有関数は存在しない．

§7.3 運動量の固有状態

を計算する．ここに，$q = p/\hbar$ とおいて

$$I_1 = \cos k_n a \int_a^\infty e^{-ipx/\hbar} e^{-\alpha(x-a)} dx = \frac{\cos k_n a}{\alpha + iq} e^{-iqa}$$

$$I_2 = \int_{-a}^a e^{-ipx/\hbar} \cos k_n x \, dx = \frac{\sin(k_n - q)a}{k_n - q} + \frac{\sin(k_n + q)a}{k_n + q}$$

$$I_3 = \cos k_n a \int_{-\infty}^{-a} e^{-ipx/\hbar} e^{\alpha(x+a)} dx = \frac{\cos k_n a}{\alpha - iq} e^{iqa}$$

である．運動量の測定値が p と $p + dp$ の間に入る確率を $P(p)dp$ とすれば

$$P(p) = \frac{|C_n^{(s)}|^2}{2\pi\hbar} |I_1 + I_2 + I_3|^2$$

だが (7-6図(a))，I_2 が $q = \pm k_n$ にピークをもつ (7-6図(b)) のに対して

$$I_1 + I_3 = \frac{2\cos k_n a}{q^2 + \alpha^2} (\alpha \cos qa - q \sin qa)$$

はなだらかに変る．そこで

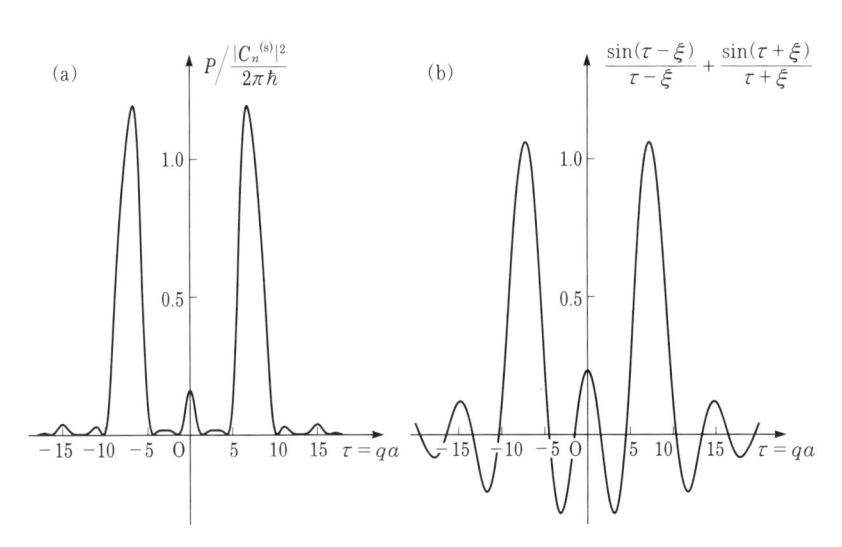

7-6図　井戸型ポテンシャルの場における定常状態の運動量．
(a) 運動量の確率分布．ただし，$|C_n^{(s)}|^2 a^2 / 2\pi\hbar$ をはずし，$\tau = qa = pa/\hbar$ の関数として描いた．
(b) $\dfrac{\sin(\tau - \xi)}{\tau - \xi} + \dfrac{\sin(\tau + \xi)}{\tau + \xi}$．ともに，$\xi = k_n a = 7.30$，$\eta = \alpha a = 11.80$ とした．

$$P(p) \sim \frac{|C_n^{(s)}|^2}{2\pi\hbar} \frac{\sin^2(q \pm k_n)a}{(q \pm k_n)^2} \tag{7.53}$$

とみられる。この $q = \pm k_n$ でのピークが井戸の内部での往復運動を反映している。ピークは a が大きいほど鋭い。井戸型ポテンシャルの場における定常状態を井戸の内部での古典的運動で代表させるわけにはいかないが、それがかなり近い、といったのはこの意味である。

§7.4 無限に深い井戸

井戸型ポテンシャルの場における束縛状態の波動関数をみると、対称な (7.28) でも反対称な (7.35) でも、井戸の壁の外に滲みだしている。対称な状態について $x > a$ でいえば

$$u_n^{(s)}(x) = C_n^{(s)} \cos k_n a \, e^{-\alpha_n(x-a)} \qquad (x > a) \tag{7.54}$$

であって、滲みこみの距離は

$$l_n \sim \frac{1}{\alpha_n} = \sqrt{\frac{\hbar^2}{2m(V_0 - E_n)}}$$

であり、井戸の上端からエネルギー準位までの距離が小さいほど大きい。

井戸の壁の外は、エネルギーが $E_n < V_0$ の古典的粒子は入りこむことができなかった領域である。その領域にまで波動関数が滲みこんでいるということは、観測したとき粒子をそこに見出す確率が 0 でないということであって、量子力学に特有の現象である。**トンネル効果**（tunnel effect）とよばれる。

井戸型ポテンシャルの壁を無限に高くする、すなわち $V_0 \to \infty$ とすると、トンネル効果は消える。7-2, 7-3 図でも、ξ_n は等間隔になる。対称な状態では

$$\xi_n = \left(n - \frac{1}{2}\right)\pi \qquad (n = 1, 2, \cdots) \tag{7.55}$$

となるので、ポテンシャル内部の波動関数は

$$u_n^{(s)}(x) = C_n^{(s)} \cos \frac{(2n-1)\pi x}{2a} \qquad (-a < x < a) \tag{7.56}$$

である．反対称な状態は

$$\xi_n = n\pi \qquad (n = 1, 2, \cdots) \tag{7.57}$$

となり，波動関数は，ポテンシャルの内部で

$$u_n^{(a)}(x) = C_n^{(a)} \sin\frac{n\pi x}{a} \qquad (-a < x < a) \tag{7.58}$$

となる．ポテンシャルの外への滲み出しは $V_0 \to \infty$ とともに $l_n \to 0$ となり消えた：

$$u_n^{(s)}(x), \ u_n^{(a)}(x) = 0 \qquad (|x| > a) \tag{7.59}$$

　井戸の深さが有限の場合と無限の場合のエネルギー準位と固有関数とを7-4図に対照しておいた．実は，この波動関数は先に§6.3(d)で求めた．いまは座標原点をポテンシャルの中央にとっているが，§6.3(d)ではポテンシャルの左端にとった．そのために波動関数の見かけが違うが，座標原点を移動すれば，もちろん同じ形になる．

§7.5　ポテンシャル障壁

　前節で見たトンネル効果は，ポテンシャルの壁の厚さが有限の場合には，粒子が壁を透過する現象として現れる．これもトンネル効果である．

　簡単のために，x 軸に沿う運動を考え，ポテンシャル障壁を箱型の

$$V(x) = \begin{cases} 0 & (x < -a) \\ V_0 & (-a < x < a) \\ 0 & (x > a) \end{cases} \tag{7.60}$$

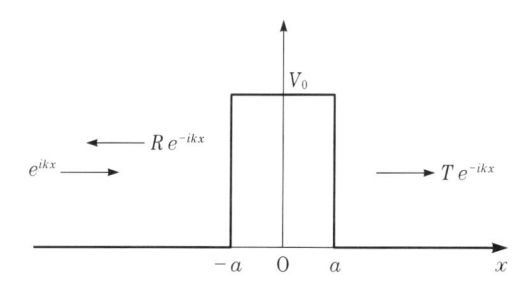

7-7図　箱型ポテンシャルとトンネル効果

としよう (7-7図). 粒子の質量を m とすれば, シュレーディンガー方程式は

$$i\hbar \frac{\partial \psi_t(x)}{\partial t} = \begin{cases} -\frac{\hbar^2}{2m}\frac{\partial^2}{\partial x^2}\psi_t(x) & (x < -a) \\ \left[-\frac{\hbar^2}{2m}\frac{\partial^2}{\partial x^2} + V_0\right]\psi_t(x) & (-a < x < a) \\ -\frac{\hbar^2}{2m}\frac{\partial^2}{\partial x^2}\psi_t(x) & (x > a) \end{cases} \quad (7.61)$$

となる.

(a) トンネル効果

運動量の大きさを p, エネルギーを $E = p^2/2m$ とし, それぞれを $p = \hbar k$, $E = \hbar\omega$ とおこう. いま, ポテンシャルの障壁の方が粒子のエネルギーより高いとする:

$$V_0 > E \quad (7.62)$$

このとき, 領域 $x < -a$, および $x > a$ では

$$e^{i(\pm kx - \omega t)}, \quad \omega = \frac{\hbar k^2}{2m} \quad (x < -a \text{ および } x > a) \quad (7.63)$$

がシュレーディンガー方程式の解になる. 領域 $-a < x < a$ では $V_0 > E$ なので

$$e^{\pm \alpha x - i\omega t}, \quad \alpha = \sqrt{\frac{2m(V_0 - E)}{\hbar^2}} \quad (-a < x < a) \quad (7.64)$$

が解になる. このうち, $e^{i(kx-\omega t)}$ は右向きに進む波を, $e^{-i(kx+\omega t)}$ は左向きに進む波を表している. それぞれの領域で ± で区別した2つの波は, 重ね合わせても, シュレーディンガー方程式の解になる.

いま, 粒子は $x < -a$ から右向きにポテンシャルに向かって進んでくるものとすれば (**入射波**, incident wave), ポテンシャルに当たった後は一部は跳ね返されて左に進み (**反射波**, reflected wave), 一部はポテンシャルを突き抜けて $x > a$ を右に進むことになろうか (**透過波**, transmitted

§7.5 ポテンシャル障壁

wave)？

したがって，波動は

$$\psi_t(x) = e^{-i\omega t} \begin{cases} e^{ikx} + Re^{-ikx} & (x < -a) \\ Ae^{\alpha x} + Be^{-\alpha x} & (-a < x < a) \\ Te^{ikx} & (x > a) \end{cases} \quad (7.65)$$

という形になるだろう．全体を共通の振動 $e^{-i\omega t}$ にしたのは，これから3つの領域の波を滑らかにつないで一つの波動関数にしようという魂胆なので，時間的な振動が領域ごとに違っては困るからである．

境界 $x = -a$ で，波が滑らかにつながるためには，両側の波動関数の

値が等しい： $e^{-ika} + Re^{ika} = Ae^{-\alpha a} + Be^{\alpha a}$

微係数が等しい： $ik(e^{-ika} - Re^{ika}) = \alpha(Ae^{-\alpha a} - Be^{\alpha a})$ (7.66)

境界 $x = a$ においては，両側の波動関数の

値が等しい： $Te^{ika} = Ae^{\alpha a} + Be^{-\alpha a}$

微係数が等しい： $ikTe^{ika} = \alpha(Ae^{\alpha a} - Be^{-\alpha a})$ (7.67)

となっていなければならない．4つの未知数に対して方程式が4つできたから，ちょうどよい．

まず，(7.67) から

$$A = \frac{1}{2}\left(1 + \frac{ik}{\alpha}\right)Te^{ika}e^{-\alpha a}$$

$$B = \frac{1}{2}\left(1 - \frac{ik}{\alpha}\right)Te^{ika}e^{\alpha a}$$

を出し，(7.66) から出した

$$\left(1 + \frac{\alpha}{ik}\right)Ae^{-\alpha a} + \left(1 - \frac{\alpha}{ik}\right)Be^{\alpha a} = 2e^{-ika}$$

$$\left(1 - \frac{\alpha}{ik}\right)Ae^{-\alpha a} + \left(1 + \frac{\alpha}{ik}\right)Be^{\alpha a} = 2Re^{ika}$$

に代入して，整理すると

$$T = \frac{1}{D(k)}e^{-2ika}, \quad R = \frac{N(k)}{D(k)}e^{-2ika} \quad (7.68)$$

が得られる．ここに

$$
\begin{aligned}
N(k) &= \frac{1}{2}\left(\frac{\alpha}{ik} - \frac{ik}{\alpha}\right)\sinh 2\alpha a \\
D(k) &= \cosh 2\alpha a - \frac{1}{2}\left(\frac{\alpha}{ik} + \frac{ik}{\alpha}\right)\sinh 2\alpha a
\end{aligned} \quad (7.69)
$$

である．こうして，ウェーヴィクルは，自分の運動エネルギーより高いポテンシャルの障壁を突き抜けることがわかった．これが**トンネル効果**（tunnel effect）である．とは言っても，自分の運動エネルギーに比べて高い壁は突き抜けにくいのである（後の7-8図を参照）．

(b) 透過率と反射率

ポテンシャルの壁の透過率と反射率は確率の流束（5.20）から定義される．確率の流束は，まず領域 $x < -a$ では

$$
\begin{aligned}
j(x,\ t) &= \frac{\hbar}{m}\,\mathrm{Im}\left\{(e^{-ikx} + R^*e^{ikx})\frac{d}{dx}(e^{ikx} + Re^{-ikx})\right\} \\
&= \frac{\hbar}{m}\,\mathrm{Im}\,ik(1 - |R|^2 + R^*e^{2ikx} - Re^{-2ikx}) \\
&= \frac{\hbar k}{m}(1 - |R|^2) \qquad (x < -a) \quad (7.70)
\end{aligned}
$$

となる．$x > a$ の流束は簡単で

$$
j(x,\ t) = \frac{\hbar k}{m}|T|^2 \qquad (x > a) \quad (7.71)
$$

となる．

もし，入射波として e^{ikx} の代りに $\mathfrak{N}e^{ikx}$ をとっていたら，

$$
j(x,\ t) = \begin{cases} v|\mathfrak{N}|^2(1 - |R|^2) & (x < -a) \\ v|\mathfrak{N}|^2|T|^2 & (x > a) \end{cases} \quad (7.72)
$$

となる．ここで $\hbar k/m = v$ と置いた．v は粒子の速さである．$x < -a$ から来る入射波は $\mathfrak{N}e^{ikx}$ だから，その存在確率密度は $|\mathfrak{N}e^{ikx}|^2 = |\mathfrak{N}|^2$ である．単位時間には長さ v の部分にある確率が入射するので，入射する確率の流束は $v|\mathfrak{N}|^2$ である（入射波と反射波の干渉項は見事に消えた！　うまく

§7.5 ポテンシャル障壁

できているものだ). 同様に $-v|\mathcal{N}|^2|R|^2$ は負の向きに向かう流束で,これが反射された確率の流束となる. $v|\mathcal{N}|^2|T|^2$ は透過した流束である. そこで

$$
\begin{aligned}
\text{透過率} &: \quad \mathcal{T} = \frac{(\text{透過する流束})}{(\text{入射する流束})} \\
\text{反射率} &: \quad \mathcal{R} = \frac{-(\text{反射された流束})}{(\text{入射する流束})}
\end{aligned}
\right\} \tag{7.73}
$$

と定義すれば, $2a = b$ とおいて

$$\mathcal{T} = |T|^2 = \frac{1}{|D(k)|^2}, \qquad \mathcal{R} = |R|^2 = \left|\frac{N(k)}{D(k)}\right|^2 \tag{7.74}$$

となる. (7.69) によれば

$$|N(k)|^2 = \frac{(\alpha^2+k^2)^2}{4\alpha^2 k^2}\sinh^2 \alpha b = \frac{V_0^2}{4E(V_0-E)}\sinh^2 \alpha b$$

$$\begin{aligned}
|D(k)|^2 &= \cosh^2 \alpha b + \frac{\alpha^4+k^4-2\alpha^2 k^2}{4\alpha^2 k^2}\sinh^2 \alpha b \\
&= 1 + \frac{(\alpha^2+k^2)^2}{4\alpha^2 k^2}\sinh^2 \alpha b \\
&= 1 + \frac{V_0^2}{4E(V_0-E)}\sinh^2 \alpha b
\end{aligned}$$

となるので

$$
\begin{aligned}
\mathcal{T} &= \frac{4E(V_0-E)}{4E(V_0-E)+V_0^2\sinh^2 \alpha b} \\
\mathcal{R} &= \frac{V_0^2 \sinh^2 \alpha b}{4E(V_0-E)+V_0^2\sinh^2 \alpha b}
\end{aligned}
\right\} \tag{7.75}
$$

が得られる. 明らかに

$$\mathcal{T} + \mathcal{R} = 1 \tag{7.76}$$

が成り立っている.

(c) $E > V_0$ の場合: ラムザウアー - タウンゼント効果

$E > V_0$ の場合には, ポテンシャルの内部における波数を

$$K = \sqrt{\frac{2m(E-V_0)}{\hbar^2}} \tag{7.77}$$

として，上の計算で $\alpha \to iK$ というおきかえをすればよい．その結果

$$\left.\begin{array}{l} N(k) = \dfrac{i}{2}\left(\dfrac{K}{k} - \dfrac{k}{K}\right)\sin Kb \\ D(k) = \cos Kb - \dfrac{i}{2}\left(\dfrac{K}{k} + \dfrac{k}{K}\right)\sin Kb \end{array}\right\} \quad (7.78)$$

となる．透過率と反射率は

$$\left.\begin{array}{l} \mathcal{T} = \dfrac{4E(E - V_0)}{4E(E - V_0) + V_0^2 \sin^2 Kb} \\ \mathcal{R} = \dfrac{V_0^2 \sin^2 Kb}{4E(E - V_0) + V_0^2 \sin^2 Kb} \end{array}\right\} \quad (7.79)$$

となる．この場合にも

$$\mathcal{T} + \mathcal{R} = 1 \quad (7.80)$$

が成り立っている．透過率，反射率が入射エネルギーにどう依存するかの一例を 7-8 図に示す．

注目すべきは完全透過 $\mathcal{T} = 1$ が起こることだ．これは

$$\sin Kb = 0 \quad (7.81)$$

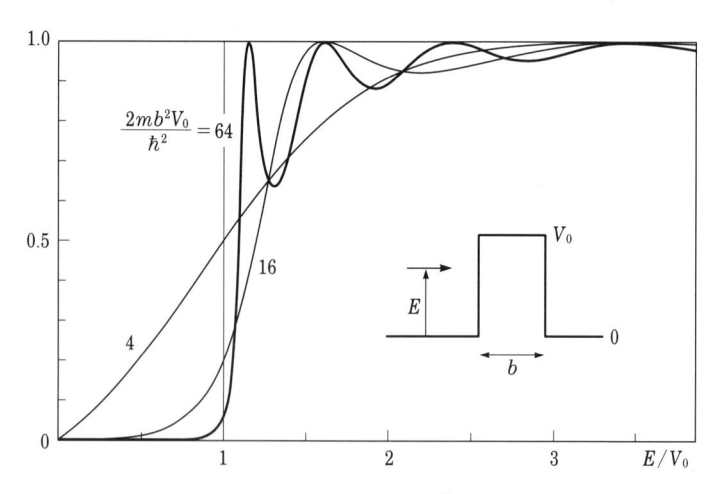

7-8 図　透過率のエネルギー依存性．$\dfrac{2mb^2}{\hbar^2}V_0 = 64,\ 16,\ 4$ の場合．ただし，$b = 2a$ とおいた．

§7.5 ポテンシャル障壁

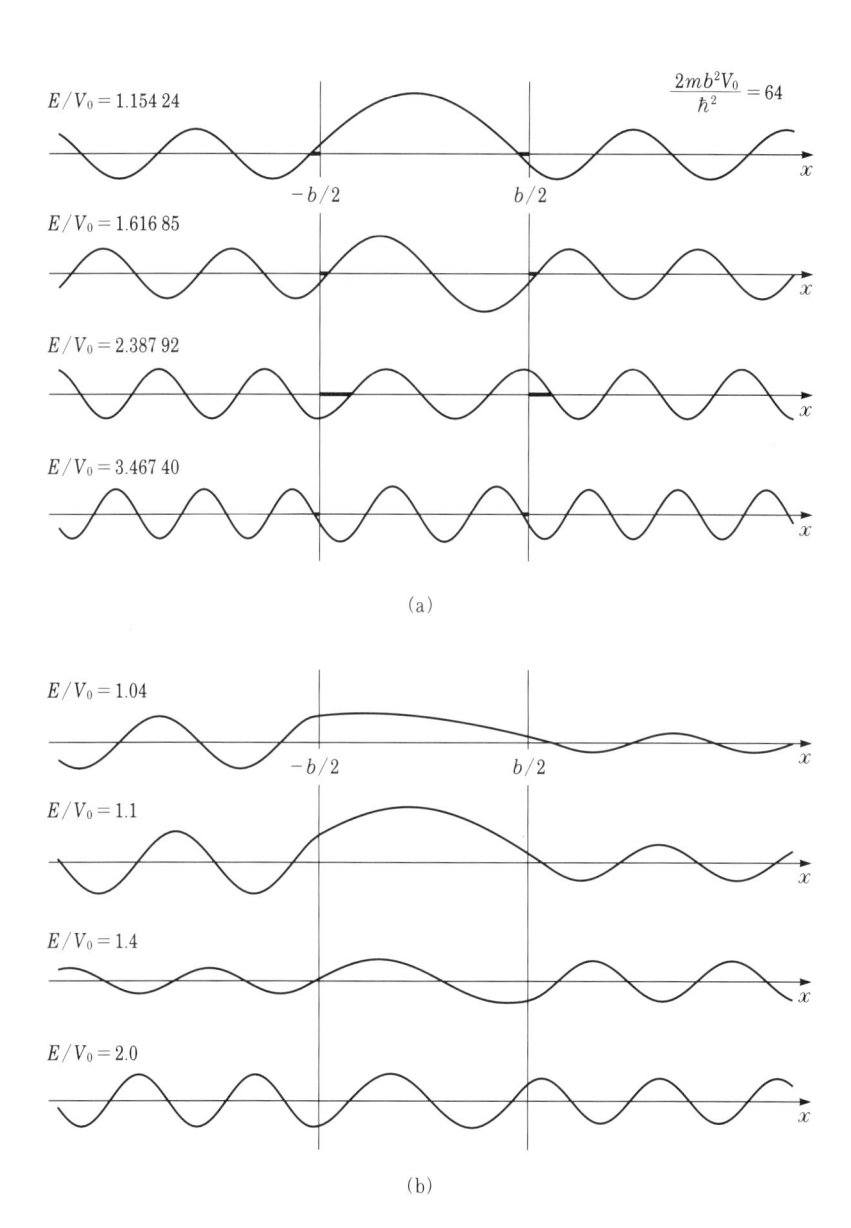

$E/V_0 = 1.15424$

$E/V_0 = 1.61685$

$E/V_0 = 2.38792$

$E/V_0 = 3.46740$

$\dfrac{2mb^2V_0}{\hbar^2} = 64$

(a)

$E/V_0 = 1.04$

$E/V_0 = 1.1$

$E/V_0 = 1.4$

$E/V_0 = 2.0$

(b)

7-9図 完全透過（に近い）の場合（a）とそうでない場合（b）との波動関数の対比．波動関数の実数部分を示す．

のときに起こる．つまり，ポテンシャルの内部での波長 $\lambda = 2\pi/K$ がポテンシャルの幅 b の中にちょうど半整数個おさまる場合で，ポテンシャルの入口での位相が出口での位相と π の整数倍だけちがう（7-9図）．同様のことは，箱型（あるいは井戸型）ポテンシャルにかぎらず起こり，**ラムザウア**

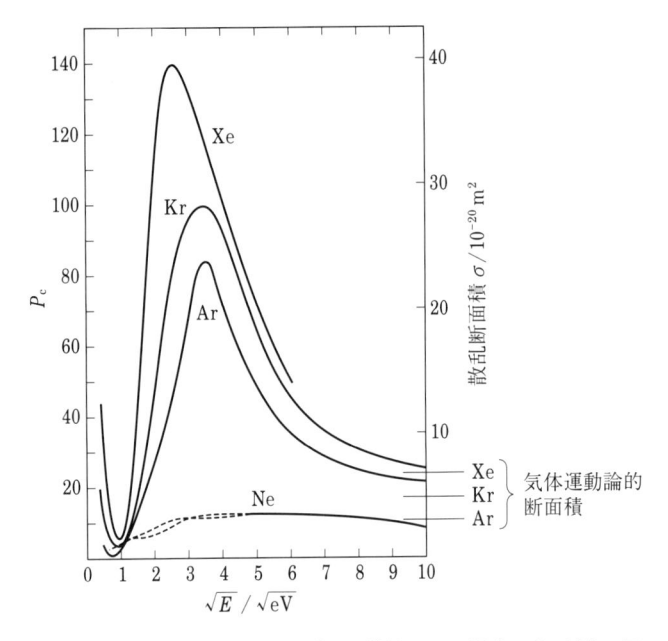

7-10図 ラムザウアー‐タウンゼント効果．P_c は温度 0°C，圧力 1 Torr (133.322 Pa) の気体のなかで電子が 1 cm 飛ぶ間の衝突数（弾性散乱＋非弾性散乱）．R. B. Brode: Rev. Mod. Phys. **5** (1933) 257 による．

　1原子当りの散乱断面積 σ（単位 m², §12.1を参照）に直すには，P_c を100倍して 1 m 当りの P_c' にした上で，厚さ L の気体に面積 S にわたって単位時間に N 個の電子を入射させたとし，流束 $j = N/S$，体積 SL のなかにある的の数 $N_\mathrm{T} = \dfrac{p \cdot SL}{RT} N_\mathrm{A}$ から，単位時間当りの衝突数 $jN_\mathrm{T}\sigma$ をだし，これを $jS \cdot P_c' \cdot L$ に等しいとおいて

$$j\sigma \frac{pSL}{RT} N_\mathrm{A} = jS \cdot P_c' \cdot L, \quad \text{ゆえに} \quad \sigma = P_c' \frac{RT}{pN_\mathrm{A}}$$

ここに，$p,\ T$ は気体の圧力と温度で 133.3 Pa，273 K であり，N_A はアヴォガドロ数 $6.02 \times 10^{23}\ \mathrm{mol}^{-1}$，$R$ は気体定数 $8.31\ \mathrm{J/mol \cdot K}$ である．よって

$$\sigma/\mathrm{m}^2 = \frac{8.31 \times 273}{133.3 \times 6.02 \times 10^{23}}(P_c \times 100) = 2.83 \times 10^{-21} \cdot P_c$$

ー-タウンゼント効果(Ramsauer‐Townsend effect)とよばれる.これは,気体論で,量子論より早く気づかれており,長い間謎とされていた.すなわち,1eV前後のエネルギーをもつ電子が,アルゴンなどの気体中で,気体分子運動論から期待される値よりずっと大きい平均自由行程をもつことが1921年に見出されたのである.その後,多くの実験が続いた.平均自由行程とは,電子が衝突までに走る距離の平均で,気体中では

(平均自由行程) = 1/[(気体分子の数密度)・(散乱断面積)]

で与えられる.気体運動論から推定された原子の断面積と電子の平均自由行程から計算した断面積の比較を7‐10図に示す.

(d) $V_0 < 0$ の場合

この場合にも(7.79)はそのまま成り立つ(章末問題10も参照).Kの式(7.77)が成り立つからである.この場合の透過率が入射エネルギーにどう依存するかを7‐11図に示す.

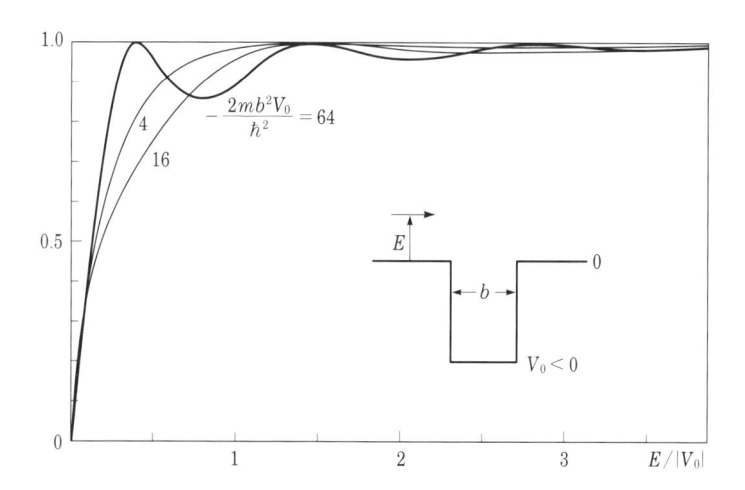

7‐11図 透過率のエネルギー依存性,$\dfrac{2mb^2}{\hbar}V_0 = -64, -16, -4$ の場合.ただし,$b = 2a$ とおいた.

§7.6 連続スペクトルと離散スペクトル

引力の井戸型ポテンシャル (7.7) にもどろう．§7.2 では，このポテンシャルの場における定常状態で境界条件 (7.9) にしたがうもの（束縛状態）をもとめた．そのエネルギー固有値は $E < V_0$ であった．

しかし，これが定常状態のすべてではない．このポテンシャルの場における定常状態にはエネルギーが $E > V_0$ のものもある．それをもとめよう．ポテンシャル (7.7) は左右対称だから，定常状態の波動関数は左右対称，反対称ときめてさがしてもよい（『基礎演習シリーズ 量子力学』p.86, 問題［2］参照）．

（a） 対称な状態

エネルギー E は V_0 より大きいとして

$$q = \sqrt{\frac{2m(E-V_0)}{\hbar^2}} \tag{7.82}$$

を定義しよう．さらに (7.20) で定義した k を用いれば，(7.8) の左右対称な解は

$$u^{(\mathrm{s})}(x) = N \begin{cases} Ae^{iq(x-a)} + Be^{-iq(x-a)} & (x > a) \\ \cos kx & (-a < x < a) \\ Ae^{-iq(x+a)} + Be^{iq(x+a)} & (x < -a) \end{cases} \tag{7.83}$$

の形をもつであろう．ここに，A, B は定数で，相隣る領域の波動関数が滑らかにつながるように定める．すなわち，$x = a$ において波動関数の

値が等しい： $\cos ka = A + B$

微係数が等しい： $-k \sin ka = iq(A - B)$

ことから

$$A = \frac{1}{2}\left(\cos ka - \frac{k}{iq}\sin ka\right)$$

$$B = \frac{1}{2}\left(\cos ka + \frac{k}{iq}\sin ka\right)$$

§7.6 連続スペクトルと離散スペクトル

となる．これを (7.83) に代入すれば，もとめる (7.8) の解が得られる．任意の $q > 0$ に対して得られるのである．A と B は互いに複素共役なので $Ae^{iq(x-a)} + Be^{-iq(x-a)} = 2\,\text{Re}\,Ae^{iq(x-a)}$ であるから：

$u_q^{(\text{s})}(x) = N_q^{(\text{s})}$

$$\times \begin{cases} \cos ka \cos q(x-a) - \dfrac{k}{q}\sin ka \sin q(x-a) & (x > a) \\ \cos kx & (-a < x < a) \\ \cos ka \cos q(x+a) + \dfrac{k}{q}\sin ka \sin q(x+a) & (x < -a) \end{cases}$$
(7.84)

（b） 反対称な状態

(7.8) の左右反対称な解は，同様にして

$u_q^{(\text{a})}(x) = N_q^{(\text{a})}$

$$\times \begin{cases} \sin ka \cos q(x-a) + \dfrac{k}{q}\cos ka \sin q(x-a) & (x > a) \\ \sin kx & (-a < x < a) \\ -\sin ka \cos q(x+a) + \dfrac{k}{q}\cos ka \sin q(x+a) & (x < -a) \end{cases}$$
(7.85)

見てのとおり，これらの解は遠方 ($x \to \pm\infty$) にいっても 0 にならない．いや，驚くことはない．§7.3 で考えた運動量の固有状態も §7.5 のトンネル効果の波動関数も遠方で 0 にならなかった．このように遠方まで波動関数が広がった状態は**散乱状態**（scattering state）とよばれる．

エネルギー E は，いま $E > V_0$（$V_0 < 0$ だったら $E \geqq 0$）としているが，その限りではどんな値でも (7.8) の解ができる．$E > V_0$ の実数値がすべてハミルトニアンの固有値である．この種の固有値は**連続スペクトル**（continuous spectrum）をなすといわれる．これに対して束縛状態のトビトビの固有値は**離散スペクトル**（discrete spectrum）をなすという．

158　　7. 井戸型ポテンシャル

```
        離散スペクトル　　連続スペクトル
    ─────┼──×─×─×──▓▓▓▓▓▓▓▓▓▓▓▓▓▓─
         0           V₀
```

7-12図　井戸型ポテンシャルをもつハミルトニアンのスペクトル

井戸型ポテンシャルのハミルトニアンは，離散スペクトルと連続スペクトルの両方をもつのである（7-12図）．

(c) 規 格 化

散乱状態の規格化は，(7.41)にならって

$$\int_{-\infty}^{\infty} u_{q'}^{(p)*}(x)\, u_q^{(p)}(x)\, dx = \delta(q-q') \qquad (p=\mathrm{s,a}) \qquad (7.86)$$

となるようにする．この条件によって，無限遠に向かって増大する関数は固有関数から排除される．

規格化積分は，はじめ $(-(L+a),\ L+a)$ で行ない，あとで $L \to \infty$ にしよう．

対称な状態の場合，積分 $\int_{-(L+a)}^{L+a} u_{q'}^{(\mathrm{s})*}(x)\, u_q^{(\mathrm{s})}(x)\, dx$ は次の諸項の和の $2|N_q^{(\mathrm{s})}|^2$ 倍となる．まず，$(a, L+a)$ の積分は，次の諸項の和である：

$$\cos k'a \cos ka \times \Big|\int_0^L \cos q'x \cos qx\, dx$$

$$= \frac{1}{2}\left(\frac{\sin(q-q')L}{q-q'} + \frac{\sin(q+q')L}{q+q'}\right)$$

$$\frac{k'k}{q'q}\sin k'a \sin ka \times \Big|\int_0^L \sin q'x \sin qx\, dx$$

$$= \frac{1}{2}\left(\frac{\sin(q-q')L}{q-q'} - \frac{\sin(q+q')L}{q+q'}\right)$$

$$-\frac{k}{q}\cos k'a \sin ka \times \Big|\int_0^L \cos q'x \sin qx\, dx$$

$$= -\frac{1}{2}\left(\frac{\cos(q-q')L - 1}{q-q'} + \frac{\cos(q+q')L - 1}{q+q'}\right)$$

§7.6　連続スペクトルと離散スペクトル

$$-\frac{k'}{q'}\sin k'a \cos ka \times \Big| \int_0^L \sin q'x \cos qx\, dx$$
$$= \frac{1}{2}\left(\frac{\cos(q-q')L - 1}{q-q'} - \frac{\cos(q+q')L - 1}{q+q'}\right)$$

このうち，積分の下限からの寄与に，$(0, a)$ の積分

$$\int_0^a \cos k'x \cos kx\, dx = \frac{1}{2}\left\{\frac{\sin(k'-k)a}{k'-k} + \frac{\sin(k'+k)a}{k'+k}\right\}$$
$$= \frac{1}{2}\Big\{\frac{1}{k'-k}(\sin k'a \cos ka - \sin ka \cos k'a)$$
$$+ \frac{1}{k'+k}(\sin k'a \cos ka + \sin ka \cos k'a)\Big\}$$

を加えると 0 になる．実際，

$\sin k'a \cos ka$

$$\times \Big|\frac{1}{2}\Big(\frac{1}{q-q'} - \frac{1}{q+q'}\Big)\frac{k'}{q'} + \frac{1}{2}\Big(\frac{1}{k'-k} + \frac{1}{k'+k}\Big)$$
$$= \frac{q'}{q^2 - q'^2}\frac{k'}{q'} - \frac{k'}{k^2 - k'^2} = \frac{\hbar^2}{2m(E-E')}(k'-k') = 0$$

$\cos k'a \sin ka$

$$\times \Big|\frac{1}{2}\Big(-\frac{1}{q-q'} - \frac{1}{q+q'}\Big)\frac{k}{q} + \frac{1}{2}\Big(-\frac{1}{k'-k} + \frac{1}{k'+k}\Big)$$
$$= -\frac{q}{q^2 - q'^2}\frac{k}{q} + \frac{k}{k^2 - k'^2} = 0$$

次に，$(a, L+a)$ の上端からの寄与：

$$\frac{\sin(q-q')L}{q-q'} \times \frac{1}{2}\Big(\cos k'a \cos ka + \frac{k'k}{q'q}\sin k'a \sin ka\Big)$$

$$\frac{\sin(q+q')L}{q+q'} \times \frac{1}{2}\Big(\cos k'a \cos ka - \frac{k'k}{q'q}\sin k'a \sin ka\Big)$$

$$\frac{\cos(q-q')L}{q-q'} \times \frac{1}{2}\Big(\frac{k}{q}\cos k'a \sin ka - \frac{k'}{q'}\sin k'a \cos ka\Big)$$

$$\frac{\cos(q+q')L}{q+q'} \times \frac{1}{2}\Big(\frac{k}{q}\cos k'a \sin ka + \frac{k'}{q'}\sin k'a \cos ka\Big)$$

を調べよう．まず

$$\frac{\sin(q-q')L}{q-q'} = \frac{1}{2}\int_{-L}^{L} e^{i(q-q')x}dx$$

は，$L\to\infty$ で (7.48) により $\pi\delta(q-q')$ になる：

$$\lim_{L\to\infty}\frac{\sin(q-q')L}{q-q'} = \pi\delta(q-q') \tag{7.87}$$

同様に

$$\lim_{L\to\infty}\frac{\sin(q+q')L}{q+q'} = \pi\delta(q+q')$$

であるが，$q+q' \neq 0$ だから，これは 0 だ．$\dfrac{\cos(q+q')L}{q+q'}$ は $L\to\infty$ では激しく振動して実質的に 0 となる．* $\dfrac{\cos(q-q')L}{q-q'}$ では，$q=q'$ のとき分母が 0 となるが，これに掛っている係数も 0 となるので問題はない．こうして

$$\int_{-\infty}^{\infty} u_{q'}^{(s)}(x)\, u_q^{(s)}(x)\, dx = |N_q^{(s)}|^2\, \pi\Big\{\cos^2 ka + \Big(\frac{k}{q}\Big)^2 \sin^2 ka\Big\}\delta(q-q') \tag{7.88}$$

が得られた．

したがって，規格化した $u_q^{(s)}(x)$ は

$$u_q^{(s)}(x) = \Big(\pi\Big[\cos^2 ka + \Big(\frac{k}{q}\Big)^2 \sin^2 ka\Big]\Big)^{-1/2}$$

$$\times \begin{cases} \cos kx & (-a < x < a) \\ \cos ka \cos q(x-a) - \dfrac{k}{q}\sin ka \sin q(x-a) & (x > a) \end{cases} \tag{7.89}$$

となる．$x < -a$ には対称になるように延長する（式 (7.84) を参照）．

---

* これに滑らかな，かつ遠くで 0 となる関数 $f(q)$ を掛けて積分したとき

$$\int_{-\infty}^{\infty} f(q) \cos[(q-q')L]dq \to 0 \quad (L\to\infty)$$

となるという意味．これを，$\cos[(q-q')L]$ は $L\to\infty$ のとき超関数の意味で 0 になるという．(7.87) の $\sin[(q-q')L]/(q-q')$ も $L\to\infty$ のとき超関数の意味で $\to \pi\delta(q-q')$ になるのである．このことは (7.42) のところでも述べた．

反対称な状態の規格化も同様に計算され

$$u_q^{(a)}(x) = \left(\pi\left[\sin^2 ka + \left(\frac{k}{q}\right)^2 \cos^2 ka\right]\right)^{-1/2}$$
$$\times \begin{cases} \sin kx & (-a < x < a) \\ \sin ka \cos q(x-a) + \dfrac{k}{q} \cos ka \sin q(x-a) & (x > a) \end{cases}$$
(7.90)

を与える．$x < -a$ には反対称になるように延長する．

[**注意**] これら，対称，反対称な関数は，$V_0 = 0$ のとき，それぞれが正しく $\dfrac{1}{\sqrt{\pi}}\cos kx$, $\dfrac{1}{\sqrt{\pi}}\sin kx$ になる．

散乱状態の対称，反対称な固有関数が，束縛状態の (7.28), (7.35) に直交することは，エネルギー固有値がちがうのだから当然で，あらためて確かめるまでもない．

(d) 固有関数系の完全性

ハミルトニアンの（一般にいえばエルミート演算子の）固有関数は全部とれば完全系をなすはずである．離散スペクトルに属するものも連続スペクトルに属するものも全部とる．そうすれば，それで任意の関数が展開できるはずである．これが完全性の意味であった．これをポテンシャルが井戸型の場合に確かめたい．

われわれのつくった固有関数 (7.28), (7.35), (7.89), (7.90) は互いに直交しているから，そのすべてが完全系をなすとして，その一つでも欠けたら完全でなくなってしまう．欠けた一つは，他の固有関数では決して展開できないからである．

われわれの固有関数の正規直交系でいえば，完全性は

7. 井戸型ポテンシャル

$$\sum_{p=s,a} \left\{ \int_0^\infty u_q^{(p)}(x) u_q^{(p)*}(x') dq + \sum_n u_n^{(p)}(x) u_n^{(p)*}(x') \right\} = \delta(x - x') \tag{7.91}$$

で表わされる．実際，この式の両辺に任意の関数 $\phi(x')$ を掛けて x' で積分すれば

$$\sum_{p=s,a} \left\{ \int_0^\infty u_q^{(p)}(x) \gamma^{(p)}(q) dq + \sum_n u_n^{(p)}(x) \gamma_n^{(p)} \right\} = \phi(x)$$

となり，$\phi(x)$ が $\{u_q^{(p)}(x),\ u_n^{(p)}(x)\}$ で展開された．展開係数は

$$\gamma^{(p)}(q) = \int_{-\infty}^\infty u_q^{(p)*}(x') \phi(x') dx', \qquad \gamma_n^{(p)} = \int_{-\infty}^\infty u_n^{(p)*}(x') \phi(x') dx'$$

で与えられる．

われわれの固有関数は，x 軸上の領域によって形がちがうから (7.91) を確かめるにも $x,\ x'$ の属する領域ごとに計算しなければならない．ここでは，代表的に，対称な固有関数について，$x,\ x' > a$ の場合

$$\int_0^\infty u_q^{(s)}(x) u_q^{(s)*}(x') dq + \sum_n u_n^{(s)}(x) u_n^{(s)*}(x') = \frac{1}{2} \delta(x - x') \tag{7.92}$$

を証明することで満足しよう．反対称な固有関数についても同様な式が成り立ち，合わせると右辺が $\delta(x - x')$ になる．

まず，(7.89) の cos と sin を指数関数で書いて $\int_0^\infty \cdots e^{iq(x \pm x')} dq + \int_0^\infty \cdots e^{-iq(x \pm x')} dq$ を合わせれば

$$\int_0^\infty u_q^{(s)}(x) u_q^{(s)*}(x') dq = I_A(x,\ x') + I_B(x,\ x') \tag{7.93}$$

と書くことができる．ここに

$$I_A = \frac{1}{4\pi} \int_{-\infty}^\infty e^{iq(x-x')} dq = \frac{1}{2} \delta(x - x')$$

$$I_B = \frac{1}{4\pi} \int_0^\infty \frac{\cos ka - \dfrac{k}{iq} \sin ka}{\cos ka + \dfrac{k}{iq} \sin ka} e^{iq(x+x'-2a)} dq$$

§7.6 連続スペクトルと離散スペクトル

後者は,積分路を複素 q 平面の上半平面をとおる大円で閉じると

$$I_B = \frac{1}{4\pi} \sum_n 2\pi i \,\text{Res}\,(i\alpha_n)\, e^{-\alpha_n(x+x'-2a)}$$

となる.ここに $q_n = i\alpha_n$ は

$$\frac{\cos ka - \dfrac{k}{iq}\sin ka}{\cos ka + \dfrac{k}{iq}\sin ka}$$

の極で

$$k(q_n)\tan k(q_n)a = -iq_n = \alpha_n \tag{7.94}$$

からきまる(式(7.31)を参照).その点での留数 $\text{Res}\,(i\alpha_n)$ は

$$\frac{d}{dq}\left(\frac{\cos ka - \dfrac{k}{iq}\sin ka}{\cos ka + \dfrac{k}{iq}\sin ka}\right)^{-1} = \frac{d}{dq}\left(-1 + \frac{2}{1 - \dfrac{k}{iq}\tan ka}\right)$$

$$= \frac{2}{\left(1 - \dfrac{k}{iq}\tan ka\right)^2}\frac{d}{dq}\left(\frac{k}{iq}\tan ka\right)$$

の極における値の逆数である.$dk/dq = q/k$ だから

$$\frac{d}{dq}\left(\frac{k}{iq}\tan ka\right) = \frac{1}{iq^2}\left[\left(\frac{q}{k}\right)^2 - 1\right]k\tan ka + \frac{a}{i}\frac{1}{\cos^2 ka}$$

となる.極において $(q_n/k_n)^2 - 1 = -(\tan^2 k_n a + 1) = 1/\cos^2 k_n a$ および $k_n \tan k_n a = -iq_n$ となることに注意すれば

$$\text{Res}\,(i\alpha_n) = 2\cos^2 k_n a \,\frac{i\alpha_n}{1 + \alpha_n a} \tag{7.95}$$

を得る.よって,$\eta_n = \alpha_n a$ を用いれば

$$I_B = -\sum_n \cos^2 k_n a \,\frac{\eta_n}{(1+\eta_n)a}\, e^{-\alpha_n(x+x'-2a)} \tag{7.96}$$

が得られる.これは(7.28)の $u_n^{(s)}(x)$ の積の符号をかえたものであるから,(7.93)の I_A と合わせて,$x, x' > a$ のとき(7.92)の成り立つことが証明された.

問　題

1. 井戸型ポテンシャル (7.7) において $a = 5 \times 10^{-11}$ m, $V_0 = 10$ eV である．束縛状態のエネルギーを求めよ．

2. 井戸型ポテンシャル (7.7) において井戸の"体積"が $0 < V_0 a^2 \ll \hbar^2/2m$ であるとき，束縛状態のエネルギーを求めよ．

3. 井戸型ポテンシャル (7.7) において，井戸の体積が $V_0 a^2 \gg \hbar^2/2m$ であるとき，低い励起状態の波動関数の井戸の外への滲み出しはどの程度か？

4. 井戸型ポテンシャル (7.7) において，$V_0 a^2 \to \infty$ のときエネルギー固有値の分布はどうか？

   $a \to \infty$ のときには，範囲 $(\mathcal{E}, \mathcal{E} + d\mathcal{E})$ にある固有値の数 $d\mathfrak{N}$ を求めよ．$d\mathfrak{N}/d\mathcal{E}$ を**状態密度** (state density) という．

5. 剛体壁で囲まれた矩形の領域，すなわちポテンシャルの場

$$V(x, y) = \begin{cases} 0 & 0 \leq x \leq a, \quad 0 \leq y \leq b \\ \infty & \text{otherwise} \end{cases}$$

を運動する質量 μ の粒子のエネルギー準位を定めよ．その準位は $a, b \to \infty$ のとき $(\mathcal{E}, \mathcal{E} + d\mathcal{E})$ にいくつあるか？ その数を $d\mathfrak{N}$ として，$d\mathfrak{N}/d\mathcal{E}$ を状態密度という．

6. x 軸上，7-13図のような2つの引力中心から力を受けて電子が運動する．

   (a) 左右対称な束縛状態に対して，電子のエネルギー E を力の中心の距離 $R = 2a + D$ の関数として求めよ．

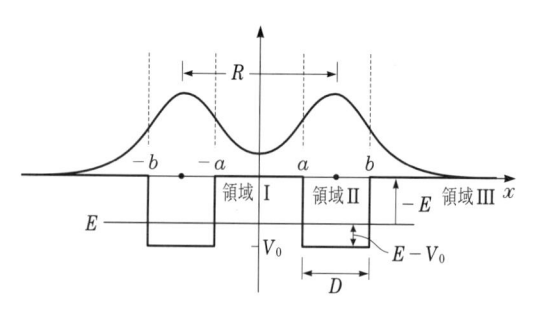

7-13図　水素分子イオンのモデル

D は一定とし，a は $-D/2$ から ∞ まで変わるものとする．したがって，2つ

の井戸が重なることもある．

（b） これは水素分子イオンのモデルである．2つの引力中心は2つの原子核を表わす．電子のエネルギーに核の間のクーロン・ポテンシャル c/R を加えて系のエネルギーとすれば，2つの核を距離 R から無限遠まで引き離すに要する仕事はいくらになるか？ その符号を変えた $W(R)$ は，2つの原子核を結びつけるポテンシャルと考えられる．実際，$W(R)$ は R の関数として極小点をもつことを示せ．

7. 箱型の障壁 (7.60) において，ポテンシャルの体積が $(V_0 - E)a^2 \gg \hbar^2/2m$ であれば，透過率は

$$\mathcal{T} \sim \frac{16E}{V_0} \exp\left[-\frac{2}{\hbar}\sqrt{2m(V_0 - E)}\, a\right]$$

となることを示せ．

8. 箱型の障壁 (7.60) において，$V_0 \ll E$ であれば，反射率は

$$\mathcal{R} \sim \frac{V_0^2}{4E^2} \sin^2 ka$$

となることを示せ．

9. 7-14図のポテンシャルにエネルギー E の粒子が右から，また左から入射するときの透過率を求めよ．ただし，E は，図のようにポテンシャルの左側で測るものとし，$E < V_0$ とする．

10. 引力の井戸型ポテンシャル（幅 $2a$，深さ V_0）に対する質量 m，エネルギー E の粒子の透過率，反射率を，波動関数 (7.91)，(7.92) を用いて計算せよ．

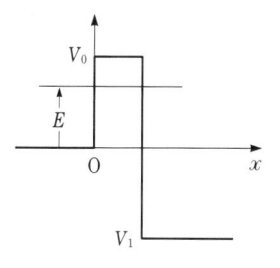

7-14図 非対称な箱型ポテンシャル

11. どんなに小さい $\varepsilon > 0$ をとっても

$$\lim_{K \to \infty} \int_{-\varepsilon}^{\varepsilon} \frac{\sin Kx}{x} dx = \pi$$

となることを示せ．

8 調和振動子

　　　　　　　　　　　固定点Oからの距離に比例する大きさの力でOに向けて引かれる質点は，調和振動子とよばれる．古典力学ではサイン型の振動をし，これが調和振動ともよばれるためだ．これはプランクが輻射の発生・吸収に用いて以来，量子力学にはなじみである．実際，分子の振動をはじめとして振動問題は物理のあらゆる場面に現れる．いずれは，光の場も調和振動子の集まりとみなせることが示されるだろう．この章で導入される生成・消滅演算子は，広く素粒子の発生・消滅の理論にも使われるのだ．

　調和振動子は，固定点にバネで結ばれ，つり合い点からの変位に比例した力で引きもどされる質点である．1次元の場合でいえば，古典的な運動方程式は，つり合い点を座標原点にとって

$$m\frac{d^2x}{dt^2} = -kx \tag{8.1}$$

となる．m が質点の質量，k はバネ定数である．その解は，角振動数

$$\omega = \sqrt{\frac{k}{m}} \tag{8.2}$$

の正弦振動で，エネルギーの式は

$$\frac{1}{2m}p^2 + \frac{m\omega^2}{2}x^2 = \text{const.}(=E) \tag{8.3}$$

である．ただし，$p = m\dfrac{dx}{dt}$ は運動量．バネ定数 k は (8.2) を用いて書き

直した．

§8.1　定常状態

調和振動子を量子力学で扱って，その定常状態を決定しよう．たとえば，HClのような2原子分子の伸縮運動は調和振動子で近似される．

（a）ハミルトニアン

調和振動子を量子力学で扱うには，エネルギーの式の p と x を演算子

$$\hat{p} = -i\hbar \frac{d}{dx}, \qquad \hat{x} = x \cdot \tag{8.4}$$

でおきかえてハミルトニアン演算子

$$\hat{\mathcal{H}} = \frac{1}{2m}\hat{p}^2 + \frac{m\omega^2}{2}\hat{x}^2 \tag{8.5}$$

をつくる．その固有値問題

$$\hat{\mathcal{H}} u(x) = E u(x) \tag{8.6}$$

を解くことが当面の目標になる．これは，(8.4) によれば微分方程式

$$\left\{-\frac{\hbar^2}{2m}\frac{d^2}{dx^2} + \frac{m\omega^2}{2}x^2\right\} u(x) = E u(x) \tag{8.7}$$

であり，これを境界条件

$$u(x) \to 0, \qquad x \to \pm\infty \quad \text{のとき} \tag{8.8}$$

のもとで解くのである．しかし，ここでは別の行き方をしてみよう．

まず，ハミルトニアンが

$$\hat{\mathcal{H}} = \hbar\omega\left(\sqrt{\frac{m\omega}{2\hbar}}\,\hat{x} - i\sqrt{\frac{1}{2m\hbar\omega}}\,\hat{p}\right)\left(\sqrt{\frac{m\omega}{2\hbar}}\,\hat{x} + i\sqrt{\frac{1}{2m\hbar\omega}}\,\hat{p}\right) + \frac{1}{2}\hbar\omega$$

と"因数分解"されることに注意する．最後に $\hbar\omega/2$ を加えたのは，括弧をほどいてみれば

$$(\cdots)(\cdots) = \frac{1}{2m\hbar\omega}\hat{p}^2 + \frac{m\omega}{2\hbar}\hat{x}^2 - \frac{i}{2\hbar}(\hat{p}\hat{x} - \hat{x}\hat{p})$$

となって，$\hat{p}$ と $\hat{x}$ が非可換なために $\hat{\mathcal{H}}/\hbar\omega$ からずれるからである．

そこで

$$\hat{a} = \sqrt{\frac{m\omega}{2\hbar}}\,\hat{x} + i\sqrt{\frac{1}{2m\hbar\omega}}\,\hat{p} \qquad (8.9)$$

とおけば，そのエルミート共役は，$\hat{x}$ と $\hat{p}$ はエルミート的だから

$$\hat{a}^\dagger = \sqrt{\frac{m\omega}{2\hbar}}\,\hat{x} - i\sqrt{\frac{1}{2m\hbar\omega}}\,\hat{p} \qquad (8.10)$$

となり，正準交換関係から，交換関係

$$[\hat{a},\ \hat{a}^\dagger] = 1 \qquad (8.11)$$

をみたすことになる．ハミルトニアンは

$$\hat{\mathcal{H}} = \left(\hat{a}^\dagger\hat{a} + \frac{1}{2}\right)\hbar\omega \qquad (8.12)$$

となる．$\hat{a}^\dagger$, $\hat{a}$ を，後に説明する理由から，**生成演算子** (creation operator)，**消滅演算子** (annihilation operator) とよぶ．

したがって，固有値問題 (8.6), (8.8) を解くには，$\hat{a}^\dagger\hat{a}$ の固有値問題

$$\hat{a}^\dagger\hat{a}\,u(x) = \lambda u(x), \qquad u(x) \to 0 \quad (x \to \pm\infty) \qquad (8.13)$$

を解けばよい．これが解けたら，(8.6) の固有値は

$$E = \left(\lambda + \frac{1}{2}\right)\hbar\omega \qquad (8.14)$$

となる．

(b) 固有値問題の解

$\hat{a}^\dagger\hat{a}$ の固有値問題 (8.13) を解こう．そのために，いま仮に固有値問題の解を一つ知っていたとし（数学で未知数を x と置くようなものと思えばよい），固有関数を $u_\#$，固有値を $\lambda_\#$ としよう：

$$\hat{a}^\dagger\hat{a}\,u_\# = \lambda_\# u_\# \qquad (8.15)$$

その固有関数に $\hat{a}^\dagger$ を掛けた $\hat{a}^\dagger u_\#$ を考えると

$$\hat{a}^\dagger\hat{a}\cdot\hat{a}^\dagger = \hat{a}^\dagger\{(\hat{a}\hat{a}^\dagger - \hat{a}^\dagger\hat{a}) + \hat{a}^\dagger\hat{a}\}$$
$$= \hat{a}^\dagger\{\hat{a}^\dagger\hat{a} + 1\}$$

という変形をして，(8.15) に注意すれば

§8.1 定常状態

$$\hat{a}^\dagger \hat{a} \cdot \hat{a}^\dagger u_\# = \hat{a}^\dagger \{\hat{a}^\dagger \hat{a} + 1\} u_\#$$
$$= (\lambda_\# + 1) \hat{a}^\dagger u_\#$$

が得られる．これは

$\hat{a}^\dagger u_\#$ は $\hat{a}^\dagger \hat{a}$ の固有関数で，固有値が $\lambda_\#$ より 1 だけ大きい

(8.16)

ことを示している．

これはくり返すことができる．すなわち，$\hat{a}^\dagger(\hat{a}^\dagger u_\#) = (\hat{a}^\dagger)^2 u_\#$ は固有値がさらに1だけ大きい固有関数であり，$(\hat{a}^\dagger)^3 u_\#$ は … という具合に，いくらでも大きい固有値の固有関数が得られそうに思われる（8-1図）．

今度は $u_\#$ に $\hat{a}$ を掛けた $\hat{a} u_\#$ を試してみよう．

$$\hat{a}^\dagger \hat{a} \cdot \hat{a} = \{(\hat{a}^\dagger \hat{a} - \hat{a} \hat{a}^\dagger) + \hat{a} \hat{a}^\dagger\} \hat{a}$$
$$= \hat{a} \{\hat{a}^\dagger \hat{a} - 1\}$$

という変形をして，(8.15) に注意すれば

$$\hat{a}^\dagger \hat{a} \cdot \hat{a} u_\# = \hat{a} \{\hat{a}^\dagger \hat{a} - 1\} u_\#$$
$$= (\lambda_\# - 1) \hat{a} u_\#$$

が得られる．これは

固有関数	固有値
$\vdots$	$\vdots$
$(\hat{a}^\dagger)^2 u_\#$	$\lambda_\# + 2$
$\hat{a}^\dagger u_\#$	$\lambda_\# + 1$
$u_\#$	$\lambda_\#$
$\hat{a} u_\#$	$\lambda_\# - 1$
$\hat{a}^2 u_\#$	$\lambda_\# - 2$
$\vdots$	$\vdots$

8-1図　固有値の階段

$\hat{a} u_\#$ は $\hat{a}^\dagger \hat{a}$ の固有関数で，固有値が $\lambda_\#$ より 1 だけ小さい

(8.17)

ことを示している．これもくり返すことができるだろう．$\hat{a}(\hat{a} u_\#) = \hat{a}^2 u_\#$ は固有値がさらに1だけ小さい固有関数であり，$\hat{a}^3 u_\#$ は … という具合に，いくらでも小さい固有値の固有関数が得られそうに思われる（8-1図）．

しかし，それは変だ．なぜなら，$\hat{a}^\dagger \hat{a}$ の固有値と固有関数のどの組でもよいから λ, u とすると $\hat{a}^\dagger \hat{a} u = \lambda u$ だが，両辺と u の内積をつくると

$$\langle u, \hat{a}^\dagger \hat{a} u \rangle = \lambda \langle u, u \rangle$$

となるが，$\hat{a}^\dagger$ は $\hat{a}$ のエルミート共役だったから，左辺は

$$\langle \hat{a}u, \hat{a}u \rangle \geqq 0$$

と変形できて,非負である.$\langle u, u \rangle$ はもちろん正だから,したがって

$$\lambda \geqq 0 \tag{8.18}$$

が知れる.$\hat{a}^\dagger \hat{a}$ の固有値は,すべて非負なのである.

だから,(8.17) で固有値を下げて行くにしても限界があるはずなのだ.固有値の下限を λ_0 とし,その固有関数を u_0 とすれば,そこで (8.17) が行き止まりになるためには

$$\hat{a} u_0 = 0 \tag{8.19}$$

となるほかない.すなわち,(8.9),(8.4) により

$$\left(\sqrt{\frac{m\omega}{2\hbar}}\, x + \sqrt{\frac{\hbar}{2m\omega}}\, \frac{d}{dx} \right) u_0(x) = 0$$

したがって

$$\frac{d}{dx} u_0(x) = -\frac{m\omega}{\hbar} x u_0(x) \tag{8.20}$$

でなければならない.これは容易に解けて

$$u_0(x) = N_0 \exp\left[-\frac{m\omega}{2\hbar} x^2 \right]$$

を与える.規格化すれば

$$1 = \int_{-\infty}^{\infty} |u_0(x)|^2 dx = |N_0|^2 \int_{-\infty}^{\infty} e^{-m\omega x^2/\hbar} dx = \sqrt{\frac{\pi\hbar}{m\omega}} |N_0|^2$$

から ―― 規格化定数 N_0 は実数にとってよいから

$$N_0 = \left(\frac{m\omega}{\pi\hbar} \right)^{1/4} \tag{8.21}$$

が得られる.こうして,$\hat{a}^\dagger \hat{a}$ の最低固有値の固有関数が定まった:

$$u_0(x) = \left(\frac{m\omega}{\pi\hbar} \right)^{1/4} \exp\left[-\frac{m\omega}{2\hbar} x^2 \right] \tag{8.22}$$

対応する $\hat{a}^\dagger \hat{a}$ の固有値は,(8.19) から

$$\lambda_0 = 0 \tag{8.23}$$

である.

他の固有関数は,(8.16) により u_0 に $\hat{a}^\dagger$ をくり返し掛けていけば得られ

§8.1 定常状態

る：
$$u_n(x) = N_n (\hat{a}^\dagger)^n u_0(x) \qquad (n = 0, 1, 2, \cdots)$$

$\hat{a}^\dagger$ を 1 回掛けるごとに固有値は 1 ずつ上がるから

$$\lambda_n = n \tag{8.24}$$

となり，上方には限りがない．$\hat{a}^\dagger a$ の固有値は 0 または正の整数 (8.24) に限るのである．

u_n を規格化しよう．$\langle u_n, u_n \rangle = 1$ にするのだが

$$\langle u_n, u_n \rangle = \left| \frac{N_n}{N_{n-1}} \right|^2 \langle \hat{a}^\dagger u_{n-1}, \hat{a}^\dagger u_{n-1} \rangle \tag{8.25}$$

と書けば，右辺において

$$\begin{aligned}
\langle \hat{a}^\dagger u_{n-1}, \hat{a}^\dagger u_{n-1} \rangle &= \langle u_{n-1}, \hat{a} \hat{a}^\dagger u_{n-1} \rangle \\
&= \langle u_{n-1}, (\hat{a}^\dagger \hat{a} + 1) u_{n-1} \rangle \\
&= \langle u_{n-1}, ((n-1) + 1) u_{n-1} \rangle \\
&= n
\end{aligned}$$

となるから，(8.25) = 1 は

$$\left| \frac{N_n}{N_{n-1}} \right|^2 n = 1$$

を与え，したがって規格化定数を実数にとれば

$$N_n = \frac{1}{\sqrt{n}} N_{n-1}$$

が成り立つ．よって，(8.22) を u_0 とすれば，$N_0 = 1$ なので

$$N_n = \frac{1}{\sqrt{n!}} \tag{8.26}$$

調和振動子にもどれば，ハミルトニアンの固有関数（後の 8-2 図を参照）と固有値は

$$\left. \begin{aligned} u_n(x) &= \frac{1}{\sqrt{n!}} (\hat{a}^\dagger)^n u_0(x) \\ E_n &= \left(n + \frac{1}{2} \right) \hbar \omega \end{aligned} \right\} \qquad (n = 0, 1, 2, \cdots) \tag{8.27}$$

である．ただし，基底状態の波動関数 u_0 は (8.22) に与えられている．

こうして，調和振動子のハミルトニアンは間隔 $\hbar\omega$ の離散スペクトルのみをもつ．$\{u_n\}$ のつくり方からいって，これら以外の固有関数はない．

ゼロ点エネルギー

基底状態のエネルギーが0とならないのは不確定性関係 (6.85) の反映である．なぜなら，基底状態 u_0 における位置と運動量のゆらぎ（標準偏差）を

$$(\Delta x)^2 = \langle u_0, \hat{x}^2 u_0\rangle - \langle u_0, \hat{x}u_0\rangle^2, \qquad (\Delta p)^2 = \langle u_0, \hat{p}^2 u_0\rangle - \langle u_0, \hat{p}u_0\rangle^2$$

とすれば，エネルギーの期待値は

$$\langle u_0, \hat{\mathcal{H}}u_0\rangle = \frac{1}{2m}\langle u_0, \hat{p}^2 u_0\rangle + \frac{m\omega^2}{2}\langle u_0, \hat{x}^2 u_0\rangle$$

$$= \frac{1}{2m}(\Delta p)^2 + \frac{m\omega^2}{2}(\Delta x)^2 + \frac{1}{2m}\langle u_0, \hat{p}u_0\rangle^2 + \frac{m\omega^2}{2}\langle u_0, \hat{x}u_0\rangle^2$$

となるが，不確定性関係 (6.85) は $\Delta x \Delta p \geq \hbar/2$ であることを教える．相加平均は相乗平均より小さくないから

$$\frac{1}{2}\left(\frac{1}{m}(\Delta p)^2 + m\omega^2(\Delta x)^2\right) \geq \omega \cdot \Delta x \Delta p \geq \frac{1}{2}\hbar\omega$$

が成り立つ．したがって

$$E_0 = \langle u_0, \hat{\mathcal{H}}u_0\rangle \geq \frac{1}{2}\hbar\omega + \frac{1}{2m}\langle u_0, \hat{p}u_0\rangle^2 + \frac{m\omega^2}{2}\langle u_0, \hat{x}u_0\rangle^2$$

が得られる．調和振動子 (8.5) の基底状態では，この式が等号で成り立ち，かつ $\hat{x}$ と $\hat{p}$ の平均値が0なのである．

このエネルギーの最低値 $\frac{1}{2}\hbar\omega$ を**ゼロ点エネルギー**（zero-point energy）という．ゼロ点エネルギーを単にエネルギーの原点をずらすだけだとみて，物理的な効果はないと考えてはいけない．

たとえば，ヘリウムはゼロ点振動が大きいため常圧では絶対零度でも固体にならない．^{4}He は約25気圧以上で，^{3}He は約35気圧以上で初めて固体になるが，ゼロ点振動の振幅が格子間隔の数十%に達するので，隣り合う原子がトンネル効果で位置を交換し合うなど著しい量子効果を示す．

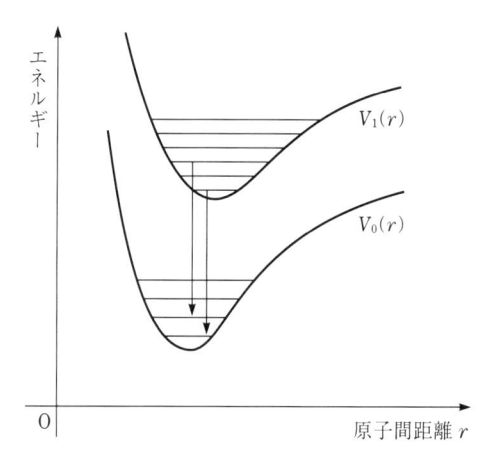

ゼロ点エネルギーは，また固体の圧縮率にも影響する．固体を圧縮すると格子振動の振動数が変わるので，ゼロ点エネルギーが変わり固体のエネルギーも変わることになるのである．

分子の振動においても，電子状態の変化をともなう遷移では，その前後の原子間力の差がゼロ点エネルギーの差として分子スペクトルに現れる（8-2図）．

8-2図 2原子分子の振動におけるゼロ点エネルギー．核の振動のポテンシャルは電子の状態によってきまる．振動の電子状態の変化をともなう遷移のスペクトルには，ゼロ点エネルギーの差が影響する．なお，分子の振動のポテンシャルは一般に2次関数ではないが，極小点の近くでは2次関数に近いので，調和振動の近似が成り立つ．

生成・消滅演算子

ここで $\hat{a}^\dagger$, $\hat{a}$ を生成・消滅演算子とよぶ理由を説明しておこう．(8.27) の u_n は，演算子

$$\hat{n} = \hat{a}^\dagger \hat{a} \tag{8.28}$$

の固有値 n の固有関数である（$n = 0, 1, 2, \cdots$）．整数を固有値とするので，$\hat{n}$ を**粒子数の演算子**（number operator），u_n を粒子数の固有状態と見ることがある．第13章でくわしく説明するが，光子は原子によって放出されたり吸収されたりする．放出されれば，空間に存在する光子の数が1だけ増え，吸収されれば1だけ減る．こうして量子力学では光子の数も力学変数となり，演算子となる．光子の数を増やしたり減らしたりする演算子も必要になるわけだ．そこで，$\hat{a}^\dagger$, $\hat{a}$ が光子を生成し，あるいは消滅させる演算子として登場することになる．$\hat{a}^\dagger$, $\hat{a}$ を生成・消滅演算子とよぶのは，それを見越してのことである．

（c） 波動関数

いくつかの励起状態の波動関数を見ておこう．それには

$$ax = \xi \qquad \left(a = \sqrt{\frac{m\omega}{\hbar}}\right) \tag{8.29}$$

とおくのがよい．そうすれば

$$\hat{a}^\dagger = \frac{1}{\sqrt{2}}\left(\xi - \frac{d}{d\xi}\right) \tag{8.30}$$

となる．そして，任意の関数 $\psi(\xi)$ に作用させてみると

$$\hat{a}^\dagger = -\frac{1}{\sqrt{2}}\, e^{\xi^2/2}\frac{d}{d\xi}\, e^{-\xi^2/2} \tag{8.31}$$

と書き直すことができる．実際

$$e^{\xi^2/2}\frac{d}{d\xi}e^{-\xi^2/2}\psi(\xi) = e^{\xi^2/2}\left(-\xi\psi(\xi) + \frac{d\psi(\xi)}{d\xi}\right)e^{-\xi^2/2}$$

$$= -\left(\xi - \frac{d}{d\xi}\right)\psi(\xi)$$

となる．他方，基底状態の波動関数 (8.22) は，ξ で書けば

$$u_0(x) = \left(\frac{m\omega}{\pi\hbar}\right)^{1/4} e^{-\xi^2/2} \tag{8.32}$$

となるから，励起状態の波動関数 (8.27) は

$$u_n(x) = \frac{1}{\sqrt{n!}}\left(\frac{m\omega}{\pi\hbar}\right)^{1/4}\left(-\frac{1}{\sqrt{2}}\, e^{\xi^2/2}\frac{d}{d\xi}\, e^{-\xi^2/2}\right)^n e^{-\xi^2/2}$$

と書ける．すなわち

$$u_n(x) = \sqrt{\frac{a}{2^n n! \sqrt{\pi}}}\, H_n(\xi)\, e^{-\xi^2/2} \qquad (\xi = ax,\ n = 1, 2, \cdots) \tag{8.33}$$

となる．$n = 0$ とすれば基底状態になる．ここに

$$H_n(\xi) = e^{\xi^2}\left(-\frac{d}{d\xi}\right)^n e^{-\xi^2} \tag{8.34}$$

は n 次の多項式で**エルミートの多項式**（Hermite polynomial）とよばれる．

いくつか書いてみると

$$H_0(\xi) = 1$$
$$H_1(\xi) = 2\xi$$
$$H_2(\xi) = 4\xi^2 - 2 \qquad (8.35)$$
$$H_3(\xi) = 8\xi^3 - 12\xi$$
$$H_4(\xi) = 16\xi^4 - 48\xi^2 + 12$$

基底状態およびいくつかの励起状態の波動関数を8-3図に示す。それらは，n が偶数なら偶関数，奇数なら奇関数である。それぞれパリティが偶，奇であると言い表わす。$u_n(x)$ が n 個の零点をもつ点も，井戸型ポテンシャルの束縛状態と共通している。波動関数はエネルギー準位を示す線の上に描いた。その水平線とポテンシャルの放物線の交点が同じエネルギーをもつ古典的調和振動子の振幅を示す。

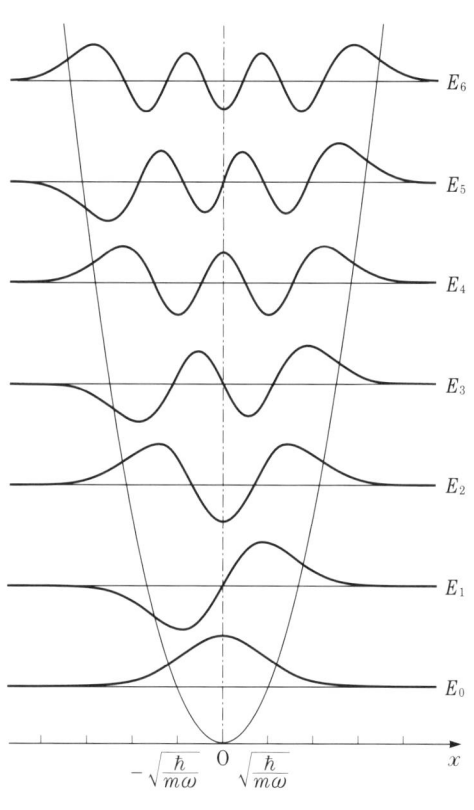

8-3図 調和振動子の定常状態の波動関数．放物線はポテンシャルを，横線はエネルギー準位を示す．それらの交点は，古典的振動の振幅を示す．

§8.2 振動する波束

定常状態の波動関数を見るかぎり調和振動子の振動は見えない。振動が見えるのは，定常状態の重ね合せ

$$\psi_t(x) = \sum_{n=0}^{\infty} \gamma_n u_n(x) e^{-iE_n t/\hbar} \qquad (8.36)$$

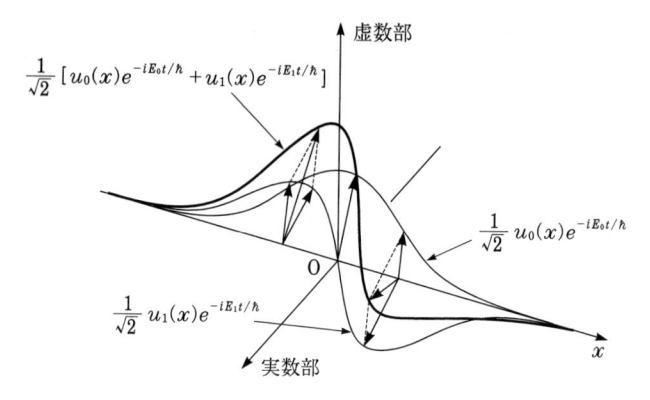

8-4図 波束の振動. $\gamma_0 = \gamma_1 = 1/\sqrt{2}$, 他の $\gamma_n = 0$ の場合.

においてである．その振動の様子は，$\gamma_0 = \gamma_1 = 1/\sqrt{2}$，他の $\gamma_n = 0$ の場合を示した 8-4 図から想像してほしい．

波束の振動は，また $\hat{x}$ の期待値の時間変化に現れる．(8.36) の波束に対しては：

$$\langle \psi_t, \hat{x}\psi_t \rangle = \sum_{n=0}^{\infty} \sum_{n'=0}^{\infty} \gamma_{n'}{}^* \gamma_n \langle u_{n'}, \hat{x} u_n \rangle e^{i(n'-n)\omega t} \tag{8.37}$$

となるが，(8.9) と (8.10) から

$$\left. \begin{array}{l} \hat{x} = \sqrt{\dfrac{\hbar}{2m\omega}} \, (\hat{a}^\dagger + \hat{a}) \\[2mm] \hat{p} = i\sqrt{\dfrac{m\hbar\omega}{2}} \, (\hat{a}^\dagger - a) \end{array} \right\} \tag{8.38}$$

となるので

$$\langle u_{n'}, \hat{x} u_n \rangle = \sqrt{\dfrac{\hbar}{2m\omega}} \begin{cases} \sqrt{n+1} & (n' = n+1) \\ \sqrt{n} & (n' = n-1) \\ 0 & (\text{その他}) \end{cases} \tag{8.39}$$

から

$$\langle \psi_t, \hat{x}\psi_t \rangle = \sqrt{\dfrac{\hbar}{2m\omega}} \sum_{n=0}^{\infty} (\gamma_{n-1}{}^* \gamma_n \sqrt{n}\, e^{-i\omega t} + \gamma_{n+1}{}^* \gamma_n \sqrt{n+1}\, e^{i\omega t})$$

となる．右辺の第 1 項では $n=0$ の寄与はないから n を $n+1$ と書いて

$$\langle \psi_t, \ \hat{x}\psi_t \rangle = \sqrt{\frac{2\hbar}{m\omega}} \, \mathrm{Re} \left\{ e^{i\omega t} \sum_{n=0}^{\infty} \gamma_{n+1}{}^{*} \gamma_n \sqrt{n+1} \right\} \qquad (8.40)$$

となる．これは，角振動数 ω の振動である．

§8.3　ハイゼンベルク描像

　振動子の振動を見るもう一つの方法を紹介しよう．それには，シュレーディンガー方程式

$$i\hbar \frac{\partial}{\partial t} \psi_t = \hat{\mathcal{H}} \psi_t \qquad (8.41)$$

の，初期条件

$$\psi_t \ \text{は} \ \ t=0 \ \ \text{のとき} \ \ \psi_0 \qquad (8.42)$$

にしたがう解を

$$\psi_t = e^{-i\hat{\mathcal{H}}t/\hbar} \psi_0 \qquad (8.43)$$

と書くことからはじめる．ここに，演算子 $\hat{A}$ の指数関数は

$$e^{\hat{A}} = 1 + \hat{A} + \frac{1}{2!}\hat{A}^2 + \cdots + \frac{1}{n!}\hat{A}^n + \cdots \qquad (8.44)$$

によって定義する．そうすれば

$$\frac{d}{dt} e^{-i\hat{\mathcal{H}}t/\hbar} = -\frac{i}{\hbar} \hat{\mathcal{H}} e^{-i\hat{\mathcal{H}}t/\hbar} \qquad (8.45)$$

となり，(8.43) は (8.41) をみたす．(8.42) をみたすことは，いうまでもない．

　そうすると，$\hat{x}$ の時刻 t における期待値は

$$\langle \psi_t, \ \hat{x}\psi_t \rangle = \langle e^{-i\hat{\mathcal{H}}t/\hbar}\psi_0, \ \hat{x} \, e^{-i\hat{\mathcal{H}}t/\hbar}\psi_0 \rangle$$

と書けるが，指数関数の定義 (8.44) から，エルミート共役をつくると

$$(e^{-i\hat{\mathcal{H}}t/\hbar})^{\dagger} = e^{i\hat{\mathcal{H}}t/\hbar} \qquad (8.46)$$

となるから

$$\langle \psi_t, \ \hat{x}\psi_t \rangle = \langle \psi_0, \ e^{i\hat{\mathcal{H}}t/\hbar} \hat{x} \, e^{-i\hat{\mathcal{H}}t/\hbar} \psi_0 \rangle$$

が得られる．演算子 $\hat{x}$ の方を

$$\hat{x}(t) = e^{i\hat{\mathcal{H}}t/\hbar} \hat{x} \, e^{-i\hat{\mathcal{H}}t/\hbar} \qquad (8.47)$$

のように時間とともに動かしてやると，状態関数の方は時刻 $t=0$ の ψ_0 のままで，刻々の期待値

$$\langle \psi_t, \ \hat{x}\psi_t \rangle = \langle \psi_0, \ \hat{x}(t)\psi_0 \rangle \tag{8.48}$$

が得られる．この新しい見方を**ハイゼンベルクの描像**（Heisenberg picture）という．これに対して，これまでの，演算子はとめておいて状態関数を動かす見方を**シュレーディンガーの描像**（Schrödinger picture）という．念のため8-1表にまとめておこう．

8-1表 2つの描像

描像	状態関数	演算子
シュレーディンガー	動く	静止
ハイゼンベルク	静止	動く

ハイゼンベルク描像における動く演算子を**ハイゼンベルク演算子**（Heisenberg operator）という．その運動方程式をつくろう．(8.47)を時間微分すると

$$\frac{d}{dt}\hat{x}(t) = \frac{i}{\hbar}\hat{\mathcal{H}}e^{i\hat{\mathcal{H}}t/\hbar}\hat{x}\,e^{-i\hat{\mathcal{H}}t/\hbar} + e^{i\hat{\mathcal{H}}t/\hbar}\hat{x}\,e^{-i\hat{\mathcal{H}}t/\hbar}\frac{-i}{\hbar}\hat{\mathcal{H}}$$

となる．$\hat{\mathcal{H}}$ は $\hat{\mathcal{H}}$ の指数関数の右側においても，左側においても同じことである．よって

$$\frac{d}{dt}\hat{x}(t) = \frac{i}{\hbar}[\hat{\mathcal{H}}, \ \hat{x}(t)] \tag{8.49}$$

が得られた．これを**ハイゼンベルクの運動方程式**（Heisenberg's equation of motion）という．

調和振動子の場合

ハイゼンベルクの運動方程式を書き下すには，ハミルトニアン(8.5)と $\hat{x}(t)$ の交換関係を計算する必要がある．しかし，ハミルトニアンは $\hat{x}$ や $\hat{p}$ で書かれているので計算がむずかしい．いや，$\hat{\mathcal{H}}$ は $e^{\pm i\hat{\mathcal{H}}t/\hbar}$ と交換するので

$$\hat{\mathcal{H}} = e^{i\hat{\mathcal{H}}t/\hbar}\hat{\mathcal{H}}e^{-i\hat{\mathcal{H}}t/\hbar}$$

$$= e^{i\hat{\mathcal{H}}t/\hbar}\Big\{\frac{1}{2m}\hat{p}^2 + \frac{m\omega^2}{2}\hat{x}^2\Big\}e^{-i\hat{\mathcal{H}}t/\hbar}$$

$$= \frac{1}{2m}\,\hat{p}(t)^2 + \frac{m\omega^2}{2}\,\hat{x}(t)^2 \tag{8.50}$$

となる．ここで，演算子 $\hat{A}$, $\hat{B}$ の積を変換するのに

$$e^{i\hat{\mathcal{H}}t/\hbar}\hat{A}\hat{B}\,e^{-i\hat{\mathcal{H}}t/\hbar} = e^{i\hat{\mathcal{H}}t/\hbar}\hat{A}\,e^{-i\hat{\mathcal{H}}t/\hbar}\cdot e^{i\hat{\mathcal{H}}t/\hbar}\hat{B}\,e^{-i\hat{\mathcal{H}}t/\hbar} = \hat{A}(t)\hat{B}(t) \tag{8.51}$$

とできることを用いた．$\hat{A}$ と $\hat{B}$ の間に $e^{-i\hat{\mathcal{H}}t/\hbar}e^{i\hat{\mathcal{H}}t/\hbar}=1$ をはさんだのである．

さらに，正準交換関係を変換すると

$$e^{i\hat{\mathcal{H}}t/\hbar}[\hat{p},\ \hat{x}]e^{-i\hat{\mathcal{H}}t/\hbar} = e^{i\hat{\mathcal{H}}t/\hbar}(-i\hbar)e^{-i\hat{\mathcal{H}}t/\hbar} = -i\hbar$$

となるから

$$[\hat{p}(t),\ \hat{x}(t)] = -i\hbar \tag{8.52}$$

が成り立つ．

したがって

$$[\hat{\mathcal{H}},\ \hat{x}(t)] = \left[\frac{1}{2m}\,\hat{p}(t)^2,\ \hat{x}(t)\right] = \frac{-i\hbar}{m}\,\hat{p}(t)$$

となり，運動方程式 (8.49) は

$$\frac{d}{dt}\,\hat{x}(t) = \frac{1}{m}\,\hat{p}(t) \tag{8.53}$$

を与える．同様にして，運動量に対する方程式

$$\frac{d}{dt}\,\hat{p}(t) = \frac{i}{\hbar}[\hat{\mathcal{H}},\ \hat{p}(t)] \tag{8.54}$$

は

$$\left[\frac{m\omega^2}{2}\,\hat{x}(t)^2,\ \hat{p}(t)\right] = m\omega^2\cdot i\hbar\,\hat{x}(t)$$

から

$$\frac{d}{dt}\,\hat{p}(t) = -m\omega^2\hat{x}(t) \tag{8.55}$$

となる．(8.53) と (8.55) の組が調和振動子の運動方程式である．

(8.53) をもう一度微分して

$$\frac{d^2}{dt^2}\hat{x}(t) = \frac{1}{m}\frac{d}{dt}\hat{p}(t)$$

とし，(8.55)を用いると

$$\frac{d^2}{dt^2}\hat{x}(t) = -\omega^2\hat{x}(t) \tag{8.56}$$

が得られる．これらの運動方程式は古典力学におけるものと同じ形をしている．

(8.56)を初期条件

$$\hat{x}(0) = \hat{x}, \qquad \hat{p}(0) = \hat{p} \tag{8.57}$$

のもとで解くと

$$\hat{x}(t) = \hat{x}\cos\omega t + \frac{1}{m\omega}\hat{p}\sin\omega t \tag{8.58}$$

が得られる．これから，時刻 t における振動子の位置座標の期待値は

$$\langle \psi_0, \hat{x}(t)\psi_0\rangle_t = \langle \psi_0, \hat{x}\psi_0\rangle \cos\omega t + \frac{1}{m\omega}\langle \psi_0, \hat{p}\psi_0\rangle \sin\omega t \tag{8.59}$$

となる．確かに，これも角振動数 ω で振動している．これは，(8.40) で $\gamma_n = \langle u_n, \psi_0\rangle$ としたものと一致する．

問　題

1. ^{1}H ^{35}Cl 分子は波長 $\lambda = 3.46 \times 10^{-6}$ m の光を出す．これを H と Cl の距離が伸縮する調和振動の隣り合うエネルギー準位の間の遷移によるものとして，H と Cl を結ぶバネのバネ定数 k を求めよ．

2. 固体の NaCl はヤング率 5×10^{10} N/m をもち，また波長 $60\,\mu$m の赤外線をよく吸収する．赤外線吸収は Na と Cl がバネ定数 k のバネで結ばれた振動子の相隣る準位の間の遷移によるものとし，固体のモデルとしては，原子と原子とが交互に長さ a, バネ定数 k のバネで結ばれた鎖を，単位断面積当り $1/a^2$ 本ずつ束ねたものを考えよう．ヤング率と赤外吸収のデータから a と k を求めよ．

3. 1次元調和振動子の第 n 励起状態について，位置座標の平均値 $\langle \hat{x} \rangle$ とゆらぎ $(\Delta x)^2 = \langle (\hat{x} - \langle \hat{x} \rangle)^2 \rangle$ を計算せよ．運動量についても同様．不確定積 $\Delta x \, \Delta p$ はどうなるか？

4. 平衡点 $x = 0$ に剛体壁が立ち，そこではね返されて $x > 0$ でのみ運動する調和振動子のエネルギー準位をもとめよ．ポテンシャルでいえば次のとおり：
$$V(x) = \begin{cases} \dfrac{1}{2} kx^2 & (x > 0) \\ +\infty & (x < 0) \end{cases}$$

5. 2次元等方調和振動子（質量 μ，角振動数 ω）のエネルギーの固有値問題を，（ⅰ）直角座標系で解け．（ⅱ）極座標系で解き，その解を（ⅰ）の解と比較し，次の問に答えよ．

（a）エネルギー固有値は同じか？

（b）同一の固有値に 2 つ以上の一次独立な固有関数が属するとき，この固有値は**縮退**している（degenerate）といい，固有関数の数を**縮退度**（degree of degeneracy）という．

いまの場合，同じ固有値の縮退度は 2 つの座標系で同じか？

（c）極座標で変数分離してつくったエネルギー固有値 $3\hbar\omega$ の固有関数 $u_{\nu, m}(r, \varphi)$ のそれぞれを，直角座標で変数分離して得た固有関数 $u_{n_x, n_y}(x, y)$ の重ね合せで表わせ．エネルギー固有値 $\hbar\omega$，$2\hbar\omega$ の固有関数についてはどうか？

6. （a）(8.38) の $\hat{x}$，$\hat{p}$ が正準交換関係をみたすことを確かめよ．

（b）ハミルトニアンを (8.12) として，$\hat{x}$，$\hat{p}$ のハイゼンベルク演算子 $\hat{x}(t)$，$\hat{p}(t)$ をつくれ．ただし，初期条件を (8.38) とする．

7. 磁束密度 B の一様な静磁場のなかで運動する電子（質量 m，電荷 $-e$）について

（a）磁場の方向に z 軸をもつ直角座標系 (x, y, z) をとれば，古典力学におけるハミルトニアンは
$$\mathcal{H} = \frac{1}{2\mu} (\boldsymbol{p} + e\boldsymbol{A})^2$$

8. 調和振動子

で与えられる．ここでは，ベクトル・ポテンシャルとして

$$\boldsymbol{A} = \left(-\frac{B}{2}y,\ \frac{B}{2}x,\ 0\right) \tag{8.60}$$

をとろう．ハミルトンの運動方程式をつくり，電子の運動方程式が正しく得られることを確かめよ．

(b) 量子力学におけるハミルトニアン演算子はどうなるか．それを用いてハイゼンベルクの運動方程式をつくれ．

8. 前問と同じく，磁束密度 B の一様な静磁場のなかで運動する電子（質量 m, 電荷 $-e$）を考える．ここでも磁場の方向に z 軸をもつ直角座標系 $(x,\ y,\ z)$ をとるが，ベクトル・ポテンシャルとして，(8.60) とはちがって

$$\hat{A} = (0,\ B\hat{x},\ 0)$$

をとろう．

(a) ハミルトニアンをつくれ．ハイゼンベルグの運動方程式が電子の運動方程式を正しく与えることを確かめよ．

(b) エネルギー準位を決定せよ．

(c) 各準位の縮退は，それぞれ何重か？

(d) 磁束密度は $B = 1\mathrm{T}$ であるとして，$x,\ y$ 方向の運動についてエネルギー準位の間隔をもとめよ．

(e) $x,\ y$ 方向の運動について隣り合うエネルギー準位の固有関数を重ね合わせ，電子の存在確率密度の時間変化は周期的で，周期 $T = 2\pi/\omega_c$ をもつことを示せ．ω_c は eB/μ で，サイクロトロン振動数とよばれる．$B = 1\mathrm{T}$ のとき，ω_c はいくらか？ T は？

もっと一般の重ね合せを考えたら，どうなるか？ 確率密度の運動を電子の古典力学的な運動と対比せよ．

9. $H_n(\xi)$ をエルミート多項式とする．次式を証明せよ：

$$\sum_{n=0}^{\infty} \frac{s^n}{n!} H_n(\xi) = e^{-s^2 + 2s\xi}$$

右辺をエルミート多項式の**母関数** (generating function) という．

10. エルミート多項式 $H_n(\xi)$ の母関数を利用して

（a） $dH_n(\xi)/d\xi$ をエルミート多項式の線形結合で表わせ．

（b） $\xi H_n(\xi)$ をエルミート多項式の線形結合で表わせ．

（c） $\int_{-\infty}^{\infty} H_n(\xi) H_m(\xi) e^{-\xi^2} d\xi$ を計算せよ．

11. 原点を中心に振動する調和振動子（質量 m，角振動数 ω）について：

（a） $t \leqq 0$ に振動子は基底状態にあったとする．力の中心を $t=0$ に急に動かして
$$x_0 = \begin{cases} 0 & (t \leqq 0) \\ b & (t > 0) \end{cases}$$
にしたら，振動子が第 n 励起状態に励起される確率 $P(n)$ はポアッソン分布
$$P(n) = \frac{([\alpha b]^2/2)^n}{n!} e^{-\alpha^2 b^2/2}$$
になることを示せ．ここに，$\alpha = \sqrt{m\omega/\hbar}$．

（b） $P(n)$ は，$\beta = \alpha b \gg 1$ のとき $n = (\alpha b)^2/2$ に鋭いピークをもち
$$P\left(\frac{\beta^2}{2} + x\right) = \frac{1}{\sqrt{\pi\beta^2}} e^{-(x/\beta)^2}$$
としてよい．このことを確かめよ．また，その物理的な意味は何か？

12. $\hat{\mathcal{H}}$ は一様な重力場を自由落下する粒子のハミルトニアンであるとし，$\hat{A}$ はその粒子の位置座標および運動量の演算子であるとして
$$\hat{A}(t) = e^{i\hat{\mathcal{H}}t/\hbar} \hat{A} \, e^{-i\hat{\mathcal{H}}t/\hbar}$$
を計算せよ．

13. 自由粒子の波束の幅は，十分に時間がたった後には，ほぼ時間に比例して大きくなることを示せ．

問題解答

第 1 章

1. $A\sin(-kx-\omega t)$ が解にならない．自然法則が，x 軸の正負を区別するはずはないから，これは困る．

2. x 軸方向に伝わる音波を考える．音波がきて位置 x にあった気体が $q(x,t)$ だけ変位したとすれば，$x+\Delta x$ にあった気体は $q(x+\Delta x,t)$ だけ変位し，x 軸に垂直な単位断面積の部分 $(x, x+\Delta x)$ でいえば体積が

$$V_0 = \Delta x \quad \text{から} \quad V = \Delta x + q(x+\Delta x, t) - q(x,t)$$

に変わる．体積が

$$\frac{\Delta x + q(x+\Delta x, t) - q(x,t)}{\Delta x} = 1 + \frac{\partial q}{\partial x} \text{ 倍}$$

になったので，圧力は

$$p(x,t) = \left(1 + \frac{\partial q}{\partial x}\right)^{-\gamma} p_0$$

となる．変位 $q(x,t)$ は微小だとすれば

$$p(x,t) = \left(1 - \gamma\frac{\partial q}{\partial x}\right) p_0$$

である．再び，x 軸に垂直な単位断面積をもつ部分 $(x, x+\Delta x)$ を考えると，左から力 $p(x,t)$ で押され，右から左向きの力 $p(x+\Delta x)$ で押されるので，都合

$$p(x,t) - p(x+\Delta x) = -\frac{\partial p}{\partial x}\Delta x = \gamma\frac{\partial^2 q}{\partial x^2} p_0$$

の力で右向きに押される．それによって，質量 $\rho_0 \Delta x$ が加速度 $\partial^2 q/\partial t^2$ をもつので，運動方程式

$$\gamma\frac{\partial^2 q}{\partial x^2} p_0 = \rho_0 \frac{\partial^2 q}{\partial t^2}$$

が成り立つ．こうして，波動方程式

$$\frac{1}{v_{\rm ph}^2}\frac{\partial^2 q}{\partial t^2} = \frac{\partial^2 q}{\partial x^2}, \qquad v_{\rm ph} = \sqrt{\gamma\frac{p_0}{\rho_0}}$$

が得られた．

3. マクスウェル方程式は

第 1 章

$$\frac{\partial E(z,t)}{\partial z} = -\frac{\partial B(z,t)}{\partial t}, \qquad -\frac{\partial B(z,t)}{\partial z} = \epsilon_0\mu_0 \frac{\partial E(z,t)}{\partial t}$$

となる．B を消去すれば

$$\frac{\partial^2 E(z,t)}{\partial z^2} = -\frac{\partial^2 B(z,t)}{\partial z \partial t} = \epsilon_0\mu_0 \frac{\partial^2 E(z,t)}{\partial t^2}$$

となり，E を消去すれば

$$-\frac{\partial^2 B(z,t)}{\partial z^2} = \epsilon_0\mu_0 \frac{\partial^2 E(z,t)}{\partial z \partial t} = -\epsilon_0\mu_0 \frac{\partial^2 B(z,t)}{\partial t^2}$$

となる．こうして，波動方程式

$$\left(\frac{1}{c^2}\frac{\partial^2}{\partial t^2} - \frac{\partial^2}{\partial z^2}\right)E(z,t) = 0, \qquad \left(\frac{1}{c^2}\frac{\partial^2}{\partial t^2} - \frac{\partial^2}{\partial z^2}\right)B(z,t) = 0$$

が得られた．ここに

$$c = \sqrt{\frac{1}{\epsilon_0\mu_0}} = \sqrt{\frac{1}{(1/\mu_0 c^2)\mu_0}}$$

である．実は，$\mu_0 = 4\pi$ と定め，真空中の光速も $c = 2.997\,924\,58\,\mathrm{m/s}$ と定義して，こうなるように ϵ_0 を定めているのである．

4. 波動方程式の一般解は

$$\varphi(x,\ t) = f(x - vt) + g(x + vt) \qquad (v_\mathrm{ph} \text{ を } v \text{ と略記})$$

で与えられる．関数 f, g を初期条件から決定する．まず

$$-vf'(x) + vg'(x) = \chi_0(x)$$

から

$$f(x) - g(x) = -\frac{1}{v}\int^x \chi_0(x')\,dx'$$

となる．これと

$$f(x) + g(x) = \psi_0(x)$$

を連立させて

$$f(x) = \frac{1}{2}\left[\psi_0(x) - \frac{1}{v}\int^x \chi_0(x')\,dx'\right]$$

$$g(x) = \frac{1}{2}\left[\psi_0(x) + \frac{1}{v}\int^x \chi_0(x')\,dx'\right]$$

ゆえに

$$\varphi(x,\ t) = \frac{1}{2}[\psi_0(x - vt) + \psi_0(x + vt)] + \frac{1}{v}\int_{x-vt}^{x+vt} \chi_0(x')\,dx'$$

5. $E(t)$ を t で微分すると

$$\frac{dE(t)}{dt} = \int_{-\infty}^{\infty}\left\{\frac{1}{v^2}\frac{\partial\varphi}{\partial t}\frac{\partial^2\varphi}{\partial t^2} + \frac{\partial\varphi}{\partial x}\frac{\partial^2\varphi}{\partial x \partial t}\right\}dx \qquad (1)$$

となるが，右辺の $\{\cdots\}$ 内の第 1 項は，波動方程式を用いれば

$$\int_{-\infty}^{\infty}\frac{\partial\varphi}{\partial t}\frac{\partial^2\varphi}{\partial x^2}\,dx$$

となるから，部分積分により
$$\left[\frac{\partial \varphi}{\partial t}\frac{\partial \varphi}{\partial x}\right]_{-\infty}^{\infty} - \int_{-\infty}^{\infty} \frac{\partial^2 \varphi}{\partial x \partial t}\frac{\partial \varphi}{\partial x} dx$$
と変形できる．第1項 $[\cdots]_{-\infty}^{\infty}$ は仮定により0である．第2項は（1）の第2項と相殺する．

6. (1.36), (1.37) により
$$s_T(\lambda) = \frac{c}{4}\frac{16\pi^2 \hbar c}{\lambda^5}\frac{1}{e^{2\pi\hbar c/\lambda k_B T} - 1}$$

ここで，λ' を100 nm を単位に測った波長，T' を1000 K を単位に測った温度とすれば

$$\frac{c}{4}\frac{16\pi^2 \hbar c}{\lambda^5} = 4\pi^2 \frac{(1.0546 \times 10^{-34}\,\text{J}\cdot\text{s})(2.998 \times 10^8\,\text{m/s})^2}{(\lambda' \times 10^{-7}\,\text{m})^5}$$

$$= \frac{3.742 \times 10^{19}}{\lambda'^5}\,\text{W/m}^3$$

$$\frac{2\pi\hbar c}{\lambda k_B T} = 2\pi \frac{(1.0546 \times 10^{-34}\,\text{J}\cdot\text{s})(2.998 \times 10^8\,\text{m/s})}{(\lambda' \times 10^{-7}\,\text{m})(1.3807 \times 10^{-23}\,\text{J/K})(T' \times 10^3\,\text{K})}$$

$$= 1.4387 \times 10^2 \frac{1}{\lambda' T'}$$

$s_T(\lambda)$ が最大になる λ はウィーンの変位則から知れる．その λ では

$$\frac{c}{4}\frac{16\pi^2 \hbar c}{\lambda^5} = \frac{4\pi^2 \hbar c^2}{(2.90 \times 10^{-6}/T'\,\text{m})^5} = (1.824 \times 10^{12}\,\text{W/m}^3)\,T'^5$$

$$\frac{2\pi\hbar c}{\lambda k_B T} = 2\pi \frac{\hbar c}{(2.90 \times 10^{-3}\,\text{m K})k_B} = 4.96$$

したがって

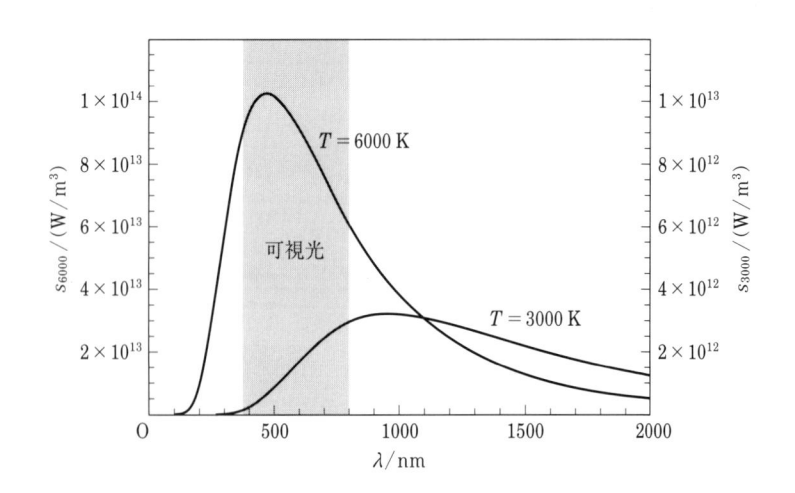

$$[s_T]_{\max} = 1.824 \times 10^{12} T'^5 \frac{1}{e^{4.96}-1} = 1.288 \times 10^{10} T'^5$$

となり，その値は次のとおり：

T/K	3000	6000
$[s_T]_{\max}/(W/m^3)$	3.13×10^{12}	1.002×10^{14}

グラフは，$T = 6000\,K$ に対しては左側の目盛を，$T = 3000\,K$ に対しては右側の目盛を用いる．

7. 黒体表面の単位面積から単位時間に輻射されるエネルギーのうち，角振動数が $(\omega, \omega + d\omega)$ の範囲にあるものは，(1.37)，(1.40) により $(c/4)\bar{u}(\omega)d\omega$ である．したがって，単位面積から単位時間に輻射される全エネルギーは

$$S(T) = \frac{c}{4} \int_0^\infty \frac{\hbar\omega^3}{\pi^2 c^3} \frac{1}{e^{\hbar\omega/k_BT}-1} d\omega$$

となる．積分変数を $x = \hbar\omega/k_BT$ に変えれば

$$S(T) = \frac{1}{4\pi^2} \frac{k_B^4}{c^2\hbar^3} T^4 \int_0^\infty \frac{x^3}{e^x-1} dx$$

となり

$$S(T) = \sigma T^4, \qquad \sigma = \frac{1}{4\pi^2} \frac{k_B^4}{c^2\hbar^3} \int_0^\infty \frac{x^3}{e^x-1} dx$$

すなわち，T^4 に比例する．比例定数 σ は，

$$\int_0^\infty \frac{x^3}{e^x-1} dx = \sum_{n=1}^\infty \int x^3 e^{-nx} dx = 6 \sum_{n=1}^\infty \frac{1}{n^4} = \frac{\pi^4}{15}$$

から

$$\sigma = \frac{\pi^2}{60} \frac{k_B^4}{c^2\hbar^3} = \frac{\pi^2}{60} \frac{(1.3807 \times 10^{-23}\,J/K)^4}{(2.998 \times 10^8\,m/s)^2 (1.0546 \times 10^{-34}\,J\cdot s)^3}$$
$$= 5.670 \times 10^{-8}\,J/m^2 \cdot s \cdot K^4$$

8. $1\,eV = e \times 1\,V = 1.6022 \times 10^{-19}\,J$

	J	ω/s^{-1}	T/K	$v/(m/s)$
$1\,eV$	1.6022×10^{-19}	1.5192×10^{15}	1.1604×10^4	5.931×10^5

9. 炭素の原子量は 12 だから，石炭 1 kg は炭素 $10^3/12$ モルに当り，炭素原子を

$$\left(\frac{10^3}{12}\,mol\right) \times (6 \times 10^{23}\,個/mol) = 5 \times 10^{25}\,個$$

含む．燃焼熱を原子 1 個当りにすると

$$\frac{3 \times 10^7\,J}{5 \times 10^{25}} = 6 \times 10^{-19}\,J$$

これを $\hbar\omega$ に等しいとおけば，角振動数は

$$\omega = \frac{6 \times 10^{-15}\,J}{1.05 \times 10^{-34}\,J/s} = 6 \times 10^{15}\,s^{-1}$$

となり，波長にすれば
$$\lambda = \frac{2\pi c}{\omega} = \frac{2\pi(3\times 10^8\,\mathrm{m/s})}{6\times 10^{15}\,\mathrm{s^{-1}}} = 3\times 10^{-7}\,\mathrm{m} = 300\,\mathrm{nm}$$
で，紫外線に属する．

10. 散乱前後の光子の角振動数を ω, ω'，散乱後の電子の速度を v とすれば

エネルギーの保存 ： $\hbar\omega = \hbar\omega' + \dfrac{1}{2}mv^2$

運動量の保存 ： $\dfrac{\hbar\omega}{c} = -\dfrac{\hbar\omega'}{c} + mv$

第2式から
$$v = \frac{\hbar}{mc}(\omega + \omega')$$
これから v^2 をつくり，第1式からの
$$v^2 = \frac{2\hbar}{m}(\omega - \omega')$$
と等置すれば，少し整理して
$$c(\omega - \omega') = \frac{\hbar}{2mc}(\omega + \omega')^2$$
両辺を $\omega\omega'/2\pi$ で割って
$$\lambda' - \lambda = \frac{\pi\hbar}{mc}\frac{(\omega + \omega')^2}{\omega\omega'}$$
を得る．ここで，散乱の前後のX線の波長を λ, λ' とした．この右辺は $\hbar/mc$ という小さい量に比例しているから $\omega' = \omega$ としてよい．そうすれば
$$\lambda' - \lambda = \frac{4\pi\hbar}{mc}$$

11. 電子が初め静止していた座標系をとる．光子 $\hbar\omega$ を吸収すると電子のエネルギーは $E = mc^2 + \hbar\omega$ に，運動量は $p = \hbar\omega/c$ になるが，これは $E^2 - (cp)^2 = (mc^2)^2$ をみたし得ない．実際
$$E^2 - (cp)^2 = (mc^2)^2 + 2mc^2\hbar\omega > (mc^2)^2$$

12. 電圧 V を横軸にとり，電気計のフレ D を縦軸にとって，測定結果をグラフにし，外挿して $D=0$ となる V をもとめる．ここにはミリカンの論文のグラフを示す．

この図から，$D=0$ となるのは $\lambda = 546.1\,\mathrm{nm}$ のとき $V = -2.045\,\mathrm{volt}$, $\lambda = 312.6\,\mathrm{nm}$ のとき $V = -0.382\,\mathrm{volt}$ である．よって，プランク定数は
$$h = \frac{\{(-0.382\,\mathrm{volt})-(-2.045\,\mathrm{volt})\}(1.6022\times 10^{-19}\,\mathrm{C})}{\dfrac{2.998\times 10^8\,\mathrm{m/s}}{312.6\times 10^{-9}\,\mathrm{m}} - \dfrac{2.998\times 10^8\,\mathrm{m/s}}{546.1\times 10^{-9}\,\mathrm{m}}}$$
$$= 6.497\times 10^{-34}\,\mathrm{J\cdot s}$$

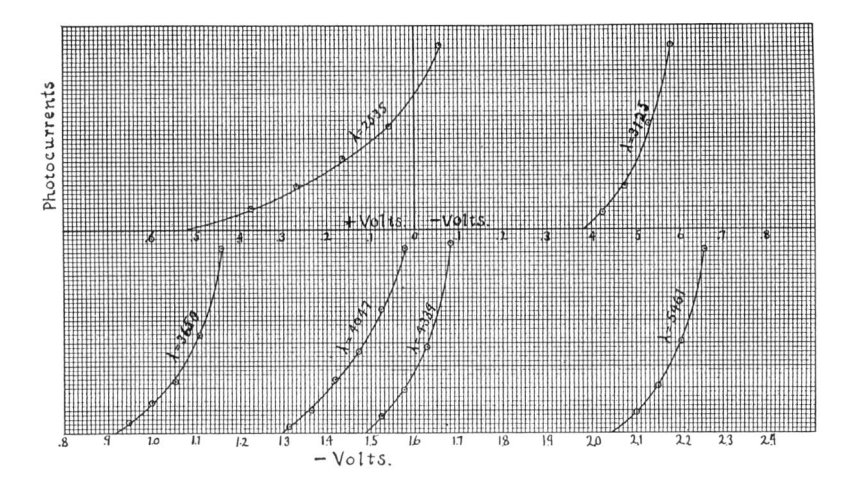

$\hbar$ に直せば $\hbar = 1.0341 \times 10^{-34}$ J·s となる．ミリカンが他の測定も合わせて結論したのは，$h = 6.569 \times 10^{-34}$ J·s であった．

第 2 章

1. α 粒子と金の原子核について，それぞれの質量を m, M, 衝突前の速度を v, 0, 衝突後の速度を v', V' とすれば

運動量の保存 : $\quad mv = mv' + MV'$

エネルギーの保存 : $\quad \dfrac{1}{2}mv^2 = \dfrac{1}{2}mv'^2 + \dfrac{1}{2}MV'^2$

エネルギー保存の式から $v^2 - v'^2$ をつくって因数分解し，運動量の保存からでる $v - v'$ の式で辺々割れば $v + v' = V'$ が得られる．これを運動量保存の式と連立させて解けば

$$V' = \frac{2m}{m+M}v$$

よって，金の原子核に移ったエネルギーは

$$\frac{1}{2}MV'^2 = \frac{4mM}{(n+M)^2} \cdot \frac{1}{2}mv^2$$

となる．もとめる割合は，α 粒子と金の原子量 4 と 197 を用いて

$$\frac{4mM}{(m+M)^2} = \frac{4 \times 4 \times 197}{(4+197)^2} = 7.8 \times 10^{-2}$$

2. 衝突係数 b が大きいから，α は，第 0 近似では直進するとして，進路に垂直な

方向に核から受ける力積 $p_\perp$ を計算する．α の進路に沿って x 軸をとり，α の速さを v，力の大きさを $A/(b^2+x^2)^{3/2}$ とすれば

$$p_\perp = \frac{A}{v}\int_{-\infty}^{\infty}\frac{b}{(b^2+x^2)^2}dx = -\frac{A}{2v}\frac{d}{db}\int_{-\infty}^{\infty}\frac{dx}{b^2+x^2}$$

であって $p_\perp = \pi A/2vb^2$ となる．散乱角は

$$\Theta = \frac{p_\perp}{mv} = \frac{\pi A}{2mv^2}\frac{1}{b^2}$$

したがって

$$d\sigma = 2\pi b|db| = \frac{\pi^2 A}{2mv^2}\frac{d\Theta}{\Theta^2}$$

となる．これを $d\Omega = 2\pi\Theta d\Theta$ で割って

$$\frac{d\sigma}{d\Omega} = \frac{\pi A}{4mv^2}\frac{1}{\Theta^3}$$

確かに $\Theta \to 0$ のときの増え方がクーロン力の場合の $d\sigma/d\Omega \propto 1/\Theta^4$ より鈍くなった．

3. (2.13) により $b = \dfrac{r_c}{2}\cot\dfrac{\theta}{2}$ である．$r_c = 4.05 \times 10^{-14}$ m だから $b = 2.57 \times 10^{-12}$ m．このくらい小さい散乱角でも電子による核のクーロン力の遮蔽は問題にならない．

4. 単位時間に輻射されるエネルギー P が

$$[\epsilon_0] = [\mathrm{M^{-1}L^{-3}T^2C^2}]$$
$$[\text{加速度}] = [\mathrm{LT^{-2}}]$$
$$[e] = [\mathrm{C}]$$
$$[c] = [\mathrm{LT^{-1}}]$$

の組合せ

$$[P] = [\mathrm{ML^2T^{-3}}] = [\epsilon_0]^\alpha[\text{加速度}]^\beta[e]^\gamma[c]^\delta$$

からできたとすれば

$$\begin{aligned}
\mathrm{M}: &\quad -\alpha &&= 1\\
\mathrm{L}: &\quad -3\alpha + \beta &&+ \delta = 2\\
\mathrm{T}: &\quad 2\alpha - 2\beta &&- \delta = -3\\
\mathrm{C}: &\quad 2\alpha &&+ \gamma = 0
\end{aligned}$$

これを解いて，$\alpha = -1$，$\gamma = 2$，第2式と第3式を辺々加えて $-\alpha - \beta = -1$．ゆえに，$\beta = 2$．第2式から $\delta = -3$．

5. 電子の加速度は $a = \dfrac{eF}{m} = \dfrac{(1.60\times 10^{-19}\mathrm{C})(100\ \mathrm{V/m})}{9.1\times 10^{-31}\ \mathrm{kg}} = 1.76\times 10^{13}\ \mathrm{m/s^2}$

したがって，輻射率は

$$P = \frac{1}{6\pi} \frac{(1.60 \times 10^{-19}\,\text{C})^2 (1.76 \times 10^{13}\,\text{m/s}^2)^2}{(8.85 \times 10^{-12}\,\text{C}^2/\text{N}\cdot\text{m}^2)(3.00 \times 10^8\,\text{m/s})^3}$$
$$= 1.76 \times 10^{-27}\,\text{J/s}$$

6. 電子の加速度は $a = \dfrac{1}{4\pi\epsilon_0} \dfrac{e^2}{ma^2}$ であるから,単位時間当りの輻射エネルギーは

$$P = \frac{1}{6\pi\epsilon_0 c^3}\left(\frac{1}{4\pi\epsilon_0} \frac{e^3}{ma^2}\right)^2 = \left(\frac{e^2}{4\pi\epsilon_0 c}\right)^3 \left(\frac{1}{ma^2}\right)^2$$

電子の速さは

$$v = \left(\frac{e^2}{4\pi\epsilon_0} \frac{1}{ma}\right)^{1/2}$$

であるから,軌道を1周する時間は

$$T = \frac{2\pi a}{v} = 2\pi a\left(\frac{e^2}{4\pi\epsilon_0} \frac{1}{ma}\right)^{-1/2}$$

である.電子のエネルギーは

$$E = -\frac{e^2}{4\pi\epsilon_0} \frac{1}{2a}$$

であるから,1周の間の輻射エネルギーと電子のエネルギーの比は

$$\frac{-PT}{E} = 4\pi\left(\frac{1}{mc^2} \frac{e^2}{4\pi\epsilon_0 a}\right)^{3/2}$$

となる.これは,a がボーア軌道の程度なら

$$\frac{-PT}{E} = 4\pi\left(\frac{27\,\text{eV}}{5 \times 10^5\,\text{eV}}\right)^{3/2} = 5 \times 10^{-6}$$

である.5×10^{-4} % の程度.

7. 軌道半径 r に対する微分方程式は

$$\frac{dr}{dt} = -\frac{\alpha}{r^2}, \qquad \alpha = \frac{4}{3}\left(\frac{e^2}{4\pi\epsilon_0} \frac{1}{mc^2}\right)^2 c$$

となる.$t = 0$ に $r = a$ として解けば

$$a^3 - r(t)^3 = 3\alpha t$$

を得る.したがって,$r(t) = 0$ となる時間は $\tau = a^3/3\alpha$ となる.$a = 10^{-10}$ m とすれば $\tau = 10^{-10}$ s.

第 3 章

1. $I = 13.6\,\text{eV}$ である.波長で書くと

$$\frac{1}{\lambda_{nm}} = \frac{I}{2\pi c\hbar}\left(\frac{1}{m^2} - \frac{1}{n^2}\right) \qquad \left(\frac{I}{2\pi c\hbar} = \frac{1}{9.11 \times 10^{-8}\,\text{m}}\right)$$

系列 m で最も波長が長いのは $n = m+1$ のもので
$$\lambda_{m+1,m} = (9.11 \times 10^{-8}\,\mathrm{m}) \frac{m^2(m+1)^2}{2m+1}$$
である．最も波長が短いのは $n = \infty$ のもので
$$\lambda_{\infty,m} = (9.11 \times 10^{-8}\,\mathrm{m})\,m^2$$
である．これらを表にしてみよう．

m	最も短い波長/m	最も長い波長/m	呼び名
1	9.11×10^{-8}	1.215×10^{-7}	紫外線
2	3.64×10^{-7}	6.56×10^{-7}	可視光線
3	8.19×10^{-7}	1.874×10^{-6}	近赤外線
4	1.457×10^{-6}	4.05×10^{-6}	赤外線
5	2.278×10^{-6}	7.45×10^{-6}	赤外線

パッシェン系列から上は隣の系列と重なることがわかる．

2. （a） 軌道方程式 (3.31) から長半径は
$$a = \frac{1}{2}\left(\frac{\kappa}{1+\epsilon} + \frac{\kappa}{1-\epsilon}\right) = \frac{\kappa}{1-\epsilon^2}$$
である．ϵ、κ に (3.28) の値を代入して
$$a = \frac{e^2}{4\pi\epsilon_0}\frac{1}{-2E}$$
短半径は
$$b = a\sqrt{1-\epsilon^2} = \frac{L}{\sqrt{-2mE}}$$

（b） 電子の面積速度は $L/2m$ だから，公転周期は
$$T = \frac{\pi ab}{L/2m} = \frac{e^2}{4\pi\epsilon_0}\frac{2\pi\sqrt{m}}{(-2E)^{3/2}}$$

（c） $n \to n-1$ の遷移で出る光の角振動数は
$$\omega_n = -\frac{E_1}{\hbar}\left(\frac{1}{(n-1)^2} - \frac{1}{n^2}\right)$$
である．$n \to \infty$ では $\omega_n \sim -2E_1/n^3\hbar$ となる．振動周期にすれば $\tau_n \sim 2\pi/\omega_n \sim \pi\hbar n^3/(-E_1)$．

他方，公転周期は E に $E_n = E_1/n^2$ を代入して
$$T_n = \frac{e^2}{4\pi\epsilon_0}\frac{2\pi\sqrt{m}}{(-2E_1)^{3/2}}n^3 = \frac{\pi\hbar n^3}{-E_1}$$
よって，$\tau_n \sim T_n$ ($n \to \infty$)．マクスウェルの方程式によれば，振動する波源の出す光の振動数は波源の振動数と同じである．ボーア理論では，それらがくいちがうが，大きい量子数の極限でマクスウェル理論への回帰が起こっている．マクスウェル理論は巨視的な世界では事実よく適合していたので，これは，そうあるべきことである（対応原理！）．

第 3 章

3. 運動量は p と $-p$ を交互にとる. ド・ブロイ波が1往復したとき, うまくつながるために $2L = n(2\pi\hbar)/p$. ゆえに $p = (\pi\hbar/L)n$, $(n = 0, \pm 1, \pm 2, \cdots)$. エネルギー $E_n = \dfrac{(\pi\hbar)^2}{2mL^2} n^2$.

4. 運動量を p とすれば $\dfrac{1}{2m}p^2 + Fx = E$ から $p = \pm\sqrt{2m(E - Fx)}$. ドブロイの条件は
$$n = 2\int_0^{E/F} \frac{dx}{\lambda} = 2\frac{\sqrt{2m}}{2\pi\hbar}\int_0^{E/F}(E - Fx)^{1/2}dx = \frac{2}{3}\frac{\sqrt{2m}}{\pi\hbar F}E^{3/2}$$
であるから,
$$E_n = \left(\frac{3\pi\hbar F}{2\sqrt{2m}}n\right)^{3/2} \quad (n = 0, 1, 2, \cdots)$$

5. 円軌道の半径を r, 質点 m の速さを v とすれば, 運動方程式は $m\dfrac{v^2}{r} = kr$ だから $mv^2 = kr^2$. ゆえに, $v/r = \sqrt{k/m}$. これは振動子の角振動数 ω である. 他方, ボーアの量子条件は $r \cdot mv = n\hbar (n = 0, 1, 2, \cdots)$ であるから
$$n\hbar = mrv = mr^2\frac{v}{r} = mr^2\omega$$
ところが, この系の位置のエネルギーは $kr^2/2$, 運動エネルギーは $mv^2/2$ だから, 全エネルギーは $E = mr^2\omega^2$ であり, $E = n\hbar\omega$ $(n = 0, 1, 2, \cdots)$.

6. 運動方程式は
$$m\frac{d^2x}{dt^2} = -kx, \qquad m\frac{d^2y}{dx^2} = -ky$$
であるから, x, y 方向に別々にエネルギーが保存される:
$$\frac{m}{2}v_x^2 + \frac{k}{2}x^2 = E_x, \qquad \frac{m}{2}v_y^2 + \frac{k}{2}y^2 = E_y$$
以下, x 方向の運動をまず考える. $p_x = mv_x = \pm\sqrt{m(2E_x - kx^2)}$ だから
$$2\pi n_x\hbar = 2\int_{-\sqrt{E_x/k}}^{\sqrt{2E_x/k}}\sqrt{m(2E_x - kx^2)}\,dx = 2\pi\sqrt{\frac{m}{k}}E_x$$
ゆえに $\omega = \sqrt{k/m}$ として $E_x = n_x\hbar\omega$ となる. y 方向も同様. ゆえに $E = E_x + E_y = (n_x + n_y)\hbar\omega$ $(n_x, n_y = 0, 1, \cdots)$.

これが, どんな運動に対応するかは運動方程式の解
$$x(t) = A\cos\omega t, \qquad y(t) = B\sin\omega t \qquad \left(\omega = \sqrt{\frac{k}{m}}\right)$$
を見ないとわからない. もう一度, 量子条件を書けば
$$n_x\hbar = \int p_x dx = \int_0^{2\pi/\omega} p_x(t)\,dx(t) = m\omega^2 A^2\int_0^{2\pi/\omega}\sin^2\omega t\,dt = \frac{1}{2}m\omega A^2$$
y 方向も同様. したがって

$$A_{n_x} = \sqrt{\frac{2\hbar}{m\omega}\, n_x}, \qquad B_{n_y} = \sqrt{\frac{2\hbar}{m\omega}\, n_y}$$

であり，エネルギーは

$$E_{n_x,n_y} = \frac{1}{2} m\omega^2 (A_{n_x}{}^2 + B_{n_y}{}^2) = (n_x + n_y)\hbar\omega$$

前問の円運動にあたるのは $A_{n_x} = B_{n_y}$ のときだから $n_x = n_y$ の場合かと思うと，このときには $E_{n_x,n_y} = 2n_x\hbar\omega$ になってしまい，$n = $ (奇数) の場合が出てこない．たとえば，$n_x = n_y$ で $n_x + n_y = 1$ にするには $n_x = n_y = 1/2$ を許さなければならない．前問は角運動量による量子化である．(角運動量) $= xp_y - yp_x = m\omega AB$ だから

$$(\text{角運動量})_{n_x,n_y} = 2\sqrt{n_x n_y}\,\hbar$$

となる．$n_x, n_y = 0, 1, 2, \cdots$ のすべての組合せが (角運動量) を $\hbar$ の整数倍にするわけではないから，あるものはボーアの量子条件では失格する．また，ボーアの条件で許される $n_x = n_y = 1/2$ はゾンマーフェルトの条件に合わない．

7. ド・ブロイの条件では，軌道に沿って $(1/2\pi\hbar) p\,ds$ を積分して整数に等しいとおく．ds は軌道素片である．ところが，$p\,ds = p_x\,dx + p_y\,dy$ だから，ド・ブロイの条件は

$$\int p_x\,dx + \int p_y\,dy = 2\pi n\hbar \qquad (n = 0, 1, 2, \cdots)$$

となる．ゾンマーフェルトの条件では $\int p_x\,dx,\ \int p_y\,dy$ がそれぞれ $\hbar$ の整数倍でなければならなかったが，ド・ブロイの条件では和が $\hbar$ の整数倍ならよい．だから，$n_x = n_y = 1/2$ も許され，許される状態がずっと増える．

角運動量の量子化を加えても，ゾンマーフェルトでは許されない $n_x = n_y = 1/2$ は許される．しかし，$n_x = 1$, $n_y = 3$ のようにゾンマーフェルトでは許されたが (ド・ブロイ) + (角運動量) の条件では許されないものもある．

第 4 章

1. 固い壁を越えていくことはできないとすれば，$x < 0$, $x > L$ で波動 $u(x)$ は 0 とすべきだろう．$x = 0$ と $x = L$ では，それに連続するため $u(0) = u(L) = 0$ となるだろう．そう考えると，定常状態をきめる固有値方程式は

$$-\frac{\hbar^2}{2m}\frac{d^2}{dx^2} u(x) = E u(x) \qquad (0 \leq x \leq L)$$

であり

$$\text{境界条件}\ :\quad u(0) = u(L) = 0$$

がつく．微分方程式の解は E の正負で性質を異にする．$E < 0$ では

$$u(x) = Ae^{ax} + Be^{-ax} \quad \left(a = \sqrt{\frac{-2mE}{\hbar^2}}\right)$$

が一般解で（A，B は任意定数），これでは境界条件をみたそうとするとトリヴィアルな $A = B = 0$ になる．$E < 0$ の解はない．

$E \geqq 0$ であれば，一般解は

$$u(x) = C\sin kx + D\cos kx \quad \left(k = \sqrt{\frac{2mE}{\hbar^2}}\right)$$

となり，境界条件 $u(0) = 0$ から $D = 0$，そして $u(L) = 0$ から

$$k = \frac{n\pi}{L} \quad (n = 1, 2, \cdots)$$

と定まる．$E_n = \dfrac{(\pi\hbar)^2}{2mL^2}n^2$ となる．これは，ド・ブロイの条件による量子化の結果（第3章，章末問題3）と，$n = 0$ がない点を除いて，一致している．

2. 直角座標系 (x, y) をとり．波動関数を $U(x, y)$ とする．固有値方程式は

$$\left[-\frac{\hbar^2}{2\mu}\left(\frac{\partial^2}{\partial x^2} + \frac{\partial^2}{\partial y^2}\right) + \frac{k}{2}(x^2 + y^2)\right]U(x,y) = EU(x,y)$$

であり

境界条件： $U(x, y) \to 0 \quad (\sqrt{x^2 + y^2} \to \infty)$

である．$U(x, y) = u(x)v(y)$ とおけば

$$\left[\left\{-\frac{\hbar^2}{2\mu}\frac{d^2}{dx^2} + \frac{k}{2}x^2\right\}u(x)\right]v(y) + \left[\left\{-\frac{\hbar^2}{2\mu}\frac{d^2}{dy^2} + \frac{k}{2}y^2\right\}v(y)\right]u(x) = Eu(x)v(y)$$

となるから，両辺を $u(x)v(y)$ で割れば

$$\frac{1}{u(x)}\left\{-\frac{\hbar^2}{2\mu}\frac{d^2}{dx^2} + \frac{k}{2}x^2\right\}u(x) = -\frac{1}{v(y)}\left\{-\frac{\hbar^2}{2\mu}\frac{d^2}{dy^2} + \frac{k}{2}y^2\right\}v(y) + E$$

と書ける．左辺は x のみ，右辺は y のみの関数だから，この式が任意の x，y に対して成り立つためにはそれぞれが共通の定数に等しい必要がある．その定数を $E^{(x)}$ とおけば

$$\left\{-\frac{\hbar^2}{2\mu}\frac{d^2}{dx^2} + \frac{k}{2}x^2\right\}u(x) = E^{(x)}u(x)$$

$$\left\{-\frac{\hbar^2}{2\mu}\frac{d^2}{dy^2} + \frac{k}{2}y^2\right\}v(x) = (E - E^{(x)})v(x)$$

が得られる．これに

境界条件： $u(x), v(y) \to 0 \quad (|x|, |y| \to \infty)$

がつく．まず，第1の方程式を解こう．といっても $E^{(x)}$ も未知数である．

この種の方程式を解く定石のひとつだが，まず長さの次元をもつ a をとり $x = a\xi$ とおいて方程式を無次元化する．あわせて，a を上手に選んで式を身軽にしよう．

$$\left\{-\frac{\hbar^2}{2\mu a^2}\frac{d^2}{d\xi^2} + \frac{ka^2}{2}\xi^2\right\}u(x) = E^{(x)}u(x)$$

となるから，$-\hbar^2/2\mu a^2$ で両辺を割れば

$$\left\{\frac{d^2}{d\xi^2} - \frac{k}{2}\frac{2\mu a^4}{\hbar^2}\xi^2\right\}u = -\frac{2\mu a^2}{\hbar^2}E^{(x)}u \tag{4.41}$$

となる．そこで $(k/2)(2\mu a^4/\hbar^2) = 1$ となるように a を選ぼう．

$$a = \left(\frac{\hbar^2}{\mu k}\right)^{1/4}, \qquad \lambda = \frac{2\mu}{\hbar^2}\left(\frac{\hbar^2}{\mu k}\right)^{1/2}E^{(x)} = \frac{2}{\hbar\omega}E^{(x)}$$

ついでに (4.41) の右辺の定数を λ とした．$\omega = \sqrt{k/\mu}$ は振動子を古典的にみたときの角振動数である．

定石の第 2 は，$|\xi| \to \infty$ の主要項をとりだして

$$\left\{\frac{d^2}{d\xi^2} - \xi^2\right\}u = 0 \tag{4.42}$$

を解くことである．解は $u \sim e^{-\xi^2/2}$．これは

$$\frac{d^2}{d\xi^2}e^{-\xi^2/2} = (\xi^2 - 1)e^{-\xi^2/2}$$

となり，(4.42) を正確にはみたしていないが，それでかまわない．次に，その解を用いて

$$u = f(\xi)e^{-\xi^2/2}$$

とおき，未知関数を f に変える．これに対する微分方程式は

$$\frac{d}{d\xi}u = \left(\frac{df}{d\xi} - \xi f\right)e^{-\xi^2/2}$$

$$\frac{d^2}{d\xi^2}u = \left(\frac{d^2f}{d\xi^2} - 2\xi\frac{df}{d\xi} + \xi^2 f - f\right)e^{-\xi^2/2}$$

から

$$\left(\frac{d^2}{d\xi^2} - 2\xi\frac{d}{d\xi} + \lambda - 1\right)f = 0$$

となる．

この方程式の解は，メノコでももとまる．まず，明らかに

$$f = 1, \qquad \lambda = 1, \qquad E_0^{(x)} = \frac{1}{2}\hbar\omega$$

が解である．また

$$f = \xi, \qquad \lambda = 3, \qquad E_1^{(x)} = \frac{3}{2}\hbar\omega$$

も解である．$f = 1 + A\xi^2$ を代入してみると

$$f = 1 - 2\xi^2, \qquad \lambda = 5, \qquad E_2^{(x)} = \frac{5}{2}\hbar\omega$$

が得られる．こうして，方程式 (4.41) は線形だから，u が解なら，その定数倍も解であることを用いて

第 4 章

$$E_0^{(x)} = \frac{1}{2}\hbar\omega \quad : \quad u_0(x) = e^{-(x/a)^2/2}$$

$$E_1^{(x)} = \frac{3}{2}\hbar\omega \quad : \quad u_1(x) = xe^{-(x/a)^2/2}$$

$$E_2^{(x)} = \frac{5}{2}\hbar\omega \quad : \quad u_2(x) = (a^2 - 2x^2)e^{-(x/a)^2/2}$$

が得られた．このプロセスは，まだいくらでも続けられるが，この辺で止めておく．

y 方向の方程式も同じ形だから，$E^{(y)} = E - E^{(x)}$ とおいて

$$E_0^{(y)} = \frac{1}{2}\hbar\omega \quad : \quad v_0(y) = e^{-(y/a)^2/2}$$

$$E_1^{(y)} = \frac{3}{2}\hbar\omega \quad : \quad v_1(y) = ye^{-(y/a)^2/2}$$

$$E_2^{(y)} = \frac{5}{2}\hbar\omega \quad : \quad v_2(y) = (a^2 - 2y^2)e^{-(x/a)^2/2}$$

のどれもが解である．

これらの勝手な組合せが元の方程式の解である：$r = \sqrt{x^2 + y^2}$ とおいて

$$E_0 = \hbar\omega \quad : \quad U_{00}(x,\ y) = u_0(x)v_0(y) = e^{-(r/a)^2/2}$$
$$E_1 = 2\hbar\omega \quad : \quad U_{10}(x,\ y) = u_1(x)v_0(y) = xe^{-(r/a)^2/2}$$
$$\qquad\qquad\qquad\qquad U_{01}(x,\ y) = u_0(x)v_1(y) = ye^{-(r/a)^2/2}$$
$$E_2 = 3\hbar\omega \quad : \quad U_{11}(x,\ y) = u_1(x)v_1(y) = xye^{-(r/a)^2/2}$$
$$\qquad\qquad\qquad\qquad U_{20}(x,\ y) = u_2(x)v_0(y) = (a^2 - 2x^2)e^{-(r/a)^2/2}$$
$$\qquad\qquad\qquad\qquad U_{02}(x,\ y) = u_0(x)v_2(t) = (a^2 - 2y^2)e^{-(r/a)^2/2}$$

3. 方程式 (4.41) を平面極座標系 (r, ϕ) に直す計算は，本文で (4.28) を出したときと，ほとんど同じである（p.8 の [問] であった！）．

$$r = \sqrt{x^2 + y^2}, \qquad \tan\phi = \frac{y}{x}$$

である．

$$\frac{\partial}{\partial x}u(r, \phi) = \left(\frac{\partial r}{\partial x}\frac{\partial}{\partial r} + \frac{\partial\phi}{\partial x}\frac{\partial}{\partial\phi}\right)u$$

で $\partial r/\partial x = x/r = \cos\phi$ であり，$\tan\phi = y/x$ の両辺を x で微分すれば

$$\sec^2\phi\,\frac{\partial\phi}{\partial x} = -\frac{y}{x^2}, \qquad \frac{\partial\phi}{\partial x} = -\frac{y}{x^2+y^2} = -\frac{\sin\phi}{r}$$

となるから

$$\frac{\partial}{\partial x}u(r, \phi) = \left(\cos\phi\,\frac{\partial}{\partial r} - \frac{\sin\phi}{r}\frac{\partial}{\partial\phi}\right)u$$

もう一度，微分する

$$\frac{\partial^2}{\partial x^2} = \left(\cos\phi\,\frac{\partial}{\partial r} - \frac{\sin\phi}{r}\frac{\partial}{\partial\phi}\right)\left(\cos\phi\,\frac{\partial}{\partial r} - \frac{\sin\phi}{r}\frac{\partial}{\partial\phi}\right)$$

を計算するのだ．順次やってみよう．

$$\frac{\partial^2}{\partial x^2} = \cos^2\phi \frac{\partial^2}{\partial r^2} + 2\frac{\cos\phi\sin\phi}{r}\left(\frac{1}{r}\frac{\partial}{\partial\phi} - \frac{\partial^2}{\partial r\partial\phi}\right)$$
$$+ \frac{\sin^2\phi}{r}\frac{\partial}{\partial r} + \frac{\sin^2\phi}{r^2}\frac{\partial^2}{\partial\phi^2}$$

となる．y については

$$\frac{\partial^2}{\partial y^2} = \left(\sin\phi\frac{\partial}{\partial r} + \frac{\cos\phi}{r}\frac{\partial}{\partial\phi}\right)\left(\sin\phi\frac{\partial}{\partial r} + \frac{\cos\phi}{r}\frac{\partial}{\partial\phi}\right)$$

を計算する．$\partial^2/\partial x^2$ と合わせて

$$\frac{\partial^2}{\partial x^2} + \frac{\partial^2}{\partial y^2} = \frac{\partial^2}{\partial r^2} + \frac{1}{r}\frac{\partial}{\partial r} + \frac{1}{r^2}\frac{\partial^2}{\partial\phi^2} \tag{1}$$

が得られる．これを $u(r,\phi)$ に掛けるのである．

2次元調和振動子に対する，極座標系におけるシュレーディンガーの固有値方程式は

$$\left[-\frac{\hbar^2}{2\mu}\left(\frac{\partial^2}{\partial r^2} + \frac{1}{r}\frac{\partial}{\partial r} + \frac{1}{r^2}\frac{\partial^2}{\partial\phi^2}\right) + \frac{k}{2}r^2\right]u(r,\phi) = Eu(r,\phi) \tag{2}$$

となる．これを解くのに

$$u(r,\phi) = R(r)e^{im\phi}$$

とおこう．そうすると (4.44) は

$$\left[-\frac{\hbar^2}{2\mu}\left(\frac{d^2}{dr^2} + \frac{1}{r}\frac{d}{dr}\right) + \frac{m^2\hbar^2}{2\mu r^2} + \frac{k}{2}r^2\right]R(r) = ER(r) \tag{3}$$

となる．方程式を無次元化するため，$r = a\rho$ とおいて

$$\left[\frac{d^2}{d\rho^2} + \frac{1}{\rho}\frac{d}{d\rho} - \frac{m^2}{\rho^2} - \rho^2\right]R = -\lambda R, \quad \omega = \sqrt{\frac{k}{\mu}}, \quad E = \frac{\hbar\omega}{2}\lambda \tag{4}$$

ここに直角座標系と同じく $a = (\hbar^2/\mu k)^{1/4}$ とした．$R = g(\rho)e^{-\rho^2/2}$ とおけば，

$$\left[\frac{d^2}{d\rho^2} + \left(\frac{1}{\rho} - 2\rho\right)\frac{d}{d\rho} + (\lambda - 2) - \frac{m^2}{\rho^2}\right]g(\rho) = 0,$$

となる．この方程式の解もメノコで得られる．

$\quad g = 1, \quad m = 0, \quad \lambda = 2, \quad E_0 = \hbar\omega$
$\quad g = \rho, \quad m = \pm 1, \quad \lambda = 4, \quad E_1 = 2\hbar\omega$

さらに $g = 1 + A\rho^2$ を代入してみると

$\quad g = 1 - \rho^2, \quad m = 0, \quad \lambda = 6, \quad E_1 = 2\hbar\omega$

および

$\quad g = \rho^2, \quad m = \pm 2, \quad \lambda = 6, \quad E_2 = 3\hbar\omega$

が得られる．よって

第 5 章

$$E_0 = \hbar\omega \quad : \quad \mathcal{U}_{0,0}(r,\phi) = e^{-(r/a)^2/2}$$
$$E_1 = 2\hbar\omega \quad : \quad \mathcal{U}_{1,\pm 1}(r,\phi) = re^{-(r/a)^2/2}e^{\pm i\phi}$$
$$E_2 = 3\hbar\omega \quad : \quad \mathcal{U}_{2,0}(r,\phi) = (1-\rho^2)e^{-(r/a)^2/2}$$
$$\mathcal{U}_{2,\pm 2}(r,\phi) = \rho^2 e^{-(r/a)^2/2}e^{\pm 2i\phi}$$

直角座標系での解と固有値は一致している．固有関数にも対応があって，下の表のとおりである．

エネルギー	極座標系	直角座標系	波動関数
$E_0 = \hbar\omega$	$\mathcal{U}_{0,0}$	$U_{0,0}$	$e^{-(r/a)^2/2}$
$E_1 = 2\hbar\omega$	$\mathcal{U}_{1,\pm 1}$	$U_{1,0} \pm iU_{0,1}$	$re^{-(r/a)^2}e^{\pm i\phi}$
$E_2 = 3\hbar\omega$	$\mathcal{U}_{2,0}$	$U_{2,0} + U_{0,2}$	$(a^2 - r^2)e^{-(r/a)^2/2}$
	$\mathcal{U}_{2,\pm 2}$	$U_{2,0} - U_{0,2} \pm 2iU_{1,1}$	$r^2 e^{-(r/a)^2/2}e^{\pm 2i\phi}$

第 5 章

1. 運動エネルギー $50\,\mathrm{keV}$ の電子のド・ブロイ波長は $\lambda = \sqrt{150/(5\times 10^4)} \times 10^{-10}\,\mathrm{m} = 5.5 \times 10^{-12}\,\mathrm{m}$．電子線バイプリズムに入る前の電子線の方向を z 軸にとると，電子線バイプリズムを出た後のド・ブロイ波は

$$\psi = e^{i(k_z z + k_x x)} + e^{i(k_z z - k_x x)}$$

と書ける．ただし，波数ベクトルは

$$k_z = \frac{2\pi}{\lambda} = 1.14 \times 10^{12}\,\mathrm{m}^{-1}, \qquad \frac{k_x}{k_z} = 4 \times 10^{-6}$$

である．したがって，干渉縞の強度は

$$|\psi|^2 = 2 + 2\cos 2k_x x$$

となる．干渉縞の間隔は

$$\frac{2\pi}{2k_x} = \frac{\pi}{4.5 \times 10^6\,\mathrm{m}^{-1}}$$
$$= 7.0 \times 10^{-7}\,\mathrm{m}$$
$$= 700\,\mathrm{nm}$$

2. (a) 原子のビームは2つのスリットを通って $5\mu\mathrm{rad}$ の半値半幅をもつ．というのは，図 (a) で第1のスリットの位置 y を通ったビームは，角 $\phi = -y/L$ から $(b-y)/L$ の広がりをもつ．

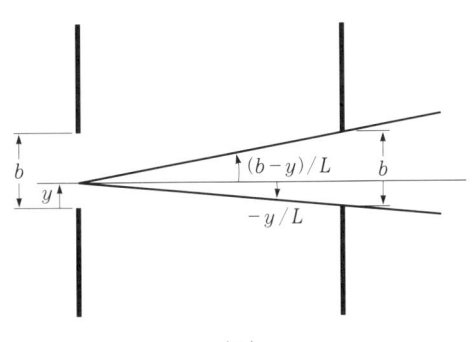

(a)

これを y について 0 から b まで積分すると, $\phi = 0$ にピークをもち底辺 $2b/L$ の二等辺三角形分布になる. その半値半幅は $b/2L = 10\,\mu\mathrm{m}/(2 \times 1\,\mathrm{m}) = 5\,\mu\mathrm{rad}$ である. 検出器の針金はノズルから見て $25\,\mu\mathrm{m}/1.5\,\mathrm{m} = 17\,\mu\mathrm{rad}$ 広がり, $10\,\mu\mathrm{m}/1.5\,\mathrm{m} = 7\,\mu\mathrm{rad}$ 間隔で動く. よって, $\left(5 + \dfrac{17}{2} + 7\right)\mu\mathrm{rad}$ がピークの半幅になる.

(b) ナトリウム原子の原子量は 23 で, 原子質量単位は $1.66 \times 10^{-27}\,\mathrm{kg}$ だから, 質量は $23 \times 1.66 \times 10^{-27}\,\mathrm{kg} = 3.8 \times 10^{-26}\,\mathrm{kg}$. したがって, 速さ $1.0 \times 10^3\,\mathrm{m/s}$ のナトリウム原子のド・ブロイ波長は

$$\lambda = \frac{2\pi\hbar}{(3.8 \times 10^{-26}\,\mathrm{kg})(1.0 \times 10^3\,\mathrm{m/s})} = 1.7 \times 10^{-11}\,\mathrm{m}$$

(b)

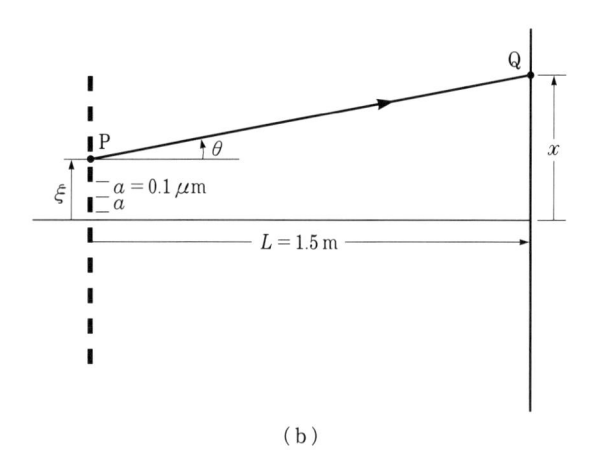

図 (b) の PQ の距離は $\sqrt{L^2 + (x - \xi)^2} \sim L + (x^2 - 2x\xi)/(2L)$ だから, n 番目のスリットを通って x に来るド・ブロイ波の振幅は

$$\int_{2na-a/2}^{(2n+1)a-a/2} e^{-ik\xi\theta}\,d\xi = e^{-i2nka\theta}\,\frac{\sin(ka\theta/2)}{k\theta/2}$$

となる. これを $2N + 1$ 個のスリットにわたって加える.

$$\sum_{n=-N}^{N} e^{-i2nka\theta} = \frac{\sin(2N+1)ka\theta}{\sin ka\theta}$$

であるから, x の位置に来るド・ブロイ波の振幅は

$$\phi(\theta) = \frac{\sin(2N+1)ka\theta}{\sin ka\theta} \cdot \frac{\sin(ka\theta/2)}{k\theta/2}$$

となる. これが極大になるのは, $ka\theta = 0,\ \pi,\ 3\pi,\ \cdots$ であって, $ka\theta = 2\pi,\ 4\pi,\ \cdots$ では第 2 因子が 0 となる. これが次の干渉縞が弱い理由である.

$ka\theta = \pi$ となる角度は

第 5 章

$$\theta = \frac{\pi}{ka} = \frac{\lambda}{2a} \tag{1}$$

であるから

$$\theta = \frac{1.7 \times 10^{-11}\,\mathrm{m}}{0.2 \times 10^{-6}\,\mathrm{m}} = 85\,\mu\mathrm{rad}$$

3. 5‐14 図（2）からピークの半値半幅は，ほぼ $5\,\mu\mathrm{m}$ であるから，角度にすれば $\dfrac{5\,\mu\mathrm{m}}{1\,\mathrm{m}} = 5 \times 10^{-6}\,\mathrm{rad}$ となり，前問の解答でも見たコリメータによる角度の広がり $\dfrac{b}{2L} = \dfrac{10\,\mu\mathrm{m}}{1.04\,\mathrm{m}} \times \dfrac{1}{2}$ と合う．

C_{60} の質量は，$60 \times 12 \times (1.66 \times 10^{-27}\,\mathrm{kg}) = 1.2 \times 10^{-24}\,\mathrm{kg}$ であるから，速さ $220\,\mathrm{m/s}$ のときのド・ブロイ波長は

$$\lambda = \frac{2\pi\hbar}{(1.2 \times 10^{-24}\,\mathrm{kg})(220\,\mathrm{m/s})} = 2.5 \times 10^{-12}\,\mathrm{m}$$

となる．前問の解答の（1）から，干渉模様のピークは，角度 0 は別として

$$\frac{\lambda}{2a} = \frac{2.5 \times 10^{-12}\,\mathrm{m}}{100\,\mathrm{nm}} = 2 \times 10^{-5}\,\mathrm{rad}$$

で起こると予想される．5‐14 図（1）を見ると $25\,\mu\mathrm{m}$ にピークがあり，角度にすれば $(25\,\mu\mathrm{m})/(1.25\,\mathrm{m}) = 2 \times 10^{-5}\,\mathrm{rad}$ となり，予想とよく合っている．

4.

$$\psi_t{}^*(x)\frac{\partial \psi_t(x)}{\partial x} = \{N_+ e^{i(kx-\omega t)} + N_- e^{i(-kx-\omega t)}\}^* \cdot (ik)\{N_+ e^{i(kx-\omega t)} - N_- e^{i(-kx-\omega t)}\}$$

$$= ik(|N_+|^2 - |N_-|^2 + N_-{}^* N_+ e^{2ikx} - N_+{}^* N_- e^{-2ikx})$$

であるから，

$$j(x,\ t) = \frac{\hbar k}{m}(|N_+|^2 - |N_-|^2)$$

5. まず，存在確率の流束 j をつくる．(5.44) から

$$\frac{\partial \psi_t}{\partial x} = \left(-\frac{x - v_0 t}{a^2 + (i\hbar t/m)} + \frac{ip_0}{\hbar}\right)\psi_t$$

したがって，定義 (5.20) により

$$j = \frac{\hbar}{m}\operatorname{Im}\psi_t{}^*\frac{\partial \psi_t}{\partial x} = \left(\frac{x - v_0 t}{a^2 + (\hbar t/ma)^2}\left(\frac{\hbar}{ma}\right)^2 t + v_0\right)|\psi_t|^2$$

となる．x で微分して

$$\frac{\partial j}{\partial x} = \left\{\frac{1}{a^2 + (\hbar t/ma)^2}\left(\frac{\hbar}{ma}\right)^2 t \right.$$

$$\left. + \left(\frac{x - v_0 t}{a^2 + (\hbar t/ma)^2}\left(\frac{\hbar}{ma}\right)^2 t + v_0\right)\left(-\frac{2(x - v_0 t)}{a^2 + (\hbar t/ma)^2}\right)\right\}|\psi_t|^2$$

他方，(5.46) を t で微分して

$$\frac{\partial \rho}{\partial t} = \left\{ -\frac{(\hbar/ma)^2 t}{a^2 + (\hbar t/ma)^2} + \frac{2(x-v_0 t)^2}{[a^2+(\hbar t/ma)^2]^2}\left(\frac{\hbar}{ma}\right)^2 t + \frac{2v_0(x-v_0 t)}{a^2+(\hbar t/ma)^2}\right\}|\psi_t|^2$$

先の $\partial j/\partial x$ と加えて 0.

第 6 章

1. （a） $0 = \langle \psi_1, \psi_2' \rangle = \langle \psi_1, \psi_2 \rangle - b_1 \langle \psi_1, \psi_1 \rangle$ とするのだから,
$$b_1 = \langle \psi_1, \psi_2 \rangle / \langle \psi_1, \psi_1 \rangle$$

（b） ψ_2' は前問と同じ. そのうえで $\psi_3' = \psi_3 - c_1\psi_1 - c_2\psi_2'$ とおいて
$\langle \psi_1, \psi_3' \rangle = 0$ から $\langle \psi_1, \psi_3 \rangle - c_1 \langle \psi_1, \psi_1 \rangle - c_2 \langle \psi_1, \psi_2' \rangle = 0$
$\langle \psi_2', \psi_3' \rangle = 0$ から $\langle \psi_2', \psi_3 \rangle - c_1 \langle \psi_2', \psi_1 \rangle - c_2 \langle \psi_2', \psi_2' \rangle = 0$

を得て
$$c_1 = \frac{\langle \psi_1, \psi_3 \rangle \langle \psi_2', \psi_2' \rangle - \langle \psi_2', \psi_3 \rangle \langle \psi_1, \psi_2' \rangle}{\langle \psi_1, \psi_1 \rangle \langle \psi_2', \psi_2' \rangle - \langle \psi_2', \psi_1 \rangle \langle \psi_1, \psi_2' \rangle}$$
$$c_2 = \frac{\langle \psi_2', \psi_3 \rangle \langle \psi_1, \psi_1 \rangle - \langle \psi_1, \psi_3 \rangle \langle \psi_2', \psi_1 \rangle}{\langle \psi_1, \psi_1 \rangle \langle \psi_2', \psi_2' \rangle - \langle \psi_2', \psi_1 \rangle \langle \psi_1, \psi_2' \rangle}$$

2. $\langle u, v \rangle$, $\langle u, w \rangle$ は角度積分
$$\int_0^\pi \sin\theta \cdot \sin\theta \, d\theta \int_0^{2\pi} e^{-i\phi} d\phi$$
を含み, ϕ 積分が 0 なので,
$$\langle u, v \rangle, \ \langle u, w \rangle = 0$$
$\langle v, w \rangle$ は, 角度積分
$$\int_0^\pi \sin^2\theta \cdot \sin\theta \, d\theta \int_0^{2\pi} d\phi \neq 0$$
だが, 動径積分が, $\rho = r/a$ とおいて
$$\int_0^\infty \rho^2 \left(1 - \frac{\rho}{6}\right) e^{-[(1/2)+(1/3)]\rho} \cdot \rho^2 d\rho = 0$$
となる. ここで $\int_0^\infty \rho^n e^{-a\rho} d\rho = \frac{n!}{a^{n+1}}$ を用いた.

3. (6.86) $= 0$ が等号で成り立つ場合だから, $\{(\hat{x}-a) + ia(\hat{p}-b)\}\psi = 0$ が成り立つような状態 ψ の場合である. ここで, $\langle p \rangle = b$, $\langle x \rangle = a$ とおいた. これらは, a とともに任意である. すなわち
$$\left(-i\hbar \frac{d}{dx} - b\right)\psi = -\frac{\hat{x}-a}{ia}\psi$$
が成り立つ場合. よって, ψ は
$$\psi = N \exp\left[-\frac{(x-a)^2}{2\hbar a} + \frac{ib}{\hbar}x\right]$$

となる．N は規格化定数で $N = (\hbar a\pi)^{-1/4}$．これは不確定積 $\Delta x \Delta p$ を最小にするので**最小波束**（minimum packet）とよばれる．

4.（a） エルミート性は，周期性境界条件をみたす任意の $\varphi(x)$，$\psi(x)$ に対して $\langle \varphi, \widehat{\mathcal{H}}\psi \rangle = \langle \widehat{\mathcal{H}}\varphi, \psi \rangle$ が成り立つことである．ところが

$$\int_0^L \varphi(x)^* \frac{d^2}{dx^2}\psi(x)\,dx - \int_0^L \left\{\frac{d^2}{dx^2}\varphi(x)\right\}^* \psi(x)\,dx$$
$$= \int_0^L \frac{d}{dx}\left(\varphi(x)^* \frac{d\psi(x)}{dx} - \frac{d\varphi(x)^*}{dx}\psi(x)\right)dx$$
$$= \left[\varphi(x)^* \frac{d\psi(x)}{dx} - \frac{d\varphi(x)^*}{dx}\psi(x)\right]_0^L$$

は $\varphi(x)$，$\psi(x)$ が周期性境界条件をみたしさえすれば 0 である．よって，$\widehat{\mathcal{H}}$ はエルミート的である．

（b） 固有値問題 $\widehat{\mathcal{H}}u(x) = Eu(x)$ の解は

$$u_n(x) = \frac{1}{\sqrt{L}}e^{ik_n x}, \qquad k_n = \frac{2n\pi}{L}, \qquad E_n = \frac{(2\pi\hbar)^2}{2mL^2}n^2$$
$$(n = 0, \pm 1, \pm 2, \cdots)$$

（c） 異なる固有値に属する固有関数の直交性： $n \neq n'$ ならば

$$\langle u_{n'}, u_n \rangle = \frac{1}{L}\int_0^L e^{2\pi i (n-n')x/L}dx = \frac{1}{2\pi i(n-n')}\left[e^{2\pi i(n-n')x/L}\right]_0^L = 0$$

（d） フーリエ展開の定理により，任意の関数 $\psi(x)$ $(0 \leq x \leq L)$ は

$$\psi(x) = \frac{1}{\sqrt{L}}\sum_{n=-\infty}^{\infty} \gamma_n u_n(x)$$

と展開される．ここに $\gamma_n = \frac{1}{\sqrt{L}}\int_0^L \psi(x)\,e^{-2\pi i n x/L}dx$．

5.（a） $\widehat{L}_z = -i\hbar\left(x\dfrac{\partial}{\partial y} - y\dfrac{\partial}{\partial x}\right)$ である．$r = \sqrt{x^2 + y^2}$, $\tan\phi = \dfrac{y}{x}$ であるから

$$\frac{\partial}{\partial x} = \frac{\partial r}{\partial x}\frac{\partial}{\partial r} + \frac{\partial \phi}{\partial x}\frac{\partial}{\partial \phi}$$

において

$$\frac{\partial r}{\partial x} = \frac{x}{r}, \qquad \sec^2\phi\,\frac{\partial \phi}{\partial x} = -\frac{y}{x^2}, \qquad \text{ゆえに} \quad \frac{\partial \phi}{\partial x} = -\frac{y}{x^2+y^2}$$

である．同様にして

$$\frac{\partial r}{\partial y} = \frac{y}{r}, \qquad \frac{\partial \phi}{\partial y} = \frac{x}{x^2+y^2}$$

となるから

$$\widehat{L}_z = -i\hbar\frac{\partial}{\partial \phi}$$

（b） 角 ϕ は 2π 増すと空間の元の点にもどるから，波動関数が 1 価である

ためには $\psi(r, \phi+2\pi) = \psi(r, \phi)$ とならなければならない．よって，ψ は ϕ に関して周期 2π の周期性境界条件をみたさねばならない．以下，ϕ 依存性のみ考えるので，r は省略する．

（c）
$$\int_0^{2\pi} \varphi(\phi)^* \frac{d\psi(\phi)}{d\phi} d\phi + \int_0^{2\pi} \frac{d\varphi(\phi)^*}{d\phi} \psi(\phi) d\phi$$
$$= \int_0^{2\pi} \frac{d}{d\phi} \{\varphi^*(\phi)\psi(\phi)\} d\phi = \Big[\varphi(\phi)\psi(\phi)\Big]_0^{2\pi}$$

は $\varphi(\phi)$, $\psi(\phi)$ が周期性境界条件をみたしさえすれば 0 だから

$$\left(\frac{d}{d\phi}\right)^\dagger = -\frac{d}{d\phi}$$

が成り立つ．よって，$\hat{L}_z = -i\hbar \dfrac{d}{d\phi}$ はエルミート的である．

（d）　固有値，固有関数は
$$u_n(\phi) = \frac{1}{\sqrt{2\pi}} e^{im\phi}, \quad \lambda_m = m\hbar \quad (m = 0, \pm 1, \pm 2, \cdots)$$

（e）
$$\hat{L}_z^2 = (\hat{x}\hat{p}_y - \hat{y}\hat{p}_x)^2 = \hat{x}^2\hat{p}_y^2 + \hat{y}^2\hat{p}_x^2 - \hat{x}\hat{p}_x\hat{p}_y\hat{y} - \hat{p}_x\hat{x}\hat{y}\hat{p}_y$$
$$= r^2(\hat{p}_x^2 + \hat{p}_y^2) - (\hat{x}^2\hat{p}_x^2 + \hat{x}\hat{p}_x\hat{p}_y\hat{y} + \hat{p}_x\hat{x}\hat{y}\hat{p}_y + \hat{y}^2\hat{p}_y^2)$$

となる．ところが
$$\hat{x}^2\hat{p}_x^2 = \hat{x}(\hat{p}_x\hat{x})\hat{p}_x + i\hbar\hat{x}\hat{p}_x$$
$$\hat{x}\hat{p}_x\hat{p}_y\hat{y} = \hat{x}\hat{p}_x\hat{y}\hat{p}_y - i\hbar\hat{x}\hat{p}_x$$

であるから
$$\hat{x}^2\hat{p}_x^2 + \hat{x}\hat{p}_x\hat{p}_y\hat{y} = (\hat{x}\hat{p}_x)^2 + (\hat{x}\hat{p}_x)(\hat{y}\hat{p}_y)$$

となる．$\hat{y}^2\hat{p}_y^2 + \hat{p}_x\hat{x}\hat{y}\hat{p}_y$ も同様にして
$$\hat{L}_z^2 = r^2(\hat{p}_x^2 + \hat{p}_y^2) - (\hat{x}\hat{p}_x + \hat{y}\hat{p}_y)^2$$

を得る．ところが
$$\hat{p}_x^2 + \hat{p}_y^2 = -\hbar^2 \Delta_2, \quad \hat{x}\hat{p}_x + \hat{y}\hat{p}_y = -i\hbar r \frac{\partial}{\partial r}$$

であるから
$$\hat{L}_z^2 = -\hbar^2 \left[r^2 \Delta_2 - \left(r\frac{\partial}{\partial r}\right)^2 \right]$$

これから得られる $-\dfrac{\hbar^2}{2m}\Delta^2 = -\dfrac{\hbar^2}{2m}\left(\dfrac{d^2}{dr^2} + \dfrac{1}{r}\dfrac{d}{dr}\right) + \dfrac{\hat{L}_z^2}{2mr^2}$ は，第4章の章末問題3で別の方法で導いた．

第 7 章

1. ボーア半径は $a_B = 0.529 \times 10^{-10}\,\text{m}$ であるから
$$a = (0.5/0.529)\,a_B$$
また，$\hbar^2/2ma_B^2 = 13.61\,\text{eV}$ であるから
$$V_0 = 10\,\text{eV} = \frac{10}{13.61}\frac{\hbar^2}{2ma_B^2}$$
となるから
$$\frac{2mV_0a^2}{\hbar^2} = \frac{2m}{\hbar^2}\frac{10}{13.61}\frac{\hbar^2}{2ma_B^2}\left(\frac{0.5}{0.529}a_B\right)^2 = \frac{10 \times 0.5^2}{13.61 \times 0.529^2}$$
$$= 0.656$$
これは $(\pi/2)^2$ より小さいので反対称な束縛状態はない．対称な束縛状態のエネルギーを求めるため，(7.31) において $\tan\xi \sim \xi$ とすれば $\eta = \xi^2$ となるから
$$\frac{2mV_0a^2}{\hbar^2} = 0.656 = \xi^2 + \eta^2 = \xi^2 + \xi^4$$
ゆえに

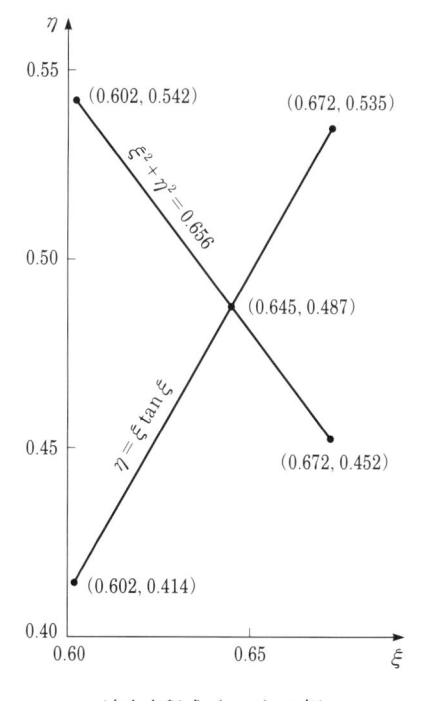

連立方程式 (7.31) の解

$$\xi^2 = \frac{1}{2}[-1+\sqrt{1+4\times 0.656}\,] = 0.452 \qquad \text{となり} \qquad \xi = 0.672$$

このとき $\xi\tan\xi = 0.535$.

この ξ は $\pi/4 = 0.79$ に近いので，あらためて $\xi = (\pi/4) + \delta$ とおけば

$$\tan\left(\frac{\pi}{4}+\delta\right) = 1 + 2\delta + 2\delta^2$$

であるから

$$\eta = \left(\frac{\pi}{4}+\delta\right)(1+2\delta+2\delta^2) = \frac{\pi}{4} + \left(1+\frac{\pi}{2}\right)\delta + \left(2+\frac{\pi}{2}\right)\delta^2$$

となり

$$\xi^2 + \eta^2 = \frac{\pi^2}{8} + \left(1+\frac{\pi}{4}\right)\pi\delta + \left(2+2\pi+\frac{\pi^2}{2}\right)\delta^2$$

これを 0.65 に等しいとおいて，解けば $\delta = -0.183$ または -0.241. したがって $\xi = 0.602$，または 0.544 が得られる．$\xi^2 + \eta^2 = 0.656$ から $\eta = 0.542$ または 0.600.

しかし，この大きい方の ξ に対して $\xi\tan\xi = 0.414$ で η と 10% 以上の差がある．真の値は，図から $\xi = 0.645$，$\eta = 0.487$ である．$\xi\tan\xi = \eta$，$\xi^2 + \eta^2 = 0.656$ に合うよう微調整して $\xi = 0.658$，$\eta = 0.469$. これに対して

$$E = \frac{\hbar^2}{2ma_B^2}\left(\frac{0.529}{0.5}\right)^2 \xi^2 = 13.61\,\text{eV}\times 1.119 \times 0.658^2 = 5.95\,\text{eV}$$

2. 反対称な束縛状態はない．対称な束縛状態をきめる方程式 (7.31) は

$$\xi\tan\xi = \eta, \qquad \xi^2 + \eta^2 = \frac{2mV_0a^2}{\hbar^2} \tag{1}$$

であるが，井戸の体積が小さくて $0 < 2mV_0a^2/\hbar^2 \ll 1$ なので $0 < \xi$, $\eta \ll 1$. したがって，(1) は

$$\xi^2 = \eta, \qquad \xi^2 = \frac{2mV_0a^2}{\hbar^2}$$

となる．よって，エネルギー固有値は $E_s = \dfrac{\hbar^2}{2ma^2}\xi^2 = V_0$ となる．これでは，エネルギーがポテンシャルの上の縁に一致している．

もう一歩，近似を進めるには $\eta = \xi^2$ を考えに入れて

$$\xi^4 + \xi^2 = A \qquad \left(A = \frac{2mV_0a^2}{\hbar^2}\right)$$

から $\xi^2 = \dfrac{1}{2}[-1\pm\sqrt{1+4A}\,]$ となるが，マイナス符号はとれないから

$$\xi^2 = A - \frac{1}{2\cdot 8}(4A)^2 = A - A^2$$

となる．よって

$$E_s = \left(1 - \frac{2mV_0 a^2}{\hbar^2}\right)V_0$$

これでエネルギーはポテンシャルの上の縁からわずかに下がった.このとき

$$\alpha = \frac{2mV_0 a^2}{\hbar^2}\frac{1}{a}, \qquad k = \sqrt{\frac{2mV_0 a^2}{\hbar^2}}\frac{1}{a}$$

であるから,波動関数は

$$u_s(x) = \sqrt{\frac{2mV_0}{\hbar^2}} \begin{cases} \cos\sqrt{\dfrac{2mV_0}{\hbar^2}}\,x & (|x| < a) \\ \cos\sqrt{\dfrac{2mV_0 a^2}{\hbar^2}}\, e^{-(2mV_0 a^2/\hbar^2)(|x|-a)} & (|x| > a) \end{cases}$$

3. 対称な状態:$\xi = ka$, $\eta = \alpha a$ は (7.31) からきまる.$V_0 a^2 \gg \hbar^2/2m$ なので 7-2 図から $\xi \sim (2n+1)\pi/2$ となる(n が大きいとき,この近似は良くない).したがって,$\xi^2 + \eta^2 = 2mV_0 a^2/\hbar^2$ から

$$\eta = \sqrt{\frac{2mV_0 a^2}{\hbar^2} - \left(n + \frac{1}{2}\right)^2 \pi^2}$$

となり

$$\tan\left[\left(n+\frac{1}{2}\right)\pi - \xi'\right] = \cot \xi'$$

であるから,$\xi \tan \xi = \eta$ は

$$\left\{\left(n+\frac{1}{2}\right)\pi - \xi'\right\}\cot \xi' = \eta$$

となり,$\cot \xi' = 1/\xi'$ と近似すれば

$$\xi' = \left(n+\frac{1}{2}\right)\frac{\pi}{\eta+1} = \left(n+\frac{1}{2}\right)\pi \Big/ \left[\sqrt{\frac{2mV_0 a^2}{\hbar^2} - \left(n+\frac{1}{2}\right)^2 \pi^2} + 1\right]$$

井戸の外 ($x > a$) の波動関数は,(7.28) と (7.34) により

$$u^{\text{sym}}(x) = \sqrt{\frac{1}{a}} \cos ka \, e^{-\alpha(x-a)}$$

である.ただし,$\eta \gg 1$ を考慮した.ここに

$$\cos ka = \cos \xi = (-1)^{n-1}\sin \xi'$$
$$= (-1)^{n-1}\left(n+\frac{1}{2}\right)\pi \Big/ \left[\sqrt{\frac{2mV_0 a^2}{\hbar^2} - \left(n+\frac{1}{2}\right)^2 \pi^2} + 1\right]$$

$$e^{-\alpha(x-a)} = e^{-\eta(x-a)/a} = \exp\left[-\sqrt{\frac{2mV_0 a^2}{\hbar^2} - \left(n+\frac{1}{2}\right)^2 \pi^2}\,\frac{x-a}{a}\right]$$

である.

反対称な状態:$\xi = ka$, $\eta = \alpha a$ は (7.36) からきまる.$V_0 a^2 \gg \hbar^2/2m$ なので 7-3 図から $\xi \sim n\pi$ となる(n が大きいとき,この近似は良くない).したがって,

$$\eta^2 = \frac{2mV_0 a^2}{\hbar^2} - n^2\pi^2$$

となり,$\xi = n\pi - \xi'$ とおけば
$$\cot[n\pi - \xi'] = -\cot \xi'$$
であるから $\xi \cot \xi = -\eta$ は
$$(n\pi - \xi')\cot \xi' = \eta$$
となり,$\cot \xi' = 1/\xi'$ と近似すれば
$$\xi' = \frac{n\pi}{\eta + 1} = n\pi \Big/ \Big[\sqrt{\frac{2mV_0 a^2}{\hbar^2} - (n\pi)^2} + 1\Big]$$

井戸の外 $(x > a)$ の波動関数は,(7.35) と (7.34) により
$$u(x) = \sqrt{\frac{1}{a}} \sin ka \, e^{-\alpha(x-a)}$$

である.ただし,$\eta \gg 1$ を考慮した.ここに
$$\sin ka = \sin \xi = (-1)^{n-1} \sin \xi' = (-1)^{n-1} n\pi \Big/ \Big[\sqrt{\frac{2mV_0 a^2}{\hbar^2} - (n\pi)^2} + 1\Big]$$
$$e^{-\alpha(x-a)} = e^{-\eta(x-a)/a} = \exp\Big[-\sqrt{\frac{2mV_0 a^2}{\hbar^2} - (n\pi)^2}\, \frac{x-a}{a}\Big]$$

4. $V_0 a^2 \to \infty$ のとき,エネルギー固有値は $E_n = \dfrac{\hbar^2}{2m(2a)^2} n^2$ $(n = 1, 2, \cdots)$ で与えられる.2つの場合を区別する.

　（ｉ）a は固定,$V_0 \to \infty$: E_n は離散的.n の増大とともに間隔が広がる.

　（ii）$a \to \infty$:E_n の間隔は
$$E_{n+1} - E_n = \frac{\hbar^2}{8ma^2}(2n+1) \sim \frac{\hbar^2}{4ma^2} n$$
で,$1/a^2$ に比例して小さくなる.エネルギー ($\mathcal{E}, \mathcal{E} + d\mathcal{E}$) の間にある準位の数は,$\mathcal{E}$ を固定してみれば $a \to \infty$ とともに $n \to \infty$ となるので
$$d\mathfrak{N} = d\mathcal{E} \Big/ \Big(\frac{\hbar^2}{4ma^2} n\Big)$$
であるが,これを $E_n = \mathcal{E}$ の関数と見ると
$$n = \sqrt{\frac{8ma^2}{\hbar^2} \mathcal{E}}$$
だから
$$d\mathfrak{N} = \frac{m^{1/2}(2a)}{\sqrt{2}\,\hbar} \frac{1}{\sqrt{\mathcal{E}}} d\mathcal{E}$$
となる.状態密度 $d\mathfrak{N}/d\mathcal{E}$ は粒子が運動する空間の長さ $2a$ に比例している.

5. シュレーディンガーの固有値方程式は
$$-\frac{\hbar^2}{2\mu}\Big(\frac{\partial^2}{\partial x^2} + \frac{\partial^2}{\partial y^2}\Big) u(x, y) = E u(x, y)$$

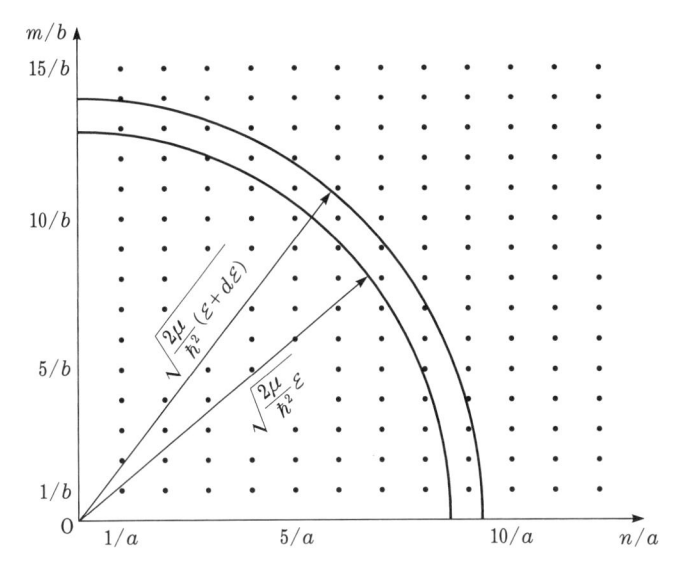

固有状態を表わす格子

で，境界条件は
$$u(0, y) = u(x, 0) = u(a, y) = u(x, b) = 0$$
$$(0 \leqq x \leqq a, \quad 0 \leqq y \leqq b)$$
である．固有関数はしたがって
$$u_{nm}(x, y) = \frac{2}{\sqrt{ab}} \sin \frac{n\pi x}{a} \sin \frac{m\pi y}{b} \quad (n, m = 1, 2, \cdots)$$
であり，対応するエネルギー固有値は
$$E_{nm} = \frac{\hbar^2}{2\mu} \left(\frac{n^2}{a^2} + \frac{m^2}{b^2} \right)$$
である．固有値は図の各格子点に1つずつ属する．面積 $1/ab$ ごとに1つあるといってもよい．$a, b \to \infty$ とすると固有値は密に分布する．図では，エネルギー $\mathcal{E}$ は半径 $\sqrt{(2\mu/\hbar^2)\mathcal{E}}$ の円で表わされる．したがって，$(\mathcal{E}, \mathcal{E} + d\mathcal{E})$ の範囲にある固有値の数は，

半径 $\sqrt{\frac{2\mu}{\hbar^2}\mathcal{E}}$ と $\sqrt{\frac{2\mu}{\hbar^2}(\mathcal{E} + d\mathcal{E})}$ の四分円にはさまれた領域

にある格子点の数で与えられる．それは，その領域の面積
$$\frac{\pi}{2} \sqrt{\frac{2\mu}{\hbar^2}\mathcal{E}} \cdot \sqrt{\frac{2\mu}{\hbar^2}} \frac{1}{2\sqrt{\mathcal{E}}} d\mathcal{E} = \frac{\pi\mu}{2\hbar^2} d\mathcal{E}$$
を，格子点1つ当りの面積 $1/ab$ で割れば得られる：

$$d\mathfrak{N} = \frac{\pi\mu}{2\hbar^2} ab\, d\mathcal{E}$$

状態密度は $\mathcal{E}$ には無関係，粒子の運動する空間の面積 ab に比例している．

6. (a) (i) 2つの井戸が離れている場合．各領域の波動関数 $u(x)$ が滑らかにつながるようにする．

領域 III： $x \to \infty$ で $u(x) \to 0$ となるべきことから $E < 0$ で
$$u(x) = Ce^{-\alpha x} \qquad \left(\alpha = \sqrt{\frac{-2mE}{\hbar^2}}\right)$$

領域 II： この領域の波動関数が領域 III の波動関数と滑らかにつながるのは $E - V_0 > 0$ の場合に限る．
$$u(x) = A\cos kx + B\sin kx \qquad \left(k = \sqrt{\frac{2m}{\hbar^2}(E - V_0)}\right)$$

領域 I： 領域 III と同じ α を用いて
$$u(x) = \cosh \alpha x$$

領域 I, II の波動関数が滑らかにつながるのは，対数微係数でいって
$$\frac{-A\sin ka + B\cos ka}{A\cos ka + B\sin ka} = \frac{\alpha}{k}\tanh \alpha a$$

領域 II, III の波動関数が滑らかにつながるのは
$$\frac{-A\sin kb + B\cos kb}{A\cos kb + B\sin kb} = -\frac{\alpha}{k}$$

のときである．すなわち

$(-\sin ka - p\cos ka)A + (\cos ka - p\sin ka)B = 0 \qquad \left(p = \frac{\alpha}{k}\tanh \alpha a\right)$

$(-\sin kb + q\cos kb)A + (\cos kb + q\sin kb)B = 0 \qquad \left(q = \frac{\alpha}{k}\right)$

が成り立つときである．これがトリヴィアルな解 $(A = B = 0)$ 以外の解をもつのは，係数の行列式が 0 のときである．それは
$$\sin k(b-a) - q\cos k(b-a) = p\{\cos k(b-a) + q\sin k(b-a)\}$$
であって，$b - a = D$, $a = (R - D)/2$ に注意して
$$\frac{k\sin kD - \alpha\cos kD}{k\cos kD + \alpha\sin kD} = \frac{\alpha}{k}\tanh \frac{\alpha(R - D)}{2} \tag{1}$$

となる．この式は k も α も電子のエネルギー E の関数であるから，つまり E をきめる方程式である．

この式から E をきめるには次のようにする．
$$\alpha D = \xi, \qquad kD = \eta, \qquad \frac{R - D}{2D} = r$$

とおけば，$\xi^2 + \eta^2 = \dfrac{2m|V_0|D^2}{\hbar^2}$ の関係があるので

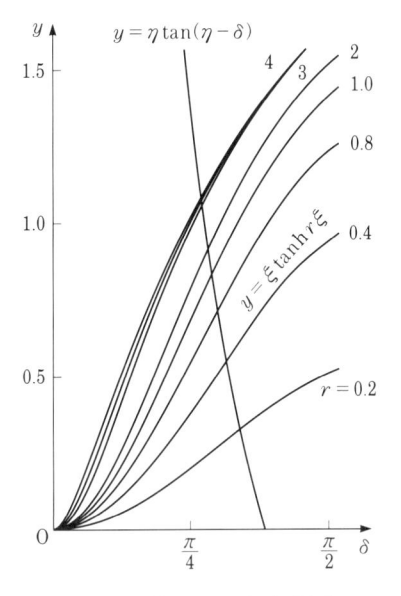

方程式 (7.84) の図式解法. $2m|V_0|D^2/\hbar^2 = 3$ とした.

$$\xi = \sqrt{\frac{2m|V_0|D^2}{\hbar^2}} \sin \delta, \qquad \eta = \sqrt{\frac{2m|V_0|D^2}{\hbar^2}} \cos \delta \qquad \left(0 \leq \delta \leq \frac{\pi}{2}\right)$$

とおいて δ で ξ, η を表わすことができる. (1) は

$$\xi \tanh r\xi = \eta \tan (\eta - \delta)$$

となる. r をきめて, 左辺と右辺を δ の関数としてグラフに描けば (図), それらの交点の δ から

$$E = -\frac{\hbar^2}{2m}\alpha^2 = -|V_0|\sin^2\delta$$

としてエネルギー固有値が r の関数として求まる.

 (ii) 2つの井戸が少し重なる場合. ポテンシャルは次ページの図 (a) のように段差をもつが, 井戸の重なりが小さく, 中央の凹みの幅が狭い間はエネルギー準位は段差の上側にある. 凹みの幅が広くなれば段差の下側にくることもあろう.

前者の場合, 領域 II, III の波動関数は前と同じ. 領域 I では

$$u = \cos Kx \qquad \left(K = \sqrt{\frac{2m}{\hbar^2}(E - 2V_0)}\right)$$

となる. 波動関数の接続の条件は

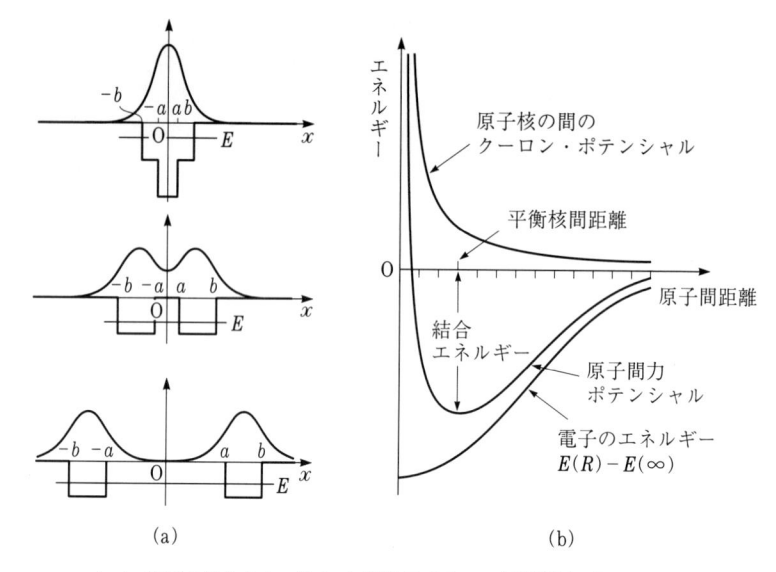

(a) 井戸の重なりと (b) 水素分子イオンの原子間力ポテンシャル

$$\frac{K}{k}\tan\frac{K(D-R)}{2} = -\frac{k\sin kR - \alpha\cos kR}{k\cos kR + \sin kR}$$

(iii) 後者の場合，領域 I，III の波動関数は前と同じ．領域 II では

$$u(x) = A\cosh\beta x + B\sinh\beta x \quad \left(\beta = \sqrt{\frac{2m}{\hbar^2}(V_0 - E)}\right)$$

となる．波動関数の接続の条件は

$$\frac{K}{\beta}\tan Ka = \frac{\beta\sinh\beta R + \alpha\cosh\beta R}{\beta\cosh\beta R + \alpha\sinh\beta R}$$

電子のエネルギー E を "核間距離" R の関数 $E(R)$ として描けば図 (b) のとおり．

(b) 電子のエネルギー $E(R)$ に 2 つの原子核の間のクーロン・エネルギー c/R を加えて系のエネルギーとすれば，2 つの核を距離 R から無限に引き離すに要する仕事は $E(\infty) - \left\{E(R) + \dfrac{c}{R}\right\}$ である．よって

$$W(R) = E(R) - E(\infty) + \frac{c}{R}$$

が，"水素分子イオン" の原子間力ポテンシャルを与える．そのグラフは図に示すとおりある R_0 で極小になる．この距離で 2 つの原子核が結合するのだ．このとき，電子の波動関数は 2 つの核にまたがっている．電子を共有することで 2

第 7 章

つの核が結合したので，**共有結合** (covalent bond) といわれる．結合エネルギーは $W(R_0)$ である．

7. (7.75) において
$$\sinh^{-2}\alpha a \sim 4\exp\left[-\frac{2}{\hbar}\sqrt{2m(V_0-E)}\,a\right]$$
となる．

8. (7.79) から明らか．

9. 波動関数は，粒子が左から入射する場合なら
$$u(x) = \begin{cases} e^{ikx} + Re^{-ikx} & (x<0) \\ Ae^{\alpha x} + Be^{-\alpha x} & (0<x<a) \\ Te^{ik'x} & (x>a) \end{cases}$$
となる（右から入射する場合は $x \to -x$ とし，k と k' を入れかえる）．ただし
$$k = \sqrt{\frac{2mE}{\hbar^2}}, \qquad \alpha = \sqrt{\frac{2m(V_0-E)}{\hbar^2}}, \qquad k' = \sqrt{\frac{2m(E-V_1)}{\hbar^2}}$$
である．$V_1 < 0$ に注意．ポテンシャルの境界 $x=a$ で波動関数が滑らかにつながるという条件から
$$A = \frac{1}{2}\left(1+\frac{ik'}{\alpha}\right)Te^{ik'a}e^{-\alpha a}, \qquad B = \frac{1}{2}\left(1-\frac{ik'}{\alpha}\right)Te^{ik'a}e^{\alpha a}$$
が得られる．これを，$x=0$ で滑らかにつながるという条件
$$\left(1+\frac{\alpha}{ik}\right)A + \left(1-\frac{\alpha}{ik}\right)B = 2$$
$$\left(1-\frac{\alpha}{ik}\right)A + \left(1+\frac{\alpha}{ik}\right)B = 2R$$
の第1式に代入して，整理すると
$$\left\{\left(1+\frac{k'}{k}\right)\cosh\alpha a - i\left(\frac{k'}{\alpha}-\frac{\alpha}{k}\right)\sinh\alpha a\right\}T = 2e^{-ik'a}$$
したがって
$$|T|^2 = \frac{4k^2\alpha^2}{(k+k')^2\alpha^2\cosh^2\alpha a + (kk'-\alpha^2)^2\sinh^2\alpha a}$$

粒子が右から入射する場合の透過波の振幅を T' とすれば，T の k, k' を入れかえるので分子だけが変わり
$$|T'|^2 = \frac{4k'^2\alpha^2}{(k+k')^2\alpha^2\cosh^2\alpha a + (kk'-\alpha^2)^2\sinh^2\alpha a}$$

粒子が左から入射する場合，単位振幅あたりにして

入射する流れ：$\dfrac{\hbar k}{m}$，　透過する流れ：$\dfrac{\hbar k'}{m}$

である．右からの入射では反対になるから，透過率は，どちらでも同じで

$$\mathcal{T} = \frac{k'}{k}|T|^2 = \frac{k}{k'}|T'|^2$$

$$= \frac{4kk'\alpha^2}{(k+k')^2\alpha^2\cosh^2\alpha a + (kk'-\alpha^2)^2\sinh^2\alpha a}$$

となる．$E' = (\hbar k')^2/2m$ と書けば

$$\mathcal{T} = \frac{4\sqrt{EE'}\,(V_0-E)}{(\sqrt{E}+\sqrt{E'})(V_0-E) + (\sqrt{EE'}+E-V_0)^2\sinh^2\alpha a}$$

10. (7.91) と (7.92) を重ね合わせて $x>a$ の波 e^{-iqx} を消し透過波 e^{iqx} だけにする．その際，規格化は問題にならないから，$u_q^{(\text{s})}(x)$, $u_q^{(\text{a})}(x)$ を次のようにとろう．こうすると §7.5 の計算との関連が見やすくなる：

$x>a$ において

$$u_q^{(\text{s})}(x) = \left(\cos ka - \frac{k}{iq}\sin ka\right)e^{iq(x-a)} + \left(\cos ka + \frac{k}{iq}\sin ka\right)e^{-iq(x-a)}$$

$$u_q^{(\text{a})}(x) = \left(\frac{iq}{k}\sin ka + \cos ka\right)e^{iq(x-a)} + \left(\frac{iq}{k}\sin ka - \cos ka\right)e^{-iq(x-a)}$$

であるから，e^{-iqx} を消すには

$$\psi(x) = \left(\cos ka + \frac{k}{iq}\sin ka\right)u_q^{(\text{a})}(x) - \left(\frac{iq}{k}\sin ka - \cos ka\right)u_q^{(\text{s})}(x)$$

をつくればよい．そうすると，透過波 e^{iqx} の振幅は

$$T = \left(\cos ka + \frac{k}{iq}\sin ka\right)\left(\frac{iq}{k}\sin ka + \cos ka\right)e^{-iqa}$$
$$- \left(\frac{iq}{k}\sin ka - \cos ka\right)\left(\cos ka - \frac{k}{iq}\sin ka\right)e^{-iqa}$$
$$= 2e^{-iqa}$$

となる．

$x<-a$ においては

$$u_q^{(\text{s})}(x) = \left(\cos ka - \frac{k}{iq}\sin ka\right)e^{-iq(x+a)} + \left(\cos ka + \frac{k}{iq}\sin ka\right)e^{iq(x+a)}$$

$$u_q^{(\text{a})}(x) = -\left(\frac{iq}{k}\sin ka + \cos ka\right)e^{-iq(x+a)} - \left(\frac{iq}{k}\sin ka - \cos ka\right)e^{iq(x+a)}$$

であるから，$\psi(x)$ の入射波 e^{iqx} 成分の振幅は

$$I = -\left(\cos ka + \frac{k}{iq}\sin ka\right)\left(\frac{iq}{k}\sin ka - \cos ka\right)e^{iqa}$$
$$- \left(\frac{iq}{k}\sin ka - \cos ka\right)\left(\cos ka + \frac{k}{iq}\sin ka\right)e^{iqa}$$
$$= 2\left\{(\cos^2 ka - \sin^2 ka) + \left(\frac{k}{iq} - \frac{iq}{k}\right)\sin ka\cos ka\right\}e^{iqa}$$

反射波の振幅は

第 8 章

$$R = -\left(\cos ka + \frac{k}{iq}\sin ka\right)\left(\frac{iq}{k}\sin ka + \cos ka\right)e^{-iqa}$$
$$- \left(\frac{iq}{k}\sin ka - \cos ka\right)\left(\cos ka - \frac{k}{iq}\sin ka\right)e^{-iqa}$$
$$= -2\left(\frac{k}{iq} + \frac{iq}{k}\right)\sin ka \cos ka \cdot e^{-iqa}$$

したがって

$$透過率 = \left|\frac{T}{I}\right|^2 = \frac{4(kq)^2}{4(kq)^2\cos^2 2ka + (k^2+q^2)^2\sin^2 2ka}$$

$$反射率 = \left|\frac{R}{I}\right|^2 = \frac{(k^2-q^2)^2\sin^2 2ka}{4(kq)^2\cos^2 2ka + (k^2+q^2)^2\sin^2 2ka}$$

$q = \sqrt{2mE/\hbar^2}$, $k = \sqrt{2m(E+V_0)/\hbar^2}$ であるから

$$透過率 = \frac{4E(E+V_0)}{4E(E+V_0) + V_0^2\sin^2 2ka}$$

$$反射率 = \frac{V_0^2\sin^2 2ka}{4E(E+V_0) + V_0^2\sin^2 2ka}$$

$\sin 2ka = 0$ のとき反射率は 0 になる．

11. $Kx = y$ とおけば

$$\int_{-\varepsilon}^{\varepsilon} \frac{\sin Kx}{x}\,dx = \int_{-K\varepsilon}^{K\varepsilon} \frac{\sin y}{y}\,dy$$

となり，$K \to \infty$ で (7.51) に帰する．

第 8 章

1. 波長 $\lambda = 3.46 \times 10^{-6}$ m の光の角振動数は

$$\omega = \frac{2\pi c}{\lambda} = \frac{2\pi(3.00 \times 10^8 \text{m/s})}{3.46 \times 10^{-6}\text{m}} = 5.45 \times 10^{14}\,\text{s}^{-1}$$

であり，これが調和振動子の隣り合う準位の間の遷移によることから，その振動子の角振動数は ω に等しい．それはバネ定数 k と HCl の換算質量 μ から $\omega = \sqrt{k/\mu}$ によって与えられる．換算質量は H と Cl の原子量と原子質量単位 1.660×10^{-27} kg から

$$\mu = \frac{1 \times 35}{1 + 35} \cdot (1.660 \times 10^{-27}\text{kg}) = 1.614 \times 10^{-27}\text{kg}$$

したがって

$$k = \mu\omega^2 = (1.614 \times 10^{-27}\text{kg}) \cdot (5.45 \times 10^{14}\,\text{s}^{-1})^2 = 4.79 \times 10^2\,\text{kg/s}^2$$

2. 赤外線吸収の波長 $\lambda = 60\,\mu$m は角振動数にすれば $\omega = 2\pi c/\lambda = 3.14 \times 10^{13}$ s^{-2} となる．NaCl の換算質量を

$$\mu = (23 \times 35)/(23 + 35) \times (1.660 \times 10^{-27}\,\text{kg}) = 2.30 \times 10^{-26}\,\text{kg}$$

とすれば

$$k = \mu\omega^2 = (2.3 \times 10^{-26}\,\text{kg}) \cdot (3.14 \times 10^{13}\,\text{s}^{-1})^2 = 22.7\,\text{kg/s}^2$$

長さ L の鎖は，その中に L/a 個の NaCl を含む．それが $L + \Delta L$ に伸びると，各 NaCl は $\Delta L/(L/a)$ だけ延びるから力 $ka\Delta L/L$ を生ずる．鎖は単位面積に $1/a^2$ 本あるから，単位面積あたりの力は $ka^{-1}\Delta L/L$ となる．

$$\text{ヤング率} = \frac{\text{延び } \Delta L \text{ による単位面積あたりの張力}}{\Delta L/L}$$

だから，$ka^{-1} = 5 \times 10^{10}\,\text{N/m}^2$．よって

$$a = \frac{k}{5 \times 10^{10}\,\text{N/m}^2} = \frac{22.7\,\text{kg/s}^2}{5 \times 10^{10}\,\text{N/m}^2} = 5 \times 10^{-10}\,\text{m}$$

これは実際の値 $5.63 \times 10^{-10}\,\text{m}$（『理科年表』）によく合っている．

3. 第 n 励起状態の波動関数は (8.27) に，演算子 $\hat{x}$ は (8.38) に与えられている．それらを用いて

$$\langle \hat{x} \rangle = \left\langle u_n, \sqrt{\frac{\hbar}{2m\omega}}\,(\hat{a}^\dagger + \hat{a})\,u_n \right\rangle = 0$$

また

$$\hat{x}^2 = \frac{\hbar}{2m\omega}(\hat{a}^{\dagger 2} + \hat{a}^\dagger \hat{a} + \hat{a}\hat{a}^\dagger + \hat{a}^2) = \frac{\hbar}{2m\omega}(\hat{a}^{\dagger 2} + 2\hat{a}^\dagger\hat{a} + 1 + \hat{a}^2)$$

であるから

$$\langle \hat{x}^2 \rangle = \left\langle u_n, \frac{\hbar}{2m\omega}(2\hat{a}^\dagger\hat{a} + 1)\,u_n \right\rangle = \frac{\hbar}{m\omega}\left(n + \frac{1}{2}\right)$$

運動量の演算子は (8.9)，(8.10) から

$$\hat{p} = i\sqrt{\frac{m\hbar\omega}{2}}\,(\hat{a}^\dagger - \hat{a})$$

となる．よって

$$\langle \hat{p} \rangle = \left\langle u_n, \sqrt{\frac{m\hbar\omega}{2}}\,(\hat{a}^\dagger - \hat{a})\,u_n \right\rangle = 0$$

また

$$\hat{p}^2 = -\frac{m\hbar\omega}{2}(\hat{a}^{\dagger 2} - \hat{a}^\dagger \hat{a} - \hat{a}\hat{a}^\dagger + \hat{a}^2) = \frac{m\hbar\omega}{2}(2\hat{a}^\dagger\hat{a} + 1 - \hat{a}^{\dagger 2} - \hat{a}^2)$$

であるから

$$\langle \hat{p}^2 \rangle = m\hbar\omega\left(n + \frac{1}{2}\right)$$

したがって，不確定積は

$$\Delta x \Delta p = \sqrt{\langle \hat{x} \rangle^2}\sqrt{\langle \hat{p}^2 \rangle} = \left(n + \frac{1}{2}\right)\hbar$$

4. 境界条件が

$x = 0$ で $u(x) = 0$, および $x \to \infty$ で $u(x) = 0$
となる．よって，固有関数は調和振動子の奇数番目の励起状態 u_{2n+1} を $x \geqq 0$ に制限したものとなる．エネルギー固有値も，したがって

$$E_{2n+1} = \left(2n + \frac{3}{2}\right)\hbar\omega \qquad (n = 0, 1, 2, \cdots)$$

5．（ⅰ） シュレーディンガーの固有値方程式は，直角座標系 (x, y) では $\hat{\mathcal{H}} U(x, y) = EU(x, y)$ となる．ただし

$$\hat{\mathcal{H}} = \frac{1}{2\mu}(\hat{p}_x{}^2 + \hat{p}_y{}^2) + \frac{\mu\omega^2}{2}(\hat{x}^2 + \hat{y}^2)$$

である．そこで

$$\hat{x} = \sqrt{\frac{\hbar}{2\mu\omega}}(\hat{a}^\dagger + \hat{a}), \qquad \hat{p}_x = i\sqrt{\frac{\mu\hbar\omega}{2}}(\hat{a}^\dagger - \hat{a})$$

および

$$\hat{y} = \sqrt{\frac{\hbar}{2\mu\omega}}(\hat{b}^\dagger + \hat{b}), \qquad \hat{p}_y = i\sqrt{\frac{\mu\hbar\omega}{2}}(\hat{b}^\dagger - \hat{b})$$

とおけば $\hat{\mathcal{H}} = (\hat{a}^\dagger \hat{a} + \hat{b}^\dagger \hat{b} + 1)\hbar\omega$ となる．固有値，固有関数は

$$E_{n_x n_y} = (n_x + n_y + 1)\hbar\omega, \qquad U_{n_x n_y} = \frac{1}{\sqrt{n_x! n_y!}} \hat{a}^{\dagger n_x} \hat{b}^{\dagger n_y} U_{00}(x, y)$$

である．ここに，$n_x, n_y = 0, 1, 2, \cdots$ であり，また

$$U_{00}(x, y) = \sqrt{\frac{\mu\omega}{\hbar}} \exp\left[-\frac{\mu\omega}{2\hbar}(x^2 + y^2)\right]$$

（ⅱ） シュレーディンガーの固有値方程式は，平面極座標系 (r, ϕ) では固有値を F，固有関数を $W(r, \phi)$ として（第 4 章，問題 3 を参照）

$$\left[-\frac{\hbar^2}{2\mu}\left(\frac{\partial^2}{\partial r^2} + \frac{1}{r}\frac{\partial}{\partial r} + \frac{1}{r^2}\frac{\partial^2}{\partial \phi^2}\right) + \frac{\mu\omega^2}{2}r^2\right]W(r, \phi) = FW(r, \phi)$$

$W(r, \phi) = w_m(r)e^{im\phi}$ とおけば，波動関数の 1 価性から $m = 0, \pm 1, \pm 2, \cdots$ であるが

$$\left[-\frac{\hbar^2}{2\mu}\left(\frac{\partial^2}{\partial r^2} + \frac{1}{r}\frac{\partial}{\partial r}\right) + \frac{m^2\hbar^2}{2\mu r^2} + \frac{\mu\omega^2}{2}r^2\right]w_m(r) = Fw_m(r)$$

$\rho = ar$ とおけば（$a = \sqrt{\mu\omega/\hbar}$）

$$\left(\frac{d^2}{d\rho^2} + \frac{1}{\rho}\frac{d}{d\rho} - \frac{m^2}{\rho^2} - \rho^2\right)w = -\lambda w \qquad \left(\lambda = \frac{F}{2\hbar\omega}\right)$$

$w = f(\rho)e^{-\rho^2/2}$ とおけば

$$\left[\frac{d^2}{d\rho^2} + \left(\frac{1}{\rho} - 2\rho\right)\frac{d}{d\rho} + \left(\lambda - 2 - \frac{m^2}{\rho^2}\right)\right]f(\rho) = 0$$

ここで

$$f(\rho) = \rho^s(1 + c_1\rho + c_2\rho^2 + \cdots + c_\nu\rho^\nu + \cdots)$$

とおけば

$$s^2 - m^2 = 0$$

が必要となる。$s = |m|$ をとる。そうすると

$$(\nu + 2)(\nu + 2|m| + 2)c_{\nu+2} - \{2(\nu + |m| + 1) - \lambda\}c_\nu = 0$$

が得られる。ゆえに

$$c_{\nu+2} = \frac{2(\nu + |m| + 1) - \lambda}{(\nu + 2)(\nu + 2|m| + 2)} c_\nu, \qquad c_0 = 1 \qquad (\nu = 0, 2, \cdots) \qquad (1)$$

これら以外の c_ν は0である。級数は有限項で切れないと $\rho \to \infty$ で e^{ρ^2} のように振舞い，$w \to 0$ をいう境界条件に反する。級数 f が $c_{2n}\rho^{2n+|m|}$ で切れるとすれば

$$\lambda = 2(2n + |m| + 1)$$

ゆえに

$$E_{n,m} = (2n + |m| + 1)\hbar\omega \qquad (n = 0, 1, 2, \cdots)$$

固有状態を，直角座標の場合と極座標の場合で比較してみよう。

$E/\hbar\omega$	n_x	n_y	n	m
1	0	0	0	0
2	1	0	0	1
	0	1	0	-1
3	2	0	1	0
	1	1	0	2
	0	2	0	-2
4	3	0	1	1
	2	1	1	-1
	1	2	0	3
	0	3	0	-3

各準位の縮退度は，どちらの座標系でも等しいことがわかる。$E = 3\hbar\omega$ の準位について，波動関数を比較しよう（規格化は別として）。極座標の方で $W_{n,m}$ は，$m = 0$ のとき（1）において $\nu = 0$ とすれば $c_2 = -1$ となるから

$$W_{1,0}(r, \phi) = (1 - \rho^2)e^{-\rho^2/2}$$

である。$|m| = 2, n = 0$ のときには

$$W_{0,\pm 2} = \rho^2 e^{\pm 2i\phi}$$

である。直角座標の方では $\xi = ax, \eta = ay$ として，(8.35) から

$$U_{2,0}(x, y) = \left(\xi^2 - \frac{1}{2}\right)e^{-(\xi^2+\eta^2)/2}, \qquad U_{0,2}(x, y) = \left(\eta^2 - \frac{1}{2}\right)e^{-(\xi^2+\eta^2)/2}$$

$$U_{1,1}(x, y) = \xi\eta\, e^{-(\xi^2+\eta^2)/2}$$

である。これらは，次のように互いに関係している：

$$W_{1,0} = -U_{2,0} - U_{0,2}$$

$$W_{0,2} + W_{0,-2} = 2(U_{2,0} - U_{0,2})$$

$$W_{0,2} - W_{0,-2} = 4iU_{1,1}$$

6.（a）
$$[\hat{p}, \hat{x}] = \frac{i\hbar}{2}[\hat{a}^\dagger - \hat{a},\ \hat{a}^\dagger + \hat{a}]$$
$$= \frac{i\hbar}{2}([\hat{a}^\dagger, \hat{a}] - [\hat{a}, \hat{a}^\dagger]) = -i\hbar$$

（b） $\hat{x}$ のハイゼンベルク演算子なら
$$\hat{x}(t) = e^{i\hat{\mathcal{H}}t/\hbar} \sqrt{\frac{\hbar}{2m\omega}}(\hat{a}^\dagger + \hat{a}) e^{-i\hat{\mathcal{H}}t/\hbar}$$

を計算すればよい．それには
$$\hat{a}(t) = e^{i\hat{\mathcal{H}}t/\hbar} \hat{a} e^{-i\hat{\mathcal{H}}t/\hbar}$$

と，そのエルミート共役を計算すればよい．この演算子の時間微分は
$$\frac{d}{dt}\hat{a}(t) = e^{i\hat{\mathcal{H}}t/\hbar}\frac{i\hat{\mathcal{H}}}{\hbar}\hat{a}e^{-i\hat{\mathcal{H}}t/\hbar} + e^{i\hat{\mathcal{H}}t/\hbar}\hat{a}\frac{-i\hat{\mathcal{H}}}{\hbar}e^{-i\hat{\mathcal{H}}t/\hbar}$$
$$= \frac{i}{\hbar}e^{i\hat{\mathcal{H}}t/\hbar}[\hat{\mathcal{H}}, \hat{a}]e^{-i\hat{\mathcal{H}}t/\hbar}$$

となる．ところが
$$[\hat{\mathcal{H}}, \hat{a}] = \hbar\omega[\hat{a}^\dagger\hat{a}, \hat{a}] = -\hbar\omega\hat{a}$$

であるから
$$\frac{d}{dt}\hat{a}(t) = -i\omega\hat{a}(t)$$

となる．ゆえに，初期条件 $\hat{a}(0) = \hat{a}$ を考慮して
$$\hat{a}(t) = \hat{a}\,e^{-i\omega t}$$

$\hat{a}^\dagger(t)$ は，これのエルミート共役だから
$$\hat{a}^\dagger(t) = \hat{a}^\dagger e^{i\omega t}$$

したがって，位置座標の演算子は
$$\hat{x}(t) = \sqrt{\frac{\hbar}{2m\omega}}(\hat{a}^\dagger e^{i\omega t} + \hat{a} e^{-i\omega t})$$

運動量の演算子は
$$\hat{p}(t) = i\sqrt{\frac{m\hbar\omega}{2}}(\hat{a}^\dagger e^{i\omega t} - \hat{a} e^{-i\omega t})$$

7.（a） ハミルトンの運動方程式は
$$\frac{dx}{dt} = \frac{\partial \mathcal{H}}{\partial p_x} = \frac{1}{\mu}(p_x + eA_x), \qquad \frac{dp_x}{dt} = -\frac{\partial \mathcal{H}}{\partial x} = -\frac{1}{\mu}(p_y + eA_y)\frac{\partial eA_y}{\partial x}$$
$$\frac{dy}{dt} = \frac{\partial \mathcal{H}}{\partial p_y} = \frac{1}{\mu}(p_y + eA_y), \qquad \frac{dp_y}{dt} = -\frac{\partial \mathcal{H}}{\partial y} = -\frac{1}{\mu}(p_x + eA_x)\frac{\partial eA_x}{\partial y}$$
$$\frac{dz}{dt} = \frac{\partial \mathcal{H}}{\partial p_z} = \frac{1}{\mu}p_z, \qquad \frac{dp_z}{dt} = -\frac{\partial \mathcal{H}}{\partial z} = 0$$

したがって

$$\mu\frac{d^2x}{dt^2} = \frac{dp_x}{dt} - \frac{eB}{2}\frac{dy}{dt} = -e\frac{dy}{dt}B$$

$$\mu\frac{d^2y}{dt^2} = \frac{dp_y}{dt} + \frac{eB}{2}\frac{dx}{dt} = e\frac{dx}{dt}B$$

$$\mu\frac{d^2z}{dt^2} = = 0$$

となる．これはローレンツの力を右辺にもつ正しい運動方程式である（電子の電荷を $-e$ としたことに注意！）．

（b） 量子力学的なハミルトニアンは，古典的なハミルトニアンを演算子に直して

$$\hat{\mathcal{H}} = \frac{1}{2\mu}(\hat{p} + e\hat{A})^2, \qquad \hat{A} = \left(-\frac{B}{2}\hat{y}, \frac{B}{2}\hat{x}, 0\right)$$

ハイゼンベルクの運動方程式をつくる．

$$\frac{d\hat{x}}{dt} = \frac{i}{\hbar}[\hat{\mathcal{H}}, \hat{x}]$$

の交換子は，$[\hat{A}^2, \hat{B}] = \hat{A}[\hat{A}, \hat{B}] + [\hat{A}, \hat{B}]\hat{A}$ を用いて

$$[(\hat{p}_x + e\hat{A}_x)^2, \hat{x}] = (\hat{p}_x + e\hat{A}_x)[\hat{p}_x + e\hat{A}_x, \hat{x}]$$
$$+ [\hat{p}_x + e\hat{A}_x, \hat{x}](\hat{p}_x + e\hat{A}_x)$$
$$= -2i\hbar(\hat{p}_x + e\hat{A}_x)$$

とする．その結果

$$\frac{d\hat{x}}{dt} = \frac{1}{\mu}(\hat{p}_x + e\hat{A}_x)$$

を得る．これを，もう一度 t で微分する．右辺の微分は

$$\frac{d\hat{p}_x}{dt} = \frac{i}{\hbar}[\hat{\mathcal{H}}, \hat{p}_x] = \frac{1}{\mu}(\hat{p}_y + e\hat{A}_y)\frac{i}{\hbar}[e\hat{A}_y, \hat{p}_x] = \frac{d\hat{y}}{dt}\frac{-eB}{2}$$

$$\frac{d\hat{A}_x}{dt} = \frac{i}{\hbar}[\hat{\mathcal{H}}, \hat{A}_x] = \frac{1}{\mu}(\hat{p}_y + e\hat{A}_y)\frac{-B}{2} = \frac{d\hat{y}}{dt}\frac{-B}{2}$$

ゆえに

$$\mu\frac{d^2\hat{x}}{dt^2} = -e\frac{d\hat{y}}{dt}B$$

$\mu\dfrac{d^2\hat{y}}{dt^2}$ も同様に計算される．

量子力学的なハミルトニアンは

$$\hat{\mathcal{H}} = \frac{1}{2\mu}\hat{p}^2 + \frac{(eB)^2}{8\mu}(\hat{x} + \hat{y})^2 + \frac{eB}{2\mu}\hat{L}_z$$

とも書ける．

8. （a） ハミルトニアンは

$$\hat{\mathcal{H}} = \frac{1}{2\mu}\{\hat{p}_x{}^2 + (\hat{p}_y + eB\hat{x})^2 + \hat{p}_z{}^2\}$$

である．ハイゼンベルクの運動方程式の検討は省略．
（b） シュレーディンガーの固有値方程式は
$$-\frac{\hbar^2}{2\mu}\left\{\frac{\partial^2}{\partial x^2}+\left(\frac{\partial}{\partial y}+i\frac{eB}{\hbar}x\right)^2+\frac{\partial^2}{\partial z^2}\right\}U(x,y,z)=EU(x,y,z)$$
である．$U(x,y,z)=e^{i(k_y y+ik_z z)}u(x)$ とおけば
$$-\frac{\hbar^2}{2\mu}\left\{\frac{d^2}{dx^2}-\left(k_y+\frac{eB}{\hbar}x\right)^2\right\}u(x)=E'u(x) \qquad \left(E=E'+\frac{(\hbar k_z)^2}{2\mu}\right)$$
すなわち
$$\left\{\frac{d^2}{dx^2}-\left(\frac{eB}{\hbar}\right)^2\left(x+\frac{\hbar k_y}{eB}\right)^2\right\}u(x)=-\frac{2\mu}{\hbar^2}E'u(x)$$
これは $x_c=-\hbar k_y/eB$ を力の中心とする調和振動子の方程式である．固有値と固有関数は
$$E_n'=\left(n+\frac{1}{2}\right)\frac{e\hbar B}{\mu}$$
$$u_n(x)=\left(\frac{\alpha}{\sqrt{\pi}\,2^n n!}\right)^{1/2}H_n(\alpha[x+x_c])\,e^{-(\alpha[x-x_c])^2/2}$$
$$(n=0,1,2,\cdots)$$
で与えられる．ただし，$\alpha=\sqrt{eB/\hbar}$.

（c） 縮退度を調べるには，全体を大きな箱に入れて箱の表面で周期的な境界条件を課す．* 箱を x,y,z 方向の長さが a,b,c の直方体としよう．z 方向には自由粒子と同じで，波数 k_z と $k_z+\varDelta k_z$ の間にある状態の数は $\varDelta k_z/(2\pi/c)$ である．y 方向には同じく $\varDelta k_y/(2\pi/b)$ であるが，k_y は力の中心 x_c を与えるので，粒子の波動関数が箱に収まっているという条件から，あまり大きくなれない．波動関数の広がり $1/\alpha=\sqrt{\hbar/eB}$ よりはるかに大きい箱を考えればその条件は $|x_c|<a$ としてよい．すなわち $k_y<(eB/\hbar)a$. そこで $\varDelta k_y=(eB/\hbar)a$ にとれば，$(k_z,\ k_z+\varDelta k_z)$ で，
$$\text{準位 }E_n'\text{ に属する状態数}=\frac{c}{2\pi}\varDelta k_z\cdot\frac{b}{2\pi}\frac{eB}{\hbar}a=\frac{eB}{(2\pi)^2\hbar}\varDelta k_z V$$
となる．

（d） x,y 方向の運動に関するエネルギーは E_n' である．隣り合う準位の差は $e\hbar B/\mu$ であるから，$B=1\,\mathrm{T}$ に対しては
$$\frac{e\hbar B}{\mu}=\frac{(1.60\times 10^{-19}\mathrm{C})(1.05\times 10^{-34}\mathrm{J\cdot s})(1\,\mathrm{T})}{9.1\times 10^{-31}\mathrm{kg}}=1.85\times 10^{-23}\,\mathrm{J}$$

（e）
$$|u_n(x)\,e^{i(k_y y+k_z z)-i[E_n'+(\hbar k_z)^2/2\mu]t/\hbar}+u_{n+1}(x)\,e^{i(k_y y+k_z z)-i[E_{n+1}'+(\hbar k_z)^2/2\mu]t/\hbar}|^2$$
$$=|u_n(x)|^2+|u_{n+1}(x)|^2+2u_n(x)\,u_{n+1}(x)\cos\omega_c t$$

---

* （II）巻 §12.2（a）を参照

であるから，角振動数 $\omega_c = eB/\mu$ で振動する成分を含む．これは，磁場のなかでの古典的な円運動（サイクロトロン運動）の角振動数である．準位 $E_{n'}$ は等間隔だから，もっと一般の重ね合せを考えれば ω_c の整数倍の角振動数を含む．$B = 1\,\mathrm{T}$ のとき，

$$\omega_c = \frac{1.85 \times 10^{-23}\,\mathrm{J}}{1.05 \times 10^{-34}\,\mathrm{J\cdot s}} = 1.76 \times 10^{11}\,\mathrm{s}^{-1}$$

9. (8.34) により

$$\sum_{n=0}^{\infty} \frac{s^n}{n!} H_n(\xi) = e^{\xi^2} \sum_{n=0}^{\infty} \frac{d^n e^{-\xi^2}}{d\xi^n} \frac{(-s)^n}{n!} = e^{\xi^2} e^{-(\xi-s)^2} = e^{-s^2+2s\xi}$$

10. 母関数は $S(\xi, s) = e^{-s^2+2s\xi} = \sum_{n=0}^{\infty} \frac{H_n(\xi)}{n!} s^n$ である．まず，(a)：

$$\frac{\partial}{\partial \xi} S(\xi, s) = \sum_{n=0}^{\infty} \frac{dH_n(\xi)}{d\xi} \frac{s^n}{n!} = 2s \sum_{n=0}^{\infty} H_n(\xi) \frac{s^n}{n!}$$

の両辺で s のベキが等しい項を比べて $\dfrac{dH_n(\xi)}{d\xi} = 2nH_{n-1}(\xi)$. (b)：

$$\frac{\partial}{\partial s} S(\xi, s) = \sum_{n=1}^{\infty} H_n(\xi) \frac{s^{n-1}}{(n-1)!} = (-2s + 2\xi) \sum_{n=0}^{\infty} H_n(\xi) \frac{s^n}{n!}$$

の両辺で s のベキが等しい項を比べて $H_{n+1} = -2nH_{n-1}(\xi) + 2\xi H_n(\xi)$.

$$\int_{-\infty}^{\infty} S(\xi, s) S(\xi, t) e^{-\xi^2} d\xi = \sum_{n=0}^{\infty} \frac{s^n}{n!} \frac{t^m}{m!} \int_{-\infty}^{\infty} H_n(\xi) H_m(\xi) e^{-\xi^2} d\xi$$

$$= \int_{-\infty}^{\infty} e^{-s^2-t^2} e^{2(s+t)\xi} e^{-\xi^2} d\xi$$

ここで

$$\int_{-\infty}^{\infty} e^{-[\xi-(s+t)]^2+2st} d\xi = \sqrt{\pi}\, e^{2st} = \sqrt{\pi} \sum_{n=0}^{\infty} \frac{(2st)^n}{n!}$$

である．この積分には s と t のベキが異なる項はないから，H_n と H_m の積分は $n \neq m$ のとき 0 である．$m = n$ のときには，積分は $2^n n! \sqrt{\pi}$ に等しい．まとめて

$$\int_{-\infty}^{\infty} H_n(\xi) H_m(\xi) e^{-\xi^2} d\xi = 2^n n! \sqrt{\pi}\, \delta_{nm}$$

11. (a) $\psi_0(x) = u_0(x)$ を初期条件としてシュレーディンガーの波動方程式

$$i\hbar \frac{\partial}{\partial t} \psi_t(x) = \left(-\frac{\hbar^2}{2m} \frac{\partial^2}{\partial x^2} + \frac{m\omega^2}{2} (x-b)^2 \right) \psi_t(x)$$

を解けばよい．解は，明らかに

$$\psi_t(x) = \sum_{n=0}^{\infty} \gamma_n u_n(x-b) e^{-iE_n t/\hbar}$$

である．初期条件から

$$\gamma_n = \int_{-\infty}^{\infty} u_n(x-b) u_0(x)\, dx$$

$$= \sqrt{\frac{a^2}{2^n n! \pi}} \int_{-\infty}^{\infty} H_n(\xi - \beta) H_0(\xi) e^{-(\xi-\beta)^2/2 - \xi^2/2} \frac{d\xi}{a} \qquad (1)$$

で与えられる．ここに，$\beta = ab$．ところが，$H_0(\xi) = 1$ であり，エルミート多項式の母関数（前問を参照）を使えば

$$\int_{-\infty}^{\infty} d\xi \, e^{-(\xi-\beta)^2/2 - \xi^2/2} \sum_{n=0}^{\infty} \frac{s^n}{n!} H_n(\xi - \beta) = \int_{-\infty}^{\infty} e^{-s^2 + 2(\xi-\beta)s - (\xi-\beta)^2/2 - \xi^2/2} d\xi \qquad (2)$$

となる．右辺の指数関数の肩は

$$-\xi^2 + (2s + \beta)\xi - \left(s^2 + 2\beta s + \frac{1}{2}\beta^2\right) = -\left(\xi - \frac{2s + \beta}{2}\right)^2 - \left(\frac{1}{4}\beta^2 + \beta s\right)$$

であるから，(2) は

$$\int_{-\infty}^{\infty} d\xi \, e^{-(\xi-\beta)^2/2 - \xi^2/2} \sum_{n=0}^{\infty} \frac{s^n}{n!} H_n(\xi - \beta) = \sqrt{\pi} \, e^{-(\beta^2/4 + \beta s)} = \sqrt{\pi} \, e^{-\beta^2/4} \sum_{n=0}^{\infty} \frac{(-\beta s)^n}{n!}$$

を与える．したがって

$$\int_{-\infty}^{\infty} e^{-(\xi-\beta)^2/2 - \xi^2/2} H_n(\xi - \beta) H_0(\xi) \, d\xi = \sqrt{\pi} (-\beta)^n e^{-\beta^2/4}$$

となる．よって，(1) は

$$\gamma_n = \sqrt{\frac{1}{2^n n!}} (-ab)^n e^{-(ab)^2/4}$$

を与える．振動子を第 n 励起状態に見出す確率は

$$|\gamma_n|^2 = \frac{([ab]^2/2)^n}{n!} e^{-(ab)^2/2}$$

(b) $n = n_0 + \Delta n$ とおけば，$n_0 \gg 1$ のとき

$$\log\left(\frac{\beta^2}{2}\right)^n = n_0 \log \frac{\beta^2}{2} + \Delta n \log \frac{\beta^2}{2}$$

$$\log n! = \log \sqrt{2\pi} + \left(\frac{1}{2} + n_0\right) \log n_0 - n_0$$
$$+ \left(\frac{1}{2n_0} + 1 + \log n_0\right)\Delta n + \frac{1}{2n_0}(\Delta n)^2$$

の差の Δn に比例する項を 0 とおいて

$$\log \frac{\beta^2}{2} - \left(\frac{1}{2n_0} + 1 + \log n_0\right) = 0$$

から

$$\log \frac{\beta^2}{2} \sim \log n_0 \quad \text{ゆえに} \quad n_0 = \frac{\beta^2}{2}$$

この n_0 において $|\gamma_n|^2$ は極大になる．そして

$$|\gamma_n|^2 = \frac{(\beta^2/2)^n}{n!} e^{-\beta^2/2} \sim \frac{1}{\sqrt{\pi\beta^2}} e^{-(\Delta n)^2/\beta^2}$$

したがって，$n_0 = (ab)^2/2 \gg 1$ のとき，γ_n は

$$n_0 = (ab)^2/2 \quad \text{に} \quad \text{幅} \, 2\sqrt{n_0} \, \text{のピークをもつ}$$

たとえば，$n_0 = 5000$ とすれば幅は 200 であるから，これは鋭いピークである．ピークの位置 $n_0 = (ab)^2/2$ は，$\hbar\omega$ を掛けてみると

$$n_0 \hbar\omega = \frac{1}{2}\frac{m\omega}{\hbar}b^2 \cdot \hbar\omega = \frac{m\omega^2}{2}b^2$$

となる．これは，力の中心から距離 b の位置まで引き離したとき振動子のもつエネルギー $m\omega^2 b^2/2$ にあたるエネルギー $\hbar\omega$ の振動が最も強く励起されることを意味している．

12. 鉛直上向きに z 軸をとれば，運動量演算子を $\hat{p}$ として

$$\hat{\mathcal{H}} = \frac{1}{2m}\hat{p}^2 + mg\hat{z}$$

である．時間微分をつくれば

$$\frac{d}{dt}\hat{p}(t) = mg \cdot \frac{i}{\hbar}[\hat{z}(t), \hat{p}(t)] = -mg$$

$$\frac{d}{dt}\hat{z}(t) = \frac{1}{2m} \cdot \frac{i}{\hbar}[\hat{p}(t)^2, \hat{z}(t)] = \frac{\hat{p}(t)}{m}$$

したがって

$$\hat{p}(t) = -mgt + \hat{a}, \quad \hat{z}(t) = -\frac{1}{2}gt^2 + \frac{1}{m}\hat{a}t + \hat{b}$$

ここに $\hat{a}$, $\hat{b}$ は積分"定数"であって，$t = 0$ における運動量，位置の演算子を $\hat{p}$, $\hat{z}$ とすれば $\hat{a} = \hat{p}$, $\hat{b} = \hat{z}$ である．よって

$$\hat{p}(t) = -mgt + \hat{p}, \quad \hat{z}(t) = -\frac{1}{2}gt^2 + \frac{\hat{p}}{m}t + \hat{z}$$

13. 時刻 t における波束の幅を，ハイゼンベルク演算子 $\hat{x}(t)$ の分散の平方根であるとしよう．

自由粒子の座標 $\hat{x}$ と運動量 $\hat{p}$ に対するハイゼンベルクの運動方程式は

$$\frac{d}{dt}\hat{x}(t) = \frac{1}{m}\hat{p}(t), \quad \frac{d}{dt}\hat{p}(t) = 0$$

であるから，$t = 0$ のとき $\hat{x}(0) = \hat{x}$, $\hat{p}(0) = \hat{p}$ とすれば

$$\hat{x}(t) = \frac{1}{m}\hat{p}t + \hat{x}$$

となる．時刻 $t = 0$ の波束を $\psi(x)$ とすれば，時刻 t の位置の分散は

$$[\Delta x(t)]^2 = \left\langle \psi, \left(\frac{t}{m}\hat{p} + \hat{x}\right)^2 \psi \right\rangle - \left\langle \psi, \left(\frac{t}{m}\hat{p} + \hat{x}\right)\psi \right\rangle^2$$

$$= \frac{t^2}{m^2}(\langle \psi, \hat{p}^2\psi\rangle - \langle\psi, \hat{p}\psi\rangle^2) + \frac{t}{m}\{\langle\psi, (\hat{p}\hat{x} + \hat{x}\hat{p})\psi\rangle$$

$$- 2\langle\psi, \hat{p}\psi\rangle\langle\psi, \hat{x}\psi\rangle\} + \langle\psi, x^2\psi\rangle - \langle\psi, x\psi\rangle^2$$

$$= \frac{t^2}{m^2}(\Delta p)^2 + (\Delta x)^2 + \frac{t}{m}(\langle\psi, (\hat{p}\hat{x} + \hat{x}\hat{p})\psi\rangle - 2\langle\psi, \hat{p}\psi\rangle\langle\psi, \hat{x}\psi\rangle)$$

$(\Delta p)^2$ は，$(\Delta x)^2$ が無限大（つまり，波束の $[\Delta x(t)]^2$ が無限大）でない限り 0

ではあり得ないから波束の $[\Delta x(t)]^2$ は，大きい t に対しては t^2 に比例して増加する．(6.85) の不確定性関係 $\Delta x \Delta p \geq \hbar/2$ を用いれば

$$[\Delta x(t)]^2 \geq \left(\frac{\hbar}{m\Delta x}\right)^2 t^2 + (\Delta x)^2 + \frac{t}{m}\delta$$

がいえる．ここに

$$\delta = \langle \psi, (\hat{p}\hat{x} + \hat{x}\hat{p})\psi \rangle - 2\langle \psi, \hat{p}\psi \rangle \langle \psi, \hat{x}\psi \rangle$$

であるが，

$$\delta = \langle \psi, (\hat{p} - \langle \psi, p\psi \rangle)(\hat{x} - \langle \psi, x\psi \rangle)\psi \rangle \\ + \langle \psi, (\hat{x} - \langle \psi, x\psi \rangle)(\hat{p} - \langle \psi, p\psi \rangle)\psi \rangle$$

とし，第1項なら $\hat{p} - \langle \psi, p\psi \rangle$ のエルミート性により
$\langle \psi, (\hat{p} - \langle \psi, p\psi \rangle)(\hat{x} - \langle \psi, x\psi \rangle)\psi \rangle = \langle (\hat{p} - \langle \psi, p\psi \rangle)\psi, (\hat{x} - \langle \psi, x\psi \rangle)\psi \rangle$
と書いてシュワルツの不等式 (6.39) を用いれば

$$|\langle \psi, (\hat{p} - \langle \psi, p\psi \rangle)(\hat{x} - \langle \psi, x\psi \rangle)\psi \rangle| \leq \Delta p \Delta x$$

が知れる．第2項も同様にして

$$|\delta| \leq 2\Delta x \Delta p \leq \hbar$$

が知れる．

(I)・(II)巻 総合索引

(ページを示す数字は，ローマン体は「(I)巻」を，イタリック体は「(II)巻」を示す)

ア

α 粒子　α - particle　27, 35
r^k の平均値　average value of r^k　49
アインシュタイン　A. Einstein　16, 17, 18, 52
　——の遷移確率　——'s transition probability　52, *149*
アハラノフ - ボーム効果 Aharonov - Bohm effect　*119*
アルカリ金属　alkali metal　59
アルゴン　argon　155, *57*
　——原子による電子の散乱 electron scattering by —— atom　*187*
上げ演算子　step - up operator　*15*
圧縮率　compressibility　173

イ

1次独立　linearly independent　*125*
イオン化エネルギー　ionization energy　45, 52, 55, 93, 165
　——原子番号の関係 relation between —— and atomic number　55
　第1——　first ——　52
移行運動量　momentum transfer　*106*

位相速度　phase velocity　2, 88
位置座標の演算子　operator of position coordinate　*102*
井戸型ポテンシャル
　square well potential　129, *114*
因果律　causality　84, *107*
陰極線　cathode ray　94

ウ

ヴィリアル定理　virial theorem　49
ウィーン　W. Wien　16
　——の変位則
　　——'s displacement law　16, 54
ウェーヴィクル　wavicle　74, *150*
運動量　momentum　*140*
　——の演算子　—— operator　*102*
　——の固有関数
　　eigenfunction of ——　*139, 140*
　——の固有状態　—— eigenstate *139, 144*
　——の完全性　completeness of the set of ——s　*142, 144*
　——の測定値の確率
　　probability for —— measurement　*141*

エ

s 軌道　s-orbit　*13, 17, 28*
永久電気双極子モーメント

permanent electric dipole moment 78
永年項　secular term　*82*
エネルギー準位　energy level　42, 66
　井戸型ポテンシャルの場における運動の──　── in square well potential　134, 137
　磁場における運動の──　── of motion in magnetic field　182
　水素原子の──　── of hydrogen atom　43, 45, 50, 66, *44*
　調和振動子の──　── of harmonic oscillator　171
　平面調和振動子の──　── of plane harmonic oscillator　55, 68
エネルギーの演算子　energy operator　100, 117
エネルギーの保存　conservation of energy　27, 46
エネルギー分母　energy denominator　*72*
エネルギー密度　energy density　14
　波長に分けた──　spectral ──　14
エルミート演算子　Hermitian operator　115, 120
エルミート共役　Hermitian conjugate　113
エルミート性　Hermiticity　90, 112
　ハミルトニアンの──　── of Hamiltonian　90
エルミート多項式　Hermite polynomial　174
　──の母関数　generating function for ──s　182
エルミート的　Hermitian　112, 115
エレクトロン・ボルト　electron volt　24
エーレンフェストの定理　Ehrenfest's theorem　93, *118*
　電磁場のなかでの運動に対する──　── for motion in electromagnetic field　220, *119*
塩化水素　hydrogen chloride　167, 180
塩化ナトリウム　sodium chloride　180
円軌道　circular orbit　43, 182, 193
　原子内電子の──　── of atomic electron　43
円偏光　circularly polarized light　143
演算子　operator　7, 102, 114
　──の積　product of ──s　102
　位置座標の──　── of position coordinate　102
　運動量の──　momentum ──　102
　エネルギーの──　energy ──　100, 117
　エルミート──　Hermitian ──　115, 120
　角運動量の──　angular momentum ──　107, 114, 125, *2*
　軌道角運動量──　orbital angular momentum ──　*12*
　消滅──　annihilation ──　168, 173, *129*

スピン —— spin —— *19*
生成 —— creation —— 168, 173, *129*
ハイゼンベルグ ——
　Heisenberg —— 178, *117, 129*
粒子数の —— number —— 173, *131*
遠心力ポテンシャル
　centrifugal potential *39*

オ

黄金律　golden rule *85, 133*
オルソ・ヘリウム　ortho‐helium *96*

カ

ガイガー　H. Geiger 27, 32
ガーマー　L. H. Germer 69
ガリウム　gallium *57*
回折　diffraction 13, 70, 97
回折縞　diffraction fringe 18
角運動量　angular momentum 27, 44, 107, *1*
　—— の演算子　—— operator 114, 125, *2, 19*
　—— の交換関係　commutation relations of —— *2, 19, 21*
　—— の固有値問題　eigenvalue problem for —— *6, 19*
　—— の保存　conservation of —— 27, 45, *5*
　—— の量子化
　　quantization of —— 45, 50, *12*
　—— 状態の呼び名
　　name of —— eigenstate *13*
　—— の合成　composition of —— *21*
　—— 固有状態　—— eigenstate *13, 19, 24*
　—— 固有値　eigenvalue of —— *12, 23*
角振動数　angular frequency 2
核電荷の遮蔽　screening of nuclear charge 53, 59, 90, *93*
確率の流束　probability flux 80, 82, 150
掛算演算子　multiplication operator 102
重ね合せ　superposition 4, 11
　—— の意味　physical meaning of —— 139
　—— の原理　principle of —— 110
換算質量　reduced mass *34*
　—— の効果　effect of —— *45*
干渉　interference 9, 70
　ナトリウム原子の ——
　　—— of sodium atom 97
　微弱光の ——　—— of extremely weak light 17
　フーラレン分子の ——
　　—— of fullerane molecule 98
干渉縞　interference fringe 12, 97, 98
完全系　complete set 144, 161, *5*
完全性　completeness 120, 121, 142
　運動量の固有状態の —— —— of set of momentum eigenstates 144
完全正規直交系　complete orthonormal system 120, 129, 161, *125*

完全透過 perfect transmission 152

キ

規格化 normalization 68, 75, 81, 83, 135, 170, *14, 46*
　——定数 —— constant 77
　運動量の固有関数の—— —— of momentum eigenfunction 140
キセノン xenon 58
基底状態 ground state 43, 64, 174
　水素原子の——
　　—— of hydrogen atom 64, *44, 47*
軌道角運動量
　orbital angular momentum *12*
　——演算子 —— operator 114, 125, *9*
　　——の固有値
　　　eigen value of —— 192, *12*
　　極座標で書いた—— —— in polar coordinates 125, *9*
軌道面 orbital plane *1, 17*
級数展開の方法
　method of series expansion 65, *42*
球対称な解 spherically symmetric solution 63, *47*
球対称なポテンシャル spherically symmetric potential *38, 114*
球ノイマン関数
　spherical Neumann function *169*
球ベッセル関数
　spherical Bessel function *169, 170*
球面調和関数 spherical harmonics *16, 38*

　——の積 product of —— 31, *161*
球面波 spherical wave 7
境界条件 boundary condition 63, 111, *12, 39*
　周期性—— periodic —— 125
　ディリクレ—— Dirichlet —— 125
共有結合 covalent bond 213
共立する compatible *5*
行列要素 matrix element 114
許容 allowed *138*
金 gold 27, 32
銀 silver 19, 32
禁止 forbidden *138*

ク

空洞輻射 cavity radiation 13
くりこみ理論
　renormalization theory *80*
クリプトン krypton 57
グリーン関数 Green function 109
　$\Delta + k^2$ の—— 109
クレブシュ‐ゴルダン係数
　Clebsch‐Gordan coefficient 27
クーロン・ゲージ Coulomb gauge *124*
クーロン・ポテンシャル
　Coulomb potential 27, 46, 63, *33, 39, 53, 90*
群速度 group velocity 88

ケ

ゲージ不変性 gauge invariance *121*
ゲージ変換 gauge transformation

121, 123
ケット　ket　109, *131*
結合原理　combination principle　41
　　リッツの——　Ritz's ——　41
結晶　crystal　70
原子　atom
　　——模型　atom model　31, 41
　　　　ボーアの——　Bohr's ——　41
　　　　ラザフォードの——
　　　　　Rutherford's ——　41
　　——内電子の円軌道　circular orbit of atomic electron　43
　　——による電子の散乱
　　　electron scattering by atom　*114*
　　——の安定性　stability of atom　33
　　——の寿命　lifetime of atom　34
　　——の太陽系模型
　　　solar system model for atom　33
　　——のもつ電子数
　　　number of electrons in atom　35
　　——番号　atomic number　26
原子核　atomic nucleus　31
　　——の発見　discovery of ——　33
　　——の半径　radius of ——　31, 32
検出器　detector　12, 97
元素の周期律
　　periodic law of elements　*50*
元素の周期律表
　　periodic table of elements　*56*

コ

交換関係　commutation relation　103, *2*
　2つの角運動量の和の——
　　—— of sum of two anguler momenta　*21*
　　正準——　canonical ——　103, 106, 122
光子　photon　16, 20, *130*
　　——の運動量　momentum of ——　22, *130*
　　——のエネルギー　energy of ——　16, *130*
　　——の生成・消滅　creation, annihilation of ——　*130*
光電効果　photoelectric effect　18
光量子　light quantum　16
合成角運動量の固有状態
　　eigenstate of composed angular momenta　*24*
剛体壁　rigid wall　117, 164, 181
公転周期　period of revolution　43, 192
黒体　black body　13
小谷の方法　M. Kotani's method　65
固体の比熱　specific heat of solid　*51*
固有関数　eigenfunction　117, 119
　　——系の完全性　completeness of systen of —— s　120, 142, 161
　　——の完全正規直交系　complete orthonormal system of —— s　120, 142, 161
　　——の直交性　orthogonality of

――s 120
固有振動 proper oscillation 62
　――数 proper frequency 62
固有値 eigenvalue 117, 157
　――問題 ――problem 117, 119, 168, *64*
　角運動量の―― ――of angular momentum *4, 12, 19, 23*
　同時―― simultaneous―― *4, 5*
　――方程式 ――equation 63
　シュレーディンガーの―― Schrödinger's―― 63
古典物理学 classical physics 42
古典力学 classical mechanics 27, 42, 88, 96, 108, 146, *1*
混成軌道 hybridized orbital 28
コンプトン A.H. Compton 20
　――波長 ――wavelength 22, *190*

サ

サイクロトロン運動 cyclotron motion 222
サイクロトロン振動数 cyclotron frequency 182
最小波束 minimum packet 203
最短近接距離 distance of closest aproach 27
最低固有値 lowest eigenvalue 88
散乱 scattering *100*
　――角 ――angle 29, *107*
　――状態 ――state *41*
　――振幅 ――amplitude *109*
　――断面積 ――cross section 31, *101, 105*, 113

　――の積分方程式 integral equation for―― *109*
　――の微分断面積 differential cross section of―― 31, *105*, *113*
　アルゴン原子による電子の―― electron―― by argon atom *187*
　井戸型ポテンシャルによる―― ――by square well potential *114, 183*
　球対称なポテンシャルによる―― ――by spherically symmetric potential *114*
　クーロン・ポテンシャルによる―― ――by Coulomb potential 27, 31, *107*
　原子による電子の―― ――of electron by atom *114*
　分子による電子の―― ――of electron by molecule *114*
　湯川ポテンシャルによる―― ――by Yukawa potential *106*

シ

J.J.トムソン J.J. Thomson 18, 31, 94
時間発展 time development 128, *78, 102, 133*
磁気モーメント magnetic moment *20, 30*
磁気量子数 magnetic quantum number 13, 47
磁場 magnetic field 118, 127
　――における運動 motion in―― 181, *117*

試行関数　trial function　*89*
仕事関数　work function　19
質量　mass　96
　——数　——number　26
自発放射　spontaneous emission
　54, *134, 149*
　——の平均寿命
　　mean lifetime of ——　*147*
自由空間　free space　*123*
自由落下　free fall　183
自由粒子　free particle　57, 61, 84
　——の波束　wave packet of ——
　　87
周期性境界条件　periodic boundary
　condition　125, *102, 125*
重心運動　center‐of‐mass motion
　35
　——の正準変数
　　canonical variables for ——
　　36
重心の座標
　coordinate of center of mass　33
重水素　heavy hydrogen　33, 58
重陽子　deuteron　60
終状態　final state　84, 86
縮退　degeneracy　47, 65, 74
終状態密度　final state density　85,
　104, 133
シュタルク効果　Stark effect　66
　水素原子の——
　　—— of hydrogen atom　66, 75
シュテファン‐ボルツマンの法則
　Stefan‐Boltzmann law　16, 24
シュレーディンガー　E. Schrödinger
　56
　——の固有値方程式　——'s
eigenvalue equation　63, 128
　——の描像　—— picture　178,
　　30
　——方程式　—— equation　59,
　　61, 78, 83
　　電磁場における電子の——
　　　—— for electron in electro-
　　　magnetic field　*119*
シュワルツの不等式
　Schwarz inequality　110
主量子数
　principal quantum number　47
状態関数　state function　100, 108,
　46
状態ベクトル　state vector　109,
　131
状態密度　state density　164, 208,
　210, *104, 133*
　1次元の——　—— in one-
　　dimensional space　208
　2次元の——　—— in two-
　　dimensional space　209
　磁場のなかでの——
　　—— in magnetic field　221
衝突径数　impact parameter　26, 36
消滅演算子　annihilation operator
　168, 173, *129, 130, 137*
初期条件　initial condition　83, 84,
　78, 81
振動子強度　oscillator strength
　148
振動電場による励起　excitation by
　oscillating electric field　98
侵入軌道　penetrating orbit　54

ス

水素原子　hydrogen atom　61, *32, 66, 75, 141*
　――のエネルギー準位
　　energy level of ――　44, 45, 50, 66, *44*
　――の基底状態
　　ground state of ――　64, *44, 47*
　――のシュタルク効果
　　Stark effect of ――　*66, 75*
　――のハミルトニアン
　　Hamiltonian for ――　63, *33, 38*
　――による光の放出
　　emission of light by ――　*141*
　光子の放出の遷移確率　transition probability of light emission *146*
水素分子イオン
　hydrogen molecular ion　165
水素様イオン　hydrogen-like ion *32*
　――の遷移　transition of ―― *141*
　――の定常状態
　　stationary state of ――　*44, 47*
スカラー・ポテンシャル
　scalar potential　*116*
スピン　spin　19, 29, 30
　――1重項　―― singlet　*95*
　――3重項　―― triplet　*96*
　――演算子　―― operator　*19*
　――-軌道相互作用
　　spin-orbit interaction　*98*
　――の歳差運動
　　precession of ――　*160*
　――の定常状態
　　stationary state of ――　*20*
スレーター　J. C. Slater　*59*

セ

正射影　orthogonal projection　111
正準交換関係　canonical commutation relation　103, 106, 122
正準変数　canonical variable　103
　重心運動の――　―― for center-of-mass motion　*36*
　相対運動の――
　　―― for relative motion　*36*
生成演算子　creation operator　168, 173, *129, 130, 137*
赤外線吸収　infrared absorption　180
積の対称化
　symmetrization of product　114
セシウム　cesium　19, *56*
ゼロ点エネルギー
　zero-point energy　172
摂動　perturbation　*62*
　――級数の収束半径　radius of convergence of ―― series　*175*
摂動論　perturbation theory　*62, 73, 112*
遷移　transition　42, 52, *85*
遷移確率　transition probability　52, *85, 105, 133, 139, 146*
　アインシュタインの――
　　Einstein's ――　52, *149*
　光子の放出の――　―― of emission of a photon　52, *133, 139,*

146
散乱の―― ―― of scattering 105
遷移行列要素 transition matrix element 72, 104, 134, 144
遷移元素 transition element 57
遷移振幅 transition amplitude 73
漸近級数 asymptotic series 73
選択則 selection rule 138, 142
　双極子遷移の―― ―― for dipole transition 138, 142
全断面積 total cross section 106

ソ

双極子近似 dipole approximation 136
双極子遷移 dipole transition 136
　――の遷移確率 transition probability of ―― 136
　――の選択則 selection rule for ―― 138, 142
双極子モーメント dipole moment 69, 78
　永久―― permanent ―― 78
　誘導―― induced ―― 69
双曲線軌道 hyperbolic orbit 29
相空間 phase space 108
相互作用描像 interaction picture 78, 132, 143
相対運動 relative motion 35
　――の正準変数 canonical variables for ―― 36
相対座標 relative coordinate 33
相対論的な効果 relativistic effect 45

測定値の平均値 average of measured values 100, 115
束縛状態 bound state 135, 164, 41
存在確率 probability 75
　――の保存 conservation of ―― 81, 83, 120
　――の流束 flux of ―― 80, 82, 120
　――密度 75
ゾンマーフェルトの量子条件 Sommerfeld's quantum condition 55

タ

対応原理 correspondence principle 42, 55, 140
対称化 symmetrization 114
　積の―― ―― of product 114
太陽輻射 radiation from the surface of the sun 16
楕円軌道 elliptic orbit 47, 51
　――の長半径 major semi-axis of ―― 52
　――の離心率 eccentricity of ―― 46
公転周期 period of revolution 192
多項式解 polynomial solution 65, 43
タングステン tungsten 19
弾性散乱 elastic scattering 100
炭素 carbon 20, 28, 56

チ

中間状態 intermediate state 73

中心力　central force　5, 38
超関数　distribution　140
調和振動子　harmonic oscillator
　　166, *89, 98, 136, 148*
　　——による光の放出
　　　emission of light by ——　*136*
　　——の集団としての電磁場
　　　radiation field as ensemble
　　　of ——　*128*
　　2次元の ——　two-dimensional
　　　——　55, 68, 181
直交　orthogonal　111, 119
直交性　orthogonality　120, 203
　　固有関数の ——　—— of eigen-
　　　function　119, 125, 139

テ

定在波　standing wave　4, 48
定常状態　stationary state　41, 50,
　　62, 128, *20, 108*
　　水素様イオンの ——
　　　—— of hydrogen-like ion　47
　　スピンの ——　—— of spin　*20*
テイラー　G. I. Taylor　18
ディラック　P. A. M. Dirac　109
ディリクレ境界条件
　　Dirichlet boundary condition　125
デヴィッソン　C. J. Davisson　69
デルタ関数　delta function　139,
　　142, 162, *40, 110*
電荷　electric charge　96
電子雲　electron cloud　29
電子間相互作用
　　electron-electron interaction　52,
　　91
電子線　electron beam　70, 71, *114*

電子の軌道　orbit of electron　47
電子配置　electron configuration
　　54, 59
電子ボルト　electron volt, eV　24
電磁波　electromagnetic wave　11,
　　123, 128
電磁場　electromagnetic field　*116*
　　—— の運動量　momentum of ——
　　　130
　　—— のエネルギー　energy of ——
　　　130
　　—— のハミルトニアン
　　　Hamiltonian for ——　*131*
　　—— の量子化　quantization of
　　　——　*128*
　　調和振動子の集団としての ——
　　　—— as ensemble of harmonic
　　　oscillators　*128*
電磁ポテンシャル
　　electromagnetic potential　*116*
典型元素　main group element　57

ト

銅　cupper　19
透過波　transmitted wave　148
透過率　transmission coefficient
　　151
　　—— の漸近形
　　　asymptotic form of ——　165
動径関数　radial function　*39, 43*
　　水素原子の電子の ——　—— of
　　　electron in hydrogen atom　47
動径分布関数　radial distribution
　　function　77, *49, 54, 55, 187*
　　リチウム原子の電子の ——　——
　　　of electrons in lithium atom　55

動径方程式　radial equation　39
同時固有値問題　simultaneous eigenvalue problem　4, 6, 21
外村 彰　A. Tonomura　71, *119*
ドップラー効果　Doppler effect　20
ド・ブロイ　L. de Broglie　47, 59
　——の関係　——relation　47, 56
　——の量子条件　——'s quantum condition　48, 54
　——波　——wave　47
　——波長　——wavelength　47, 70
トーマス因子　Thomas factor　*98*
トーマス-ライヒェ-クーンの総和則　Thomas‐Reiche‐Kuhn sum rule　*148*
トンネル効果　tunnel effect　146, 150, *42*

ナ

内積　inner product　108
内部電位　inner potential　71
長岡半太郎　31
　——の原子模型　——'s atom model　33
ナトリウム　sodium　24, *56*
ナノ・メートル　nano‐meter　18
波の強さ　intensity of wave　11
滑らかにつながる　to be smoothly connected　131, 149

ニ

二重項分離　separation of doublet term　*60, 179*
二重性　duality
　粒子と波動の——　wave‐particle ——　17, 124, *131*
ニッケル　nickel　70
ニュートンの運動方程式　Newton's equation of motion　42, 93, 104, 108, *118*
入射線　incident ray　20
入射波　incident wave　148, 150
入射流束　incident flux　150, *105*

ネ

ネオン　neon　56
熱中性子線　thermal neutron beam　30
熱輻射　thermal radiation　13

ノ

ノルム　norm　109

ハ

配位空間　configuration space　33
ハイゼンベルク　W. K. Heisenberg　124, 178
　——演算子　Heisenberg operator　178
　——の運動方程式　Heisenberg's equation of motion　178, 182, *117*
　——の描像　Heisenberg picture　178, *30, 117*
パウリ　W. Pauli　*51*
　——の排他律　——exclusion principle　51, 94
　——の量子力学的な定式化　quantum mechanical formula-

tion of —— 94
ハミルトニアン Hamiltonian 63, *117*
　—— のエルミート性
　　Hermiticity of —— 90
　磁場における運動の ——
　　—— for motion in magnetic field 182
　水素原子の ——
　　—— for hydrogen atom 63, *33, 38*
　調和振動子の —— —— for harmonic oscillator 167
　電磁場における電子の ——
　　—— for electron in electro magnetic field *117*
　電磁場の ——
　　—— for radiation field *131*
パラ・ヘリウム para-helium *96*
パリティ parity 135, 136, 156, 175
バルマー J. J. Balmer 40
　—— 系列 —— series 54
　—— の公式 —— formula 40, 100
排反事象
　mutually exclusive events 75
箱式量子化 box quantization *102*
波数 wave number 2
波数ベクトル wave number vector 5
　—— 空間 —— space *103, 133*
波束 wave packet 87
　—— の拡散 spreading of —— 87, 95, 183
　—— の収縮 contraction of —— 76

振動する —— oscillating —— 175
波長に分けたエネルギー密度
　spectral energy density 14
波動関数 wave function 59, 99
　—— の回転 rotation of —— *9, 29*
　—— の物理的意味
　　physical meaning of —— 74
　—— 接続 connection of —— s 130, 149, 156
波動方程式 wave equation 3, 6
　—— の一般解
　　general solution for —— 4, 185
波動・粒子の二重性 wave-particle duality 17, 124, *131*
反対称 anti-symmetric *94*
反射波 reflected wave 148, 150
反射率 coefficient of reflection 151, *114*
　—— の漸近形 asymptotic form of —— 165, *114*

ヒ

p軌道 p-orbital *17, 28*
光の吸収 absorption of light 52
　原子による —— —— by atom 149
光の放出 emission of light 52, *133, 137, 141*
ビスマス bismuth 27
ヒルベルト空間 Hilbert space 111
非可換 non-commutative *102*
非可換性 non-commutativity 124
非弾性散乱 inelastic scattering *100*

微細構造定数
　fine structure constant　46, 135
微分演算子　differential operator
　7, 101
微分断面積　differential cross section　31, *105, 113*
　散乱の ── ── of scattering
　　31, *105, 113*

フ

フェルミ粒子　fermion　*51, 94*
ブラ　bra　104
ブラッグの条件　Bragg condition
　71
プランク　M. Planck　14
　── 定数　── constant　14
　── の輻射公式
　　── 's radiation formula　14, 52, 53
ブリュアン - ウィグナーの摂動公式
　Brillouin - Wigner perturbation formula　*83*
不確定性　uncertainty　87
　── 関係　── relation　123, 172, *13, 32, 148*
　励起状態における ──
　　── in excited state　216
輻射　radiation　*123*
　── の放出　emission of ──
　　133, 137, 141
輻射ゲージ　radiation gauge　*124*
輻射場　radiation field　*128*
　── の運動量　momentum of ──
　　130
　── のエネルギー　energy of ──
　　130

　── の状態　state of ──　*131*
　── の状態密度
　　state density of ──　*133*
　── の量子化
　　quantization of ──　*128*
物理量　observable　103, *115*
　── の時間微分
　　time derivative of ──　103
分極　polarization　*69*
分散　variance　116
分散がない状態
　dispersion-free state　116
分子による電子の散乱　electron scattering by molecule　*114*
分子の振動　vibration of molecule　173

ヘ

閉殻　closed shell　*54, 60*
平均自由行程　mean free path　155
平均寿命　mean lifetime　*147*
　自発放射の ── ── of spontaneous radiation　*147*
平均値　average　88, 115
　r^k の ── ── value of r^k　*49*
　位置の ── ── of position　88
　加速度の ──
　　── of acceleration　92
　測定値の ── ── of measured values　100, 115
　速度の ──
　　── of velocity　89, 91
　力の ── ── of force　93
平行　parallel　110
平面調和振動子のエネルギー準位
　energy level of plane harmonic

oscillator 55, 68
平面波 plane wave 5, *104, 125*
ベクトル・ポテンシャル
　vector potential *116*
ヘリウム helium 172
　——原子 —— atom *52, 90, 95, 98*
　　核電荷の遮蔽 screening of nuclear charge *53, 90, 93*
　　パウリの排他律 Pauli's exclusion principle *51, 94*
偏極ベクトル polarization vector *126, 137*
変数分離 separation of variables *34, 38*
変分法 calculus of variation *87*
　——の直接法
　　direct method of —— *88*

ホ

ボーア N. H. D. Bohr 35, 41
　——磁子 —— magneton *20*
　——の原子模型
　　——'s atom model *41*
　——半径 —— radius 44, 47
　——の量子条件
　　——'s quantum condition *45*
ボーア-ド・ブロイ軌道 Bohr-de Broglie orbit *47, 54, 50*
ポアッソンの方程式
　Poisson equation *40, 110*
ポアッソン分布
　Poisson distribution *183*
ボルツマン L. Boltzmann 16, 17
　——因子 —— factor *17*
ボルン Max Born 72, 102, 112
　——確率解釈
　　——'s probability interpretation *72*
ボルン近似 Born approximation *105, 108*
方位量子数 azimuthal quantum number *13, 47*
放射性崩壊 radioactive decay *52*
母関数 generating function *182*
　エルミート多項式の—— —— of Hermite polynomials *182*
補助条件 subsidiary condition *117*

マ

マースデン E. Marsden 27, 32
的 target 31, *101*
魔法の数 magic number *60, 171*

ミ

ミリカン R. A. Millikan 19, 96

メ

メタン methane *28*

モ

MOS素子 MOS device 55

ヤ

ヤング率 Young's modulus 180

ユ

有効主量子数 effective principal quantum number *59, 60*
　スレーターの—— Slater's —— *59*

有効ポテンシャル
  effective potential 2
誘導双極子モーメント
  induced dipole moment 69
誘導放射 induced emission 134, 149
湯川ポテンシャル
  Yukawa potential 106

ヨ

予測目録 Erwartungskatalog 108

ラ

ラザフォード E. Rutherford 31, 33
  ——の原子模型
    ——'s atom model 33, 41
  ——の散乱公式 —— scattering formula 31, 108
ラプラシアン Laplacian 7, 38
ラムザウア‐タウンゼント効果
  Ramsauer‐Townsend effect 154
ラーモアの公式 Larmor formula 34, 38, 140

リ

離心率 eccentricity 46
  楕円軌道の——
    —— of elliptic orbit 46
リチウム lithium 20, 54, 55
リッツ W. Ritz 41
  ——の結合原理
    ——'s combination principle 41
リュードベリ定数 Rydberg constant 41
粒子数の演算子 number operator 173, 130
粒子の座標の入れ換え exchange of particle coordinates 94
粒子・波動の二重性
  particle‐wave duality 17, 124, 131
流束 flux 80, 82, 150, 120
量子 quantum 16
量子化 quantization 45, 128
量子欠損 quantum defect 60
量子条件 quantum condition 45
  ゾンマーフェルトの——
    Sommerfeld's —— 55
  ド・ブロイの——
    de Broglie's —— 48, 56
  ボーアの—— Bohr's —— 45

レ

励起確率 excitation probability 183
励起状態 excited state 67, 164, 98
連続スペクトル
  continuous spectrum 157
連続の方程式
  equation of continuity 80, 82, 120

ロ

ローレンツ条件 Lorentz condition 117
ローレンツ力 Lorentz‐force 119

著者略歴

1932年 東京に生まれる．1955年 東京大学理学部卒業，1960年 同大学院数物系研究科博士課程修了，同大学理学部助手となる．1963年 フルブライト研究員として渡米，1966年 ドイツに渡り，1967年に帰国，学習院大学助教授となる．1970年に教授．1972年から2年間，米国ベル研究所で研究員．学習院大学名誉教授．理学博士．専攻は理論物理学，数理物理学．

主な著書：「量子力学I，II」(岩波講座・現代物理学，共著)，「漸近解析」(岩波講座・応用数学)，「だれが原子をみたか」(岩波書店)，「現代物理学」(朝倉書店)，「フーリエ解析」(講談社)，「(基礎演習シリーズ) 量子力学」(裳華房)．訳：P.A.M.ディラック「一般相対性理論」(東京図書)，R.P.ファインマン「物理法則はいかにして発見されたか」(岩波現代文庫)．編：朝永振一郎著「量子力学と私」，「科学者の自由な楽園」(岩波文庫)．

量 子 力 学 (I)

検印省略	2002年 4月15日　第 1 版発行 2017年10月 5日　第 7 版 1 刷発行 2022年 4月25日　第 7 版 2 刷発行

定価はカバーに表示してあります．

増刷表示について
2009年4月より「増刷」表示を『版』から『刷』に変更いたしました．詳しい表示基準は弊社ホームページ
http://www.shokabo.co.jp/
をご覧ください．

著作者	江沢　洋 (えざわ ひろし)
発行者	吉野和浩
発行所	〒102-0081 東京都千代田区四番町 8-1 電話 東京　3262-9166 株式会社　裳　華　房
印刷所	横山印刷株式会社
製本所	株式会社　松岳社

一般社団法人
自然科学書協会会員

JCOPY 〈出版者著作権管理機構 委託出版物〉

本書の無断複製は著作権法上での例外を除き禁じられています．複製される場合は，そのつど事前に，出版者著作権管理機構 (電話03-5244-5088，FAX 03-5244-5089, e-mail: info@jcopy.or.jp) の許諾を得てください．

ISBN 978-4-7853-2206-9

© 江沢 洋, 2002　　Printed in Japan

基礎演習シリーズ 量子力学

江沢 洋 著　Ａ５判／244頁／定価 2750円（税込）

　江沢洋著『量子力学（Ⅰ）』『量子力学（Ⅱ）』に準拠した演習書．テキストを補完する内容を盛り込み，豊富で斬新な問題とそれに対する詳しい解説・解答を載せた．
【主要目次】1. 光の波動性と粒子性　2. 原子核と電子　3. 過渡期の原子構造論　4. 波動力学のはじまり　5. 波動関数の物理的意味　6. 量子力学の成立　7. 井戸型ポテンシャル　8. 調和振動子　9. 角運動量　10. 原子の構造　11. 近似法　12. 散乱問題　13. 輻射と物質の相互作用

物理学を志す人の 量子力学

河辺哲次 著　Ａ５判／328頁／定価 3520円（税込）

　本書は，基礎からしっかりと学びたいと考えている人向けに執筆されたテキストである．量子力学を"わかって使える"ようになることを目標に，数式が表している量子状態の意味などについてわかりやすく解説した．
【主要目次】1. 量子力学のリテラシー　2. 前期量子論　3. ミクロな世界を記述する式　4. 波動関数　5. 量子力学の前提　6. 量子力学と古典力学との関係　7. ポテンシャル問題　8. 調和振動子　9. 角運動量と固有関数　10. 水素原子　11. ディラックのブラ・ケット記法　12. スピン　13. 摂動論　14. 量子力学の検証と応用

演習で学ぶ 量子力学 【裳華房フィジックスライブラリー】

小野寺嘉孝 著　Ａ５判／198頁／定価 2530円（税込）

　量子力学は力学などに比べ，入口の敷居がかなり高い．この「入りにくさ」をできるだけ緩和するために，本書は，取り上げる内容を基礎的な部分に絞り，その範囲内で丁寧なわかりやすい説明を心がけて執筆した．また，演習に力点を置く構成とし，学んだことをすぐにその場で「演習」により確認するというスタイルを取り入れた．なお，一部の演習問題は，実行形式のファイルが裳華房Webサイトからダウンロードできる．
【主要目次】1. 光と物質の波動性と粒子性　2. 解析力学の復習　3. 不確定性関係　4. シュレーディンガー方程式　5. 波束と群速度　6. 1次元ポテンシャル散乱、トンネル効果　7. 1次元ポテンシャルの束縛状態　8. 調和振動子　9. 量子力学の一般論

初等量子力学（改訂版）

原島 鮮 著　Ａ５判／338頁／定価 3300円（税込）

　学部学生に押さえておいてほしい基礎的知識を一冊に見事に収めたロングセラーの書．
【主要目次】1. 光と物質の波動性と粒子性　2. 不確定性関係　3. 重ね合せの原理　4. 調和振動子　5. 自由粒子の運動　6. 井戸型ポテンシャルの問題　7. フーリエ級数とフーリエ積分　8. 一般的基礎　9. 演算子の交換可能性と交換不可能性　10. 位置演算子の固有関数と運動量演算子の固有関数　11. 一次元の衝突の問題　トンネル効果　12. 中心力場内の粒子の量子状態　13. 角運動量　14. 水素類似原子　15. 時間を含まない場合の摂動論　16. 時間を含む摂動 選択規則　17. スピン　18. 多粒子系

裳華房ホームページ　https://www.shokabo.co.jp/

定　数　表

基礎定数

名称	記号	定義	値	単位	精密値
プランク定数	h		6.63	10^{-34} J s	6.626 070 040(81)
	$\hbar$	$h/2\pi$	1.055	10^{-34} J s	1.054 571 800(13)
			6.58	10^{-16} eV s	6.582 119 514(40)
ボルツマン定数	k_B	R/N_A	1.380	10^{-23} J/K	1.380 648 52(79)
			8.62	10^{-5} eV/K	8.617 330 3(50)
アボガドロ定数	N_A		6.02	10^{23} mol^{-1}	6.022 140 857(74)
重力定数	G		6.67	10^{-11} m^3/kg s^2	6.674 08(31)
微細構造定数	α	$e^2/4\pi\epsilon_0 \hbar c$	1/137.0		1/137.035 999 139(31)
リュードベリ定数	R_∞	$\alpha^2 m_e c/4\pi\hbar$	1.097	10^7 m^{-1}	1.097 373 156 850 8(65)
気体定数	R		8.31	J/mol K	8.314 459 8(48)

質　量

名称	記号	定義	値	単位	精密値
電子	m_e		9.11	10^{-31} kg	9.109 383 56(11)
陽子	m_p		1.672	10^{-27} kg	1.672 621 898(21)
中性子	m_n		1.675	10^{-27} kg	1.674 927 471(21)
原子質量単位	m_u	$\frac{1}{12} m(^{12}C)$	1.661	10^{-27} kg	1.660 539 040(20)

長　さ

名称	記号	定義	値	単位	精密値
古典電子半径	r_e	$e^2/4\pi\epsilon_0 m_e c^2$	2.818	10^{-15} m	2.817 940 322 7(19)
電子のコンプトン波長	$\lambda_C/2\pi$	$\hbar/m_e c$	3.86	10^{-13} m	3.861 592 676 4(18)
原子単位(ボーア半径)	a_B	$\hbar/\alpha m_e c$	0.529	10^{-10} m	0.529 177 210 67(12)
X線の波長				$10^{-8} \sim 10^{-12}$ m	

時　間

名称	定義	値	単位	精密値
格子振動の周期		$\sim 10^{-12}$ s		
原子単位 $\hbar/\alpha^2 m_e c^2$	$a_B/\alpha c$	2.42	10^{-17} s	2.418 884 326 509(14)
X線の振動周期		$10^{-16} \sim 10^{-20}$ s		
1年		3.156	10^7 s	
宇宙の年齢		5	10^{17} s	

速　さ

名称	記号	定義	値	単位	精密値
光速(真空中)	c	(定義)	3.00	10^8 m/s	2.997 924 58
1 eV の電子			5.93	10^5 m/s	
原子単位	αc		2.19	10^6 m/s	2.187 691 262 77(50)
金属の自由電子			$\sim 10^6$ m/s		
O_2 分子(300 K)			3.95	10^2 m/s	